WAHRNEHMUNG

WAHRNEHMUNG

Vom visuellen Reiz zum Sehen und Erkennen

Irvin Rock

KIn 19

Erschienen bei **Spektrum** DER WISSENSCHAFT in Heidelberg

Für David, Lisa und Rayna

Inhalt

Vorwort

Anhang

Vorwort

Die Wahrnehmung steht zwar am Anfang jeder Naturwissenschaft und bildet die Grundlage jedweder Beobachtung, aber als Forschungsobjekt hat sie weit weniger Neugier und Interesse geweckt als die traditionellen Wissenschaftszweige. Begonnen hat die wissenschaftliche Forschung bei sehr fernen Objekten – den Sternen; viel später rückten dann auch die nähere Umgebung und schließlich der Mensch selbst ins Zentrum exakter Beobachtung. Und erst ein differenziertes Selbstbewußtsein schuf die Voraussetzung, um Wahrnehmen als eines der wichtigsten und schwierigsten Probleme der Wissenschaft zu erkennen.

Noch heute machen sich nur wenige Menschen klar, daß hinter unserem Eindruck von der Welt eine ganz erstaunliche Leistung steckt, die eine Erklärung verlangt. Viele kennen so manches Phänomen der Naturwissenschaften und deren Hauptgedanken, aber was die Wissenschaft von der Wahrnehmung betrifft, so reicht ihr Bildungsstand kaum weiter als zu der trivialen Feststellung, daß das Auge eben eine Art Kamera darstelle und zum Sehen nur ein Bild auf die Netzhaut projiziert werden müsse. Wenn wir eine Welt von Gegenständen und Vorgängen um uns wahrnehmen, so genügt als Erklärung dafür aber keineswegs der pauschale Hinweis auf irgendwelche Prozesse im Auge oder die Signalübertragung zwischen Netzhaut und Gehirn. Die Kamera-Analogie ist allenfalls für die Entstehung des Netzhautbildes gültig, aber der eigentliche Wahrnehmungsprozeß beginnt erst danach.

Nach solchen Vorgängen wird in diesem Buch gefragt: Wie erkennen wir Eigenschaften wie Größe und Form von Gegenständen? Wie schätzen wir Abstände und Bewegungen ein? Und warum erscheinen Form und Größe eines Gegenstandes auch dann konstant, wenn sich das Netzhautbild verändert? Wenn das Auge ähnlich wie eine Kamera ein Bild auf die Netzhaut fokussiert, wie entsteht aus diesem unvollkommenen, verzerrten, oft mehrdeutigen und zweidimensionalen Bild ein umfassender, konstanter und in der Regel richtiger Eindruck? All diese Wahrnehmungsleistungen sind Thema dieses Buches – und werden insbesondere auch an Beispielen deutlich, in denen der Wahrnehmungsapparat versagt und Täuschungen hervorruft.

Es ist natürlich nicht unproblematisch, über einen so jungen und kontroversen Wissenschaftszweig zu schreiben. Man möchte den gegenwärtigen Stand der Forschung umreißen, also all die Ergebnisse aus Theorie und Beobachtung, über die unter Fachleuten weithin Einigkeit herrscht. Aber wenn schon umstritten ist, was die wichtigen Tatsachen sind, dann wird die Aufgabe kaum lösbar. Darüber hinaus wäre ein Buch, das alle Theorien gleichmäßig berücksichtigt und sich jeder Spekulation enthält, ziemlich langweilig. Deshalb habe ich einen Mittelweg gewählt: Ich werde diejenigen Wahrnehmungsphänomene beschreiben, die die meisten Spezialisten für relevant halten, und als Erklärung jeweils die wichtigsten Theorien erläutern. Schließlich werde ich meinen eigenen Standpunkt und das Für und Wider der vorgeschlagenen Theorien diskutieren. Wenn ich eine etwas eigenwillige Spekulation favorisiere, werde ich dies als subjektive Meinung kennzeichnen.

In diesem Buch kommen Prozesse, die sich bei der Wahrnehmung im Gehirn abspielen, nur am Rande zur Sprache. Unabhängig von solchen physiologischen Mechanismen, die man bereits entdeckt hat oder vermuten könnte, möchte ich Theorien vorstellen, die beschreiben, welche Grundmuster den vielfältigen Wahrnehmungsvorgängen zugrunde liegen könnten. In Analogie zum Computer läßt sich dieser Erklärungsansatz so charakterisieren: Im ersten Schritt soll der Verarbeitungsprozeß – die Software – beschrieben werden und nicht die neurophysiologische „Hardware", die den Prozeß ausführt. Warum ich diesen Erklärungsansatz bevorzuge, wird im Rahmen des Einführungskapitels deutlich werden.

Auch sinnesphysiologische Aspekte habe ich weggelassen. Das betrifft insbesondere das Farbensehen, denn hier konzentriert sich die Forschung im wesentlichen auf die verschiedenen Typen von Rezeptoren in der Netzhaut, die spezifisch auf die Farbe − oder genauer: Wellenlänge des Lichts − ansprechen. Allerdings werde ich die Helligkeitswahrnehmung beim Schwarzweiß-Sehen ausführlich diskutieren. Daß wir Grauabstufungen von Weiß bis Schwarz unterscheiden können, läßt sich nicht angemessen mit spezialisierten Rezeptoren der Netzhaut erklären; meiner Meinung nach ist es überhaupt nicht zu verstehen, solange man die Ursachen allein in der Netzhaut oder dem Auge sucht.

Weiterhin habe ich Themen wie Hell-Dunkel-Adaption, Sehschärfe und ähnliches weggelassen, weil es dabei nicht um die Wahrnehmung von Objekten oder ihre wechselnden Beziehungen zueinander geht. Ich setze voraus, daß diese peripheren Prozesse des Sehsystems funktionieren, so daß die Information des Netzhautbildes fehlerfrei zum Gehirn übertragen wird. Da das Netzhautbild eine Projektion der Umgebung ist, kann man sagen, daß die Signale der Rezeptoren das Rohmaterial zur Verfügung stellen, aus dem dann Wahrnehmungen konstruiert werden.

Außer dem Gesichtssinn kommen in diesem Buch nur gelegentlich andere Sinne zur Sprache − es ist schon schwer genug, allein das Sehen in nur einem Einführungsbuch umfassend zu beschreiben. Die visuelle Wahrnehmung habe ich dabei nicht nur deshalb ausgewählt, weil sie mein Spezialgebiet ist; hinzu kommt, daß bestimmte Sinneserfahrungen nur oder überwiegend visuell erfaßt werden. Formen, Bewegungen, Bilder muß man eben sehen, und auch den Eindruck von räumlicher Tiefe gewinnen wir oft allein durch Hinschauen. Darüber hinaus stand die visuelle Wahrnehmung im Mittelpunkt verschiedener Grundsatzdiskussionen zur Wahrnehmungstheorie; ein Beispiel dafür ist die Auseinandersetzung zwischen Nativisten und Empiristen, die sich an der Frage nach dem Ursprung der Formwahrnehmung und räumlichen Wahrnehmung entzündete. Als Einführung bietet sich daher das Sehen besonders an.

Für diejenigen Leser, die an Sinnesphysiologie, Nerven- und Gehirnmechanismen als Grundlagen des Sehens oder auch Hörens interessiert sind, habe ich im Literaturverzeichnis weiterführende Quellen genannt. Hier empfehle ich auch einige Arbeiten zur visuellen Wahrnehmung als Gegengewicht zu möglichen Einseitigkeiten, Vorurteilen und Fehlern, wo immer sie sich in diesem Buch finden mögen.

Zum Schluß möchte all denen danken, die an diesem Buch mitgearbeitet haben: Linda Chaput hat die Anregung gegeben und es bis zur Publikation gefördert. Jonathan Cobb hat das Manuskript geschickt und einfühlsam redigiert und sich dabei zu einem Fachmann auf dem Gebiet der Wahrnehmung entwickelt; gekonnt unterstützt wurde er von Heather Wiley. Meine Freunde Carl Zuckerman und Charles S. Harris haben weder Zeit noch Mühe gescheut, die verschiedenen Fassungen durchzusehen. Ihnen verdanke ich so manchen wertvollen Verbesserungsvorschlag. Sylvia Rock hat das Manuskript − oft unter Zeitdruck − getippt und auch meine Familie aufgemuntert, wenn ich vor lauter Schreiben zu nichts mehr zu gebrauchen war.

Irvin Rock
Highland Park, New Jersey

Cafeteria im Sonnenlicht, 1958 von Edward Hopper
gemalt.

Die Welt der Wahrnehmung

Bei dem Gemälde auf der gegenüberliegenden
Seite erkennen wir sofort die abgebildeten
Gegenstände. Wir empfinden die Szene wohl
vor allem deshalb als naturgetreu, weil der
Künstler die perspektivische Darstellung
gewählt hat. Er malte die Untersetzer auf
den Tischen und den Rand des Blumentopfes
vor dem Fenster als Ellipsen; Tischflächen
und die Fenster der Gebäude, die von der
Cafeteria aus zu sehen sind, sind in Form
von Trapezoiden wiedergegeben. Die Länge
und Richtung der Kanten und die tatsächliche
Größe der Objekte (auf dem Gemälde) wurden nach Entfernung und Blickwinkel be-
messen.

Die perspektivischen Gesetze erklären die
Arbeitsweise des Malers. Warum aber löst
das fertige Bild jenen Eindruck aus, den wir
beim Betrachten haben? Warum können wir
erkennen, daß die Tischfläche rechteckig ist,
obwohl das Auge den Umriß eines Trapezoids
aufnimmt? Hätten wir eine Photographie
dieser Szene vor Augen, würden sich die
gleichen Diskrepanzen ergeben: Das, was
das Auge erreicht, weicht von unserem spontanen Eindruck ab, und wir können dieselben
Fragen stellen. Wahrnehmen eines Bildes
und Wahrnehmen der dreidimensionalen
Umwelt ist zweierlei, aber die perspektivischen Verzerrungen tauchen in beiden Fällen
auf. Wenn wir die Cafeteria-Szene vom Standort des Malers aus betrachten könnten und
uns das Bild genau ansähen, das wir dann
vor Augen haben, wären wiederum die gleichen Unstimmigkeiten festzustellen: Man
braucht sich nur eine Glasscheibe vor die
Augen zu halten und den Umriß etwa eines
Tellers auf einem der hinteren Tische nach-
zuziehen – das Ergebnis ist eine Ellipse und
nicht etwa ein Kreis.

Was passiert eigentlich, wenn die Abbilder in
unserem Auge in einen völlig anderen Eindruck umgesetzt werden – einerlei, ob wir
nun ein Gemälde, Photographien oder die
Welt um uns herum betrachten?

Ein Gegenstand wird auf dem
Film einer Kamera abgebildet.

Das Auge als Kamera

In der Schule haben die meisten von uns
eine einfache und ansprechende Erklärung
dafür kennengelernt, daß wir unsere Umwelt
so sehen, wie wir sie sehen: Man verglich
das Auge mit einer Kamera. Nach dieser
Analogie werden im Auge Bilder erzeugt,
wie sie auch auf dem Film eines Photoapparats
entstehen: Die Augenlinse fokussiert Licht,
das von irgendwelchen Gegenständen zum
Auge hin reflektiert wird, auf die lichtempfindliche Netzhaut, die die hintere Augen-
hälfte auskleidet. Dieses Netzhautbild wird
nach diesem einfachen Modell an das Gehirn
übermittelt und dort zu dem Eindruck der
Szene verarbeitet, den wir schließlich wahrnehmen.

Die Kamera-Analogie ist bis zu einem gewissen Punkt durchaus zutreffend. In der Tat
ähnelt das Netzhautbild dem, was auf dem
Film einer Kamera abgebildet wird, und,
wenn man so will, letztlich auch der naturgetreuen Darstellung eines Malers. Das Auge
ist – wie eine Kamera – mit einer Linse
ausgestattet, deren Brennweite veränderlich
ist. Auch die Blende kann variiert werden:
Die Pupille erweitert oder verengt sich je
nach Helligkeit der Umgebung. Und schließlich entsteht auf der Netzhaut – wie in der
Kamera – ein Bild, das die Szene seitenverkehrt und auf den Kopf gestellt wiedergibt.
Trotzdem läßt die Kamera-Analogie völlig
offen, was beim Wahrnehmen vor sich geht.

1

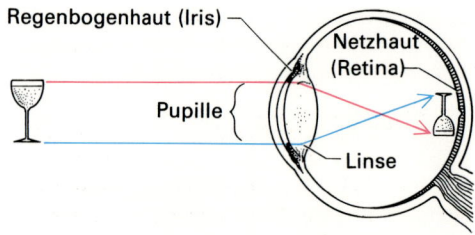

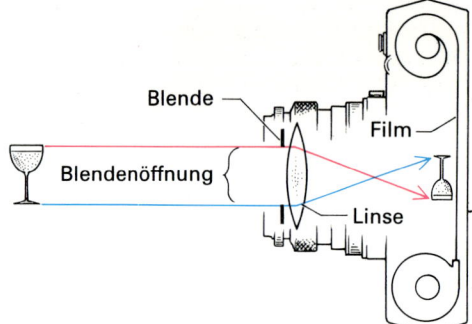

Analogie der Abbildungs-
geometrie in Auge und Kamera.

Diese Vase wurde 1977 für Königin Elizabeth zur Silberhochzeit
entworfen. In den Konturen können wir die Profile des Königs-
paares erkennen.

Sogar dann, wenn das Netzhautbild gleich
bleibt, scheitert die Kameratheorie – etwa,
wenn der Mond nahe dem Horizont größer
zu sein scheint als im Zenit. Weiter können
wir in dem Photo unten eine Vase oder die
Profile von Königin Elizabeth und Prinz
Philip sehen. Wenn die Wahrnehmung ähnlich
zustande kommt wie das Bild einer Kamera,
wie ist dann zu erklären, daß ein und dasselbe
Netzhautbild einen ganz unterschiedlichen
Eindruck hervorrufen kann? Auch bei einigen
anderen Fragen hilft unsere Analogie nicht
weiter. Die Augen sind in ständiger Bewegung: Wenn wir sie über das Vasenphoto
wandern lassen, entstehen nacheinander
immer neue Abbilder auf der Netzhaut. Wie
gewinnen wir daraus einen einheitlichen Eindruck? Eine Kamera kann ja nicht einmal bei
einem einzelnen Bild einen Zusammenhang
der verschiedenen Elemente herstellen. Für
Liniensegmente innerhalb des Wappens auf der
Vase beispielsweise ist nicht a priori festge-

Das zeigt der Vergleich zwischen dem Bild,
das wir von unserer Umgebung sehen, und
dem Netzhautbild. Auf die Diskrepanz zwischen wahrgenommener und abgebildeter
Form eines Gegenstandes habe ich bereits
hingewiesen. Darüber hinaus ändert sich das
Netzhautbild, wenn wir uns bewegen, aber
ungeachtet unserer wechselnden Positionen
nehmen wir das Objekt und seine Eigenschaften auch dann meist als konstant wahr.
Beispielsweise sehen wir Menschen, die auf
uns zukommen oder von uns weggehen,
nicht größer oder kleiner werden, obwohl
das Netzhautbild sich mit wachsender Entfernung ändert; wenn wir ein Gebäude betrachten und dabei den Kopf auf die Seite
legen, dreht sich das Netzhautbild, aber wir
haben nicht den Eindruck, daß das Gebäude
kippt. Ein anderes Beispiel wären Helligkeitsunterschiede, etwa wenn man aus dem
gedämpften Licht innerhalb eines Hauses ins
volle Sonnenlicht tritt: Obwohl sich die Intensität dabei auf das Tausendfache erhöhen
kann, sehen weiße Wände immer noch weiß
aus und schwarze bleiben auch im Sonnenlicht
schwarz. Wie läßt sich diese Konstanz erklären? Kamerabilder jedenfalls würden sich
unter wechselnden Bedingungen verändern.

legt, wie sie zusammenhängen. Wie kommen
wir aber dann darauf, einige Elemente zu
einem Einhorn zusammenzufügen und andere
dem Hintergrund zuzuordnen? Solche Zu-
ordnungen kann nur ein wahrnehmungsfähi-
ger Organismus herstellen. Solange niemand
das Photo betrachtet und kein Gehirn das
Netzhautbild verarbeitet, existiert kein Einhorn – weder auf dem Photo, noch auf der
Netzhaut.

Der Wahrnehmungsprozeß als Konstruktion des Geistes

Zunächst scheint es, als sei die Kamera-Analogie eine gelungene Erklärung dafür, wie wir unsere Umwelt sehen. Sie paßt so schön zu unserer Vorliebe, alle Sinneswahrnehmungen − nicht nur die visuellen − als unmittelbare Wiedergabe der Realität zu interpretieren. Diesen Glauben, oder die unbewußte Voraussetzung, bezeichnen die Philosophen als *naiven Realismus*.

Ist die Welt, die wir wahrnehmen, wirklich identisch mit der realen Welt, die unabhängig von unserer Erfahrung existiert? Wenn ja, dann wäre es nur zu verständlich, das Sehen als eine Art Photographieren der Umwelt aufzufassen. Wir müssen uns aber von dieser Vorstellung lösen, wenn wir Wahrnehmungsvorgänge verstehen wollen, denn nur so können wir verfolgen, daß unser Geist ein eigenständiges Bild der Welt schafft, anstatt ein bloßes Abbild wiederzugeben.

Die Wissenschaft hat uns gelehrt, daß unsere Erfahrungswelt keineswegs mit der physikalischen Welt übereinstimmt. Unser Universum ist von elektromagnetischen Feldern und Elementarteilchen durchsetzt, von denen wir nichts sehen oder hören; scheinbar kompakte Materie enthält leeren Raum, der die Atomkerne von den Elektronen trennt. Das Bild, das sich das Gehirn macht, ist naturgemäß begrenzt, weil die Sinnesorgane nur in einem eingeschränkten Bereich auf Reize ansprechen. Den größten Teil des elektromagnetischen Spektrums können wir ebensowenig registrieren wie Materie in der Größenordnung von Atomen.

Hätten wir andere Sinnesorgane − wie einige Tiere −, so sähe die „Realität" für uns ganz anders aus: Honigbienen und Schlangen nehmen Frequenzen als Licht wahr, von denen wir nichts bemerken. Fledermäuse umfliegen feinste Hindernisse mit Hilfe von Echo-Ortung; Fische reagieren auf Schallfrequenzen und Gerüche, die für uns nicht existieren. Und die Sinneswelt eines so winzigen Organismus wie einer Amöbe dürfte sich in ihrer Urtümlichkeit und Fremdartigkeit jeder Beschreibung entziehen.

Die Welt, die wir in unserer Wahrnehmung erschaffen, unterscheidet sich qualitativ von der physikalischen Welt, weil wir sie nur innerhalb der Grenzen unserer Sinne erfassen können. Sie vermitteln Farben, Töne, Geschmack und Geruch als Rekonstruktionen der tatsächlichen Welt − Wahrnehmungen, die in der Physik keine oder eine andere Bedeutung haben. Was wir als rote, blaue oder grüne Farbe empfinden, beschreibt der Physiker als elektromagnetische Wellen bestimmter Frequenzen; Geruch und Geschmack beruhen auf spezifischen Molekülstrukturen; was wir als verschieden hohe Töne hören, entsteht, wenn Materie mit einer charakteristischen Frequenz schwingt. Die Empfindungen Farbe, Ton, Geschmack und Geruch haben also keine physikalische Realität; sie bezeichnen etwas, das erst in unserem Geist entsteht − ohne ein lebendes Wesen existieren sie gar nicht.

Wir können nun philosophisch fragen, ob beim Fallen eines Baumes im Wald auch dann ein Geräusch auftritt, wenn kein Lebewesen in der Nähe ist und es hören kann. Sicherlich wird der Aufschlag Schwingungen in der Luft auslösen, aber ein Geräusch entsteht nicht − jedenfalls nicht im Sinne einer Empfindung, die in einem Lebewesen durch diese Schwingungen ausgelöst wird.

Wir dürfen nun aber keineswegs so weit gehen, unsere Wahrnehmungen als völlig willkürlich zu betrachten: Die Konstruktionen unseres Geistes sind zwar nicht unmittelbar mit der Realität identisch, aber sie sind keineswegs zufällig und in der Regel auch nicht täuschend. Schließlich muß jedes Lebewesen bestimmte Aspekte seiner Umwelt zuverlässig registrieren können − auch wenn die Wahrnehmung je nach Art unterschiedlich aussehen mag; das ist eine Voraussetzung des Überlebens, die auch für uns Menschen gilt. Innerhalb des Bereichs, für den unsere Sinnesorgane ausgelegt sind, erkennen wir zum Beispiel Größe, Form, Lage, Beständigkeit und

Helligkeit der Dinge erstaunlich zuverlässig, auch wenn das Netzhautbild etwas anderes wiedergibt. In der Wahrnehmungstheorie spricht man hier von *wirklichkeitsgetreuen* Eindrücken – und trägt dabei dem philosophischen Einwand Rechnung, daß wir keinen unmittelbaren Zugang zur Wirklichkeit haben, sondern auf die gefilterten Informationen unserer Sinnesorgane angewiesen sind. Die Bilder unserer Wahrnehmung kann man daher nicht schlechthin als wahr bezeichnen, sondern allenfalls als wirklichkeitsgetreu, sofern sie objektiv mit Eigenschaften eines Gegenstandes übereinstimmen, und zwar unabhängig von den speziellen Beobachtungsbedingungen. Das läßt sich messen. So können wir beim Betrachten eines Kreises von einem wirklichkeitsgetreuen Eindruck sprechen, wenn wir wissen oder nachweisen, daß der Gegenstand in allen Richtungen den gleichen Durchmesser hat.

Erstaunlicherweise hat es auf unsere Wahrnehmungen meist keinen Einfluß, wenn wir uns verstandesmäßig darüber im klaren sind, daß der Eindruck trügt. Sinnestäuschungen verschwinden nicht, wenn wir sie durchschaut haben. Obwohl wir ja genau wissen, daß der Mond praktisch stillsteht, während wir ihn betrachten, sehen wir ihn sich bewegen, wenn eine durchscheinende Wolke über ihn hinwegdriftet oder Wolken auch nur in seiner Nähe vorbeiziehen. (In den folgenden Kapiteln werde ich noch an vielen anderen Beispielen zeigen, daß Wahrnehmung und Wissen weitgehend unabhängig sind.) Nachdenken nützt also nichts, wenn wir uns einer Sinnestäuschung entziehen wollen. Man muß daher annehmen, daß die Sinnesinformationen im Gehirn unabhängig von anderen geistigen Prozessen verarbeitet werden.

Wenn das Auge nur ein gefiltertes Bild der Umwelt liefert, das zudem verzerrt ist und sich ständig verändert, wie schaffen wir es dann, aus alldem ein mehr oder weniger wirklichkeitsgetreues Bild der Welt zu konstruieren? Genau das ist die Kernfrage der Wahrnehmungstheorie.

Die Wissenschaft von der Wahrnehmung

Praktisch jede wissenschaftliche Untersuchung beginnt mit Wahrnehmungen, durch die wir die Fakten kennenlernen, die wir untersuchen wollen – seien es nun die Umlaufbahnen von Planeten, die Farbe von Laub, chemische Reaktionen oder das Verhalten von Pavianen. Wenn man jedoch die Wahrnehmungsvorgänge selbst untersucht, geht man in wesentlichen Punkten anders vor als in den übrigen wissenschaftlichen Disziplinen. Dort wird versucht, Tatsachen von Irrtümern zu unterscheiden und objektive Eigenschaften des jeweiligen Forschungsobjektes zu erklären. Die Wissenschaft von der Wahrnehmung zielt dagegen darauf ab, den Prozeß zu verstehen und zu begründen, durch den wir Dinge auf bestimmte Weise wahrnehmen. Auch der Irrtum, die Sinnestäuschung ist als Tatsache Gegenstand dieser Wissenschaft. Ein Astronom wird beispielsweise die Existenz der Mondkrater hinnehmen, ohne nach den Wahrnehmungsvorgängen beim Blick durch ein Fernrohr zu fragen. Was ihn interessiert, ist eher die Entstehung der Krater. Wenn man dagegen Wahrnehmungsvorgänge untersucht, ist das Erscheinungsbild der Krater von höchstem Interesse. Wie entsteht es in uns? Wie erkennen wir die Tiefe eines Kraters? Warum sieht er wie ein Hügel aus, wenn wir sein Bild auf den Kopf stellen?

Als der Behaviorismus in der Psychologie seine große Stunde hatte, wurde argumentiert, daß sich Wahrnehmungen nicht für wissenschaftliche Untersuchungen eignen würden, weil sie rein subjektive Feststellungen wären. Im Gegensatz zu anderen Wissenschaftszweigen, wo die Fakten offenbar und jedermann zugänglich seien, könne man Bewußtseinsinhalte nicht unmittelbar beobachten. Wir können zwar alle die Krater auf einem Mondphoto betrachten und uns gegenseitig bestätigen, welchen Eindruck wir davon haben, aber es ist unmöglich, die Wahrnehmung zu sehen, die ein anderer von einem Krater hat. Die Tatsachen, die wir erklären wollen, sind selbst nicht direkt beobachtbar.

Auch wenn kein anderer meine Wahrnehmung irgendeines Gegenstandes kennen kann, sind bestimmte Eigenschaften doch festzustellen: Nehmen wir als Beispiel einmal die optische Täuschung in der Abbildung unten: Wenn ich den Eindruck habe, daß die senkrechten Linien gebogen sind, obwohl sie in Wirklichkeit gerade verlaufen, und das jemandem berichte, dann kann er mir nie bestätigen, daß ich das tatsächlich gesehen habe. Aber andere können die Täuschung bei sich selbst bemerken und darüber berichten. Man muß also Wahrnehmungen nicht direkt beobachten, um ihre Allgemeingültigkeit zu überprüfen und anhand von Rückschlüssen zu beurteilen, wie zutreffend sie sind.

Tatsächlich lassen sich die üblichen Kriterien einer wissenschaftlichen Arbeitsweise auch auf die Erforschung von Wahrnehmungsvorgängen (und anderen geistigen Prozessen) anwenden: Man kann einen einzelnen Faktor getrennt untersuchen und seinen Einfluß auf den Vorgang feststellen und schließlich voraussagen, was in einer bestimmten Situation wahrgenommen werden müßte. Um diese Voraussage zu überprüfen, müssen wiederholbare Experimente entwickelt werden. Das kann man erreichen, indem man den Versuch mit demselben Beobachter oder mit anderen Versuchspersonen mehrmals durchführt. Erkenntnisse, die nach diesen methodischen Kriterien gewonnen werden, gelten in der Wissenschaft als wahr − insbesondere auch in der Wissenschaft von der Wahrnehmung.

Viele Leute und insbesondere viele Psychologen glauben, daß man einen geistigen Vorgang bereits erklärt hat, wenn man weiß, wie das Gehirn ihn hervorruft. Ich halte das für ein Mißverständnis. Zweifellos wurden schon viele einzelne Funktionen des visuellen Systems entdeckt, die zum Verstehen der Wahrnehmung beitragen, und sie haben einige Fragen − aber eben nicht alle − geklärt. Man weiß seit langem, daß Licht, das auf die Netzhaut fällt, in den dicht gepackten Rezeptoren elektrische Aktivität auslöst und damit Nervenimpulse entstehen, die über verschiedene Zwischenstationen zur Sehrinde

Man braucht das Photo nur auf den Kopf zu stellen, um die „Erhebungen" auf dem Mond zu Kratern zu machen. Das Wahrnehmungsproblem, das dahinter steckt, hängt mit der Lage der Schatten zusammen.

Die optische Täuschung, die diese Figur hervorruft, bleibt auch dann bestehen, wenn wir die Geometrie durchschaut haben: Die senkrechten Kanten der Quadrate scheinen stets nach innen gewölbt.

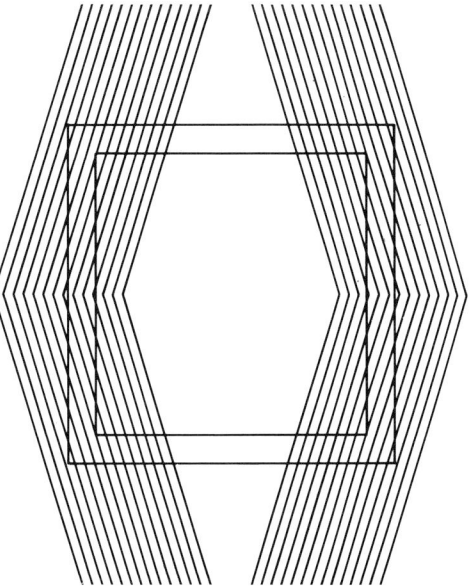

5

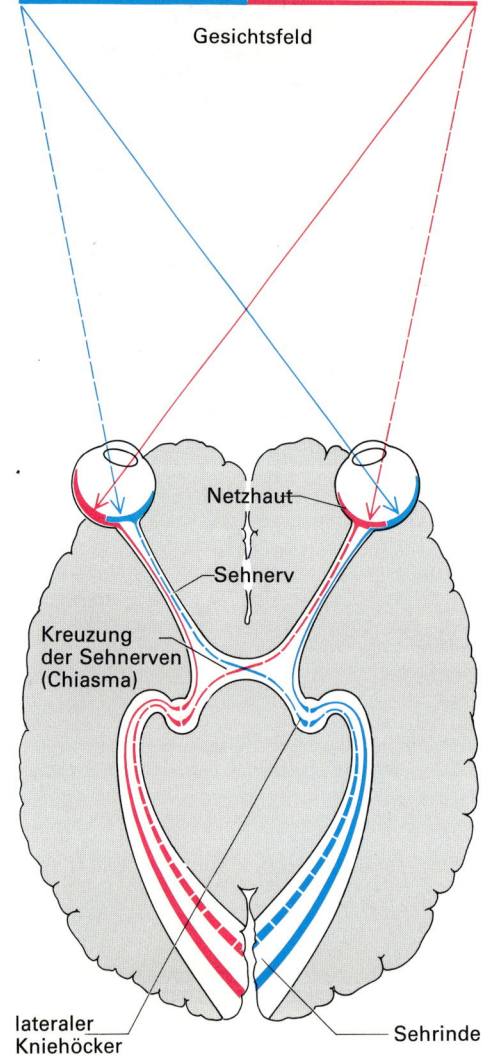

Gesichtsfeld

Netzhaut

Sehnerv

Kreuzung
der Sehnerven
(Chiasma)

Die Sehbahnen in einer horizontalen Projektion. Die Nervenfasern der linken Netzhauthälften enden in der linken Gehirnhälfte, und entsprechend werden die rechten Netzhauthälften auf die rechte Hemisphäre des Gehirns projiziert. Dabei wird auf den linken Netzhauthälften die rechte Hälfte des Gesichtsfeldes abgebildet.

lateraler
Kniehöcker

Sehrinde

(visueller Cortex) übertragen werden. Viel jünger ist die Erkenntnis, daß die Augäpfel auch beim Fixieren eines ruhenden Objektes in ständiger Bewegung sind; die Blickrichtung „oszilliert" sehr rasch innerhalb eines kleinen Abschnitts um den Fixationspunkt. Diese sogenannten sakkadischen Augenbewegungen sind für das Sehen notwendig, weil die Rezeptoren in der Netzhaut weniger auf einen kontinuierlichen Reiz reagieren als auf Reizänderungen. Sie sprechen auf Anfang und Ende des Reizes verstärkt an. Durch die Augenbewegungen wird das Bild auf der Netzhaut ständig verschoben, so daß die Rezeptoren immer wieder stimuliert werden. Wenn man das Bild künstlich auf eine bestimmte Stelle der Netzhaut fixiert, verschwindet die Konturwahrnehmung.

Aus Tierexperimenten, bei denen Aktionspotentiale einzelner Nervenzellen des visuellen Systems gemessen wurden, weiß man, daß einige Neuronen nur dann feuern, wenn eine bestimmte Netzhautstelle durch ein ganz spezielles Reizmuster angeregt wird. Man kann diese Neuronen in gewisser Hinsicht als Detektoren für Punkte, Kanten und Konturen betrachten.

Weiterhin wissen wir, daß beim Belichten korrespondierender Netzhautbereiche in beiden Augen die Information an eine definierte Stelle in einer Hirnhälfte weitergeleitet wird, so daß ein einheitliches Bild zustande kommt; sind die stimulierten Bereiche leicht verschoben, so entsteht der Eindruck räumlicher Tiefe. Dieses Wissen macht einige Probleme bei Wahrnehmungsprozessen deutlich – freilich ohne sie zu erklären. Zum Beispiel hat man entdeckt, daß die Signale, die in der Sehrinde eintreffen, zwar genau das Bild auf der Retina widerspiegeln, aber wenn wir bei einem Gegenstand Form und Größe konstant wahrnehmen, so läßt sich das nicht allein mit den Informationen erklären, die das Gehirn über Form und Größe des Netzhautbildes erhält. Anders ausgedrückt: Wenn das Bild auf der Retina den Gegenstand nicht exakt wiedergibt, dann gilt das auch für die Signale, die dieses Bild auslöst und die auf die Sehrinde „projiziert" werden.

Auch andere wichtige Fragen blieben ungelöst: Wie werden aus ungenauer und unvollständiger Information wirklichkeitsgetreue Wahrnehmungen konstruiert? Wodurch kann ein und dasselbe Bild nacheinander zwei verschiedene Eindrücke hervorrufen? Warum und wie können wir Strukturen auf einem Bild richtig zuordnen? Und schließlich: Warum machen sich viele Veränderungen des Netzhautbildes einfach nicht unmittelbar in der Wahrnehmung bemerkbar?

Daß wir Schwierigkeiten bekommen, wenn wir uns allein auf neuronale Vorgänge konzentrieren, liegt nicht nur daran, daß wir so wenig über das Gehirn wissen. Vielleicht entdecken wir ja eines Tages, welche Mechanismen einer Geistestätigkeit oder einer Verhaltensweise zugrunde liegen; aber auch dann wäre unser Verständnis unvollständig, solange wir nicht mehrere Erklärungsebenen berücksichtigen.

In der Wissenschaft ist es häufig notwendig, ein Problem auf verschiedenen Ebenen anzugehen. So können Darwins Grundgedanken als Erklärung für die Evolution der Arten dienen, aber sie sagen noch nichts über die Mechanismen der Evolution aus. Entdecken wir andererseits die biochemische Grundlage für die Mutation eines Organismus, so hätte das eine viel geringere Bedeutung für uns, wenn kein Zusammenhang mit der Anpassung des Organismus an seine Umgebung und seine Wettbewerbschancen beim Überleben bestünde. Man sieht, daß fundamentale Erklärungsebenen notwendig, höhere Ebenen aber trotzdem nützlich sind und als Ausgangspunkt gebraucht werden.

Bei der Wahrnehmungsforschung müssen wir zuerst eine Vorstellung haben, was für ein Prozeß eine spezifische Wahrnehmung erklären würde, bevor wir hoffen können, den zugrunde liegenden Vorgang im Gehirn zu verstehen. Angenommen, wir möchten wissen, warum das Bild eines Kraters auf den Kopf gestellt wie ein Hügel aussieht. Solange wir überhaupt keine Vorstellung von den Wahrnehmungsvorgängen haben, ist unklar, wonach wir überhaupt suchen sollen. Wenn wir dagegen experimentell herausfinden, daß alle Menschen ein umgrenztes Feld mit einem Schatten an der Oberseite als Höhlung oder Einbuchtung wahrnehmen, aber dasselbe Bild mit dem Schatten an der Unterseite als Erhebung, dann wird deutlich, welches Prinzip hier am Werk ist. Wir können dem Problem auch nachgehen, indem wir seine Ursache erforschen: Weil das Licht in unserer Umwelt meist von oben kommt, zeigt sich der Schatten bei einer Höhlung in der Regel am oberen Rand. Demnach könnte dieses Wahrnehmungsmuster erlernt sein. Wenn sich das bestätigt, müssen wir bei unserem Erklärungsversuch auch das Speichern erlernter Prinzipien einbeziehen. Finden wir zu guter Letzt noch neuronale Vorgänge, werden wir das ,,Schatten''-Prinzip trotzdem als Teil der Erklärung beibehalten: Andernfalls würde sie sich darauf reduzieren, Nervenentladungen zu zählen, die allein wenig aussagen.

Ich meine, daß wir nur in seltenen Fällen erahnen, welches physiologische Ereignis einem Wahrnehmungsvorgang zugrunde liegt. In den folgenden Kapiteln werde ich deshalb nicht sehr viel über neuronale Mechanismen reden, sondern nach funktionalen Erklärungen suchen. Die Frage ist dann: Welcher Art müßte ein Prozeß sein, um das beobachtete Wahrnehmungsverhalten zu erklären?

Theorien zum Wahrnehmen

Bei unseren Erklärungsversuchen können wir auf drei klassische Theorien oder Betrachtungsweisen zurückgreifen, die sich oft widersprechen, aber bis heute großen Einfluß auf die Forschung nehmen: die *Deduktionstheorie* (die vieles mit der empiristischen Betrachtungsweise gemein hat), die *Gestalttheorie* (die angeborene Tendenzen beim Wahrnehmen hervorhebt), die *Reiztheorie* (oder Psychophysik, die Korrelationen zwischen physikalischen Größen und Wahrnehmungsvorgängen sucht).

Die deduktive oder empiristische Betrachtungsweise. Theorien über das Wahrnehmen sind so alt wie das metaphysische Erkenntnisproblem der Philosophen. Wie erkennen wir etwas, und inwieweit ist diese Erkenntnis wahr? Die frühen englischen Empiristen wie Hobbes, Locke und Hume haben behauptet, daß wahre Erkenntnis allein auf Sinneserfahrungen und der Verknüpfung von Ideen beruhe: Der Geist sei bei der Geburt wie ein unbeschriebenes Blatt, eine Tabula rasa, auf die die Erfahrungen durch Sinneseindrücke geschrieben werden.

Im Hinblick auf den Wahrnehmungsvorgang hat George Berkeley in seinem berühmten Essay aus dem Jahre 1709 das so erläutert: Unsere Augen vermitteln nur ein unzulängliches Bild von der Welt. Um sie richtig zu erfassen, müssen wir lernen, unsere visuellen Eindrücke auch zu interpretieren, das heißt, bestimmte Assoziationen daran zu knüpfen.

Die Entfernung läßt sich − so Berkeley − prinzipiell nicht direkt wahrnehmen, weil die zweidimensionale Netzhaut keine dreidimensionale Welt wiedergeben kann. Um räumlich zu sehen, müßten wir andere Sinnesempfindungen mit einbeziehen, die sich beim Betrachten eines entfernten Objektes ergeben; die Entfernung selbst werde dann getrennt bestimmt. Wenn wir etwa nach einem Gegenstand greifen, danach tasten oder darauf zugehen, können wir seine Entfernung oft leicht abschätzen. Gleichzeitig bekommen wir noch andere Anhaltspunkte. Wenn sich zum Beispiel die Augenlinse bei der Annäherung an den Gegenstand verdickt, fühlen wir die zunehmende Anspannung der Linsenmuskulatur. Dies ist ein Hinweis, den wir nun mit der ertasteten Entfernung assoziieren. Später kann uns dann − nach Berkeleys Theorie − der Grad der Muskelspannung als Maß für die Entfernung dienen.

Während der zweiten Hälfte des 19. Jahrhunderts entwickelte Hermann von Helmholtz eine ähnliche Theorie, die er jedoch systematischer ausformulierte als Berkeley. Helmholtz arbeitete in fast allen Gebieten der Sinnesphysiologie und Wahrnehmung und beschrieb seine Erkenntnisse in umfangreichen Werken, darunter im *Handbuch der physiologischen Optik*. Seiner Auffassung nach beruhen Wahrnehmungen auf einem deduktiven Vorgang, weil wir frühere Erfahrungen einbeziehen, um aus der augenblicklichen Sinnesinformation die mögliche Bedeutung zu entschlüsseln. Normalerweise ist uns dieser Rückgriff nicht bewußt. Dieser *unbewußte Schluß* ist ein wesentliches Konzept seiner Theorie. „Die Sinneseindrücke sind Andeutungen für unser Bewußtsein; es bleibt unserem Verstand überlassen, ihre Bedeutung herauszufinden."

Als Beispiel können wir uns einen schwarzen Gegenstand im hellen Sonnenlicht vorstellen und überlegen, wie wir seine Farbe wahrnehmen. Obwohl schwarze Flächen nur einen kleinen Teil des einfallenden Lichts reflektieren, handelt es sich immer noch um eine ansehnliche Lichtmenge. Demnach müßte ein Eindruck von Helligkeit entstehen. Wir beziehen jedoch andere Hinweise aus der Umgebung ein, die wir aus Erfahrung kennen, und können so den Helligkeitswert richtig deuten, so daß wir ihn als „schwarz" wahrnehmen.

Die Gestaltpsychologie. Eine ganz andere Perspektive haben Descartes im 17. Jahrhundert und, hundert Jahre später, Kant aufgezeigt. Descartes behauptete, daß der Geist bei der Geburt keineswegs ein unbeschriebenes Blatt sei, wie es die englischen Empiristen

angenommen hatten. Vielmehr gebe es angeborene Vorstellungen über Form, Größe und
andere Eigenschaften von Gegenständen.
Besonders Kant widersprach der Ansicht,
daß es „keine Vorstellung im menschlichen
Geist gibt, die nicht ursprünglich auf die
Sinnesorgane zurückzuführen ist", wie Hobbes
ein Jahrhundert zuvor geschrieben hatte. Der
Geist verfüge über ein selbständiges Konzept
von Raum und Zeit, das er auf die empfan-
gene Sinnesinformation anwende. Gäbe es
nicht diese reine Form der Anschauung,
durch die wir Dinge räumlich unterscheiden
und Ereignisse in ihre zeitliche Folge gliedern,
so könnten wir mit der Sinnesinformation
nichts anfangen.

Dieser Denktradition waren die Gestaltpsychologen zu Beginn dieses Jahrhunderts
verhaftet. Ihr Schlüsselbegriff hieß *Organisation der Wahrnehmung*. Während
Sinnesempfindungen logisch unabhängig und
beziehungslos sind, schafft unser Wahrnehmungssystem sinnvolle Ganzheiten. So ist
kaum anzunehmen, daß wir das Leben mit
einem Chaos von Eindrücken beginnen und
dann irgendwie lernen, mehrere Eindrücke
als abgegrenzte Einheit zu verknüpfen —
etwa als Umrisse, die sich vom Hintergrund
abheben. Aus der Sicht der Gestaltpsychologie scheint es plausibler, daß die Sinneswelt
auf der Grundlage angeborener Schemata
analysiert und zum Beispiel ein Objekt vom
Hintergrund getrennt wird.

Wenn wir etwas als Einheit oder Ganzes
wahrnehmen, sei es nun eine Melodie oder
die Form eines Gegenstandes, dann werden
nicht etwa zufällige, sondern ganz bestimmte
Elemente zusammengefaßt, die miteinander
verknüpft mehr darstellen als eine Summe
einzelner Teile. Eine Melodie ist nicht nur
eine Folge einzelner Töne; ihr Reiz beruht
auf der Art, wie sie zusammengestellt (kom-
poniert) ist. Der Grundgedanke der Gestalttheorie läßt sich in den Satz fassen: Das
Ganze ist mehr als die Summe seiner Teile.
Wenn man eine Melodie in eine andere Tonart
transponiert, wird jeder Ton verändert, aber
es ist nach wie vor dieselbe Melodie, weil die
Intervalle und der Rhythmus gleich bleiben.

Wir nehmen die Farbe eines Objektes auch dann in der Regel
wirklichkeitsgetreu wahr, wenn
es durch Licht und Schatten unterschiedlich beleuchtet ist. Dieser
Zaun erscheint uns weiß.

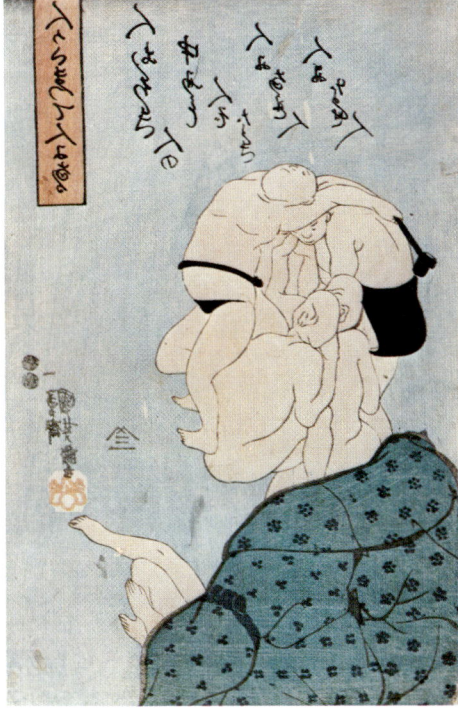

Ein Mensch aus Menschen, von
Kuniyoshi Ichiyusai im 19. Jahrhundert gemalt, illustriert ein Prinzip der Gestalttheorie: Das Ganze
ist mehr als die Summe seiner
Teile.

9

Auch bei anderen Wahrnehmungsvorgängen glaubten die Gestalttheoretiker an die Bedeutung der Beziehungen zwischen den einzelnen Elementen. Wie wir noch sehen werden, machten sie solche gleichbleibenden Beziehungen bei veränderter Reizkonstellation für die Konstanz in der Wahrnehmung und auch für gewisse Sinnestäuschungen verantwortlich.

Solchen psychologischen Prinzipien sollten andere Mechanismen zugrunde liegen als die Ausbreitung von Nervenimpulsen entlang von Nervenfasern; statt dessen stellte man sich vor, daß sich das Gehirn unter bestimmten Umständen wie ein kompakter elektrischer Leiter verhält, in dem sich Ströme entlang den Bahnen mit dem geringsten Widerstand ausbreiten.

Wie man sieht, ist die Antwort der Gestalttheoretiker ganz anders als die Helmholtzsche. Für sie sind unsere Wahrnehmungen das Resultat spontaner Vorgänge im Gehirn, die durch bestimmte Reize ausgelöst werden. Für Helmholtz waren sie das Ergebnis unbewußter Interpretationen von Sinneseindrükken, die auf Erfahrung beruhen.

Die Reiztheorie. Empirismus und Gestalttheorie betrachten den Reiz, der das Auge stimuliert, als mehrdeutig und meinen, daß er zu wenig Information enthält, um den Wahrnehmungsprozeß angemessen zu erklären. Dagegen behaupten die Anhänger der psychophysischen Tradition, daß wir alle Information aus der Umgebung aufnehmen. Wenn wir im Einzelfall nicht wissen, wie ein Eindruck zustande gekommen ist, müssen wir solange suchen, bis wir die adäquaten Reize gefunden haben. Für jede Art von Wahrnehmung, ob Farbe, Form, Größe, räumliche Tiefe, Bewegung oder was auch immer, existiert demnach ein spezifischer Reiz oder ein bestimmtes Reizmuster, so daß man keine zusätzlichen Mechanismen im Gehirn postulieren muß.

Natürlich sind die Sinnesreize so gesehen der wesentliche Bestandteil unserer Wahrnehmungen, die dann nur Übersetzungen in die

Die Struktur einer Fläche wird als räumliche Tiefe wahrgenommen, wenn die Strukturelemente zum Hintergrund hin kleiner werden und entsprechend dichter zusammenrücken. Bei diesem Strand-Photo nimmt die Zahl der Steine pro Quadratzentimeter Bildfläche von unten nach oben zu.

Sprache des Gehirns darstellen. Als Begründung wird angeführt, daß das Farbensehen auf den verschiedenen Wellenlängen des Lichts beruht, unser Tonempfinden auf der Frequenz der Schallschwingungen, der Helligkeitseindruck auf der Amplitude der Lichtwellen, und so weiter. Das Arbeitsprogramm der Psychophysik-Forscher des späten 19. Jahrhunderts, die oft als die Begründer der wissenschaftlichen Psychologie betrachtet werden, bestand darin, subjektive Empfindungen mit physikalischen Reizen zu korrelieren und so zu erklären.

Der psychophysische Ansatz verlor an Überzeugungskraft, als immer mehr Phänomene beim Sehen ungeklärt blieben, weil sich keine entsprechenden Reize finden ließen. Erst in der vierziger Jahren schlugen James J. Gibson und seine Kollegen eine Methode vor, mit der man auch in solchen Fällen Stimuli angeben kann. Gibson vermutete, daß diese Reize viel abstrakter seien als anfangs angenommen. Man mußte also versuchen, abstrakte Eigenschaften von Reizen zu formulieren, um damit etwa Tiefenwahrnehmung oder Größenkonstanz zu erklären. Zum Beispiel läßt sich der Eindruck, daß sich eine Grundfläche bis in weite Ferne zum Bildhintergrund ausdehnt, aus ihrer Struktur ableiten: Sie wird zum Hintergrund hin allmählich kleiner. Die stetige Veränderung (Gradient) der Strukturierung − und nicht etwa Gegenstände in verschiedenen Entfernungen − ist der Anhaltspunkt für Tiefe. Auf der Photographie des Steinstrandes wächst die Dichte der Steine (ihre Zahl pro Quadratzentimeter Bildfläche) von unten nach oben, vom Vordergrund zum Hintergrund, an. Dieser Gradient ist der Reiz, der uns die Fläche dreidimensional, also als eine in den Hintergrund führende Bodenfläche, erscheinen läßt. Die Größe des Gradienten (die Schnelligkeit, mit der sich die Struktur ändert) ist außerdem noch der spezifische Reiz für eine Neigung der Fläche.

Das Forschungsprogramm der Reiztheorie besteht also darin, für jede Wahrnehmung den eigentlich auslösenden Anteil aus einem komplexen Reiz herauszufiltern. Konsequenterweise reduziert sie das Wahrnehmen

auf die Antwort auf einen Reiz; Vermutungen über den Geist braucht man bei dieser Art der Untersuchung ebensowenig einzubeziehen wie bei den Methoden der Behavioristen.

Meiner Meinung nach kann keine dieser Theorien sämtliche Wahrnehmungsphänomene angemessen erklären. Keine genügt − zumindest in der ursprünglichen Formulierung, die wir hier skizziert haben − den hohen Ansprüchen an eine umfassende Theorie. Jede enthält Behauptungen, die sich eindeutig als falsch erwiesen haben. Inwieweit die Grundkonzepte richtig sind, können wir erst beurteilen, wenn wir genauer untersucht haben, auf welche Arten wir Gegenstände und Vorgänge wahrnehmen.

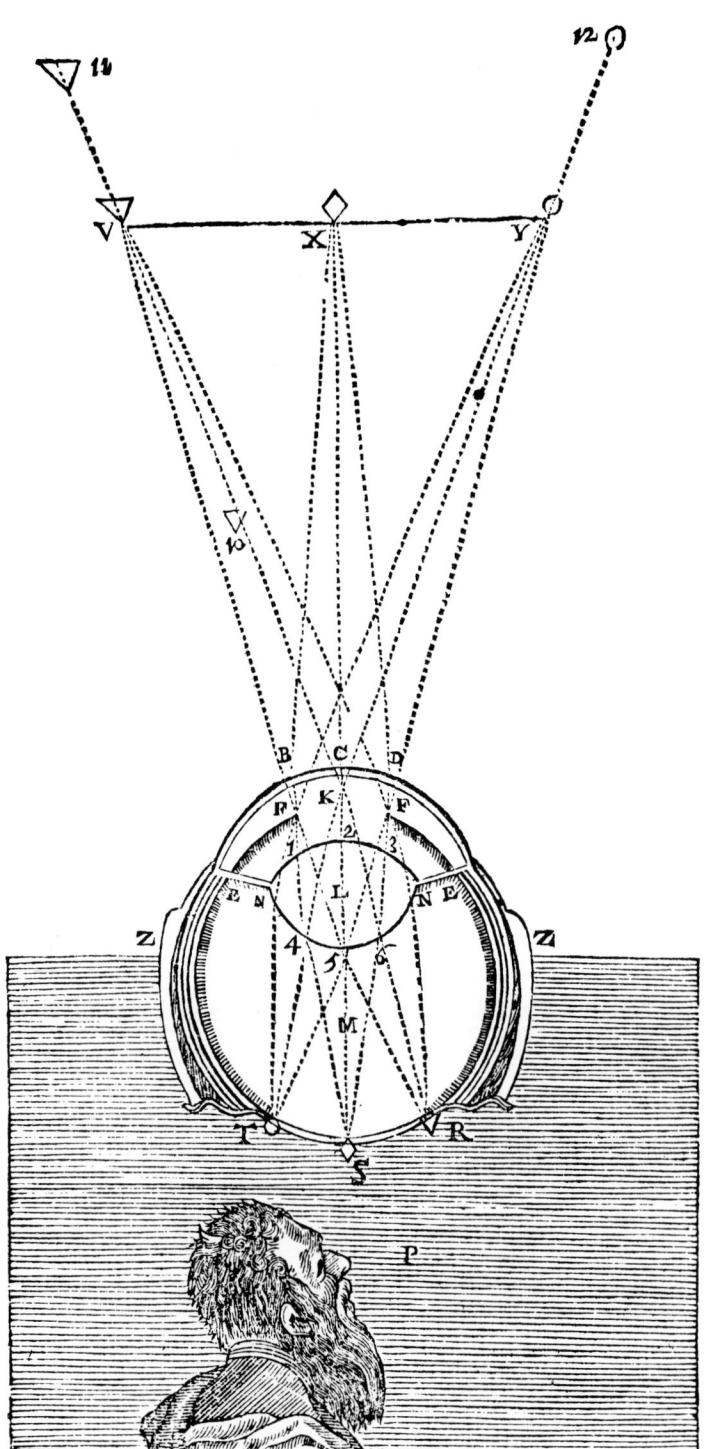

Skizze zu einem Experiment, mit dem Descartes das
Netzhautbild (eines Rinderauges) direkt beobachten
wollte.

Konstanz

In den ersten Jahren des 17. Jahrhunderts beschrieb René Descartes ein Experiment, mit dem man die Bilder auf der Netzhaut eines Tieres unmittelbar beobachten kann. Dazu muß man das Auge eines Rindes herausoperieren und es so in einer Apparatur befestigen, daß seine natürliche Form gewahrt bleibt. Wenn dann auf der Rückseite Gewebe entfernt wird, bis die Hinterwand durchsichtig ist, kann man sehen, wie die Umwelt auf der Netzhaut abgebildet wird. In der Tat sind Wahrnehmungsphänomene nur zu verstehen, wenn man weiß, wie sich die betrachtete Szene im Netzhautbild darstellt. Das gilt insbesondere für die Konstanz, das heißt unsere Fähigkeit, die Eigenschaften von Objekten als gleichbleibend wahrzunehmen, auch wenn sich das Bild auf der Netzhaut ändert.

Die Zeichnung auf der linken Seite illustriert das Experiment von Descartes. Gezeigt ist, wie die Augenlinse (und jede andere konvexe Linse) ein Bild erzeugt. Wenn die Linse auf die Entfernung eines bestimmten Objektes eingestellt ist – sie kann sich zusammenziehen und dabei verdicken oder umgekehrt dünner werden, indem sie sich dehnt –, dann werden die Lichtstrahlen von demselben Punkt des Objektes auf der Netzhaut wieder in *einem* Punkt zusammentreffen. In der Zeichnung werden beispielsweise drei Strahlen, die von Punkt Y ausgehen, im Punkt T auf der Retina fokussiert – und entsprechend V in R. Punkt für Punkt wird so der gesamte Umriß eines Gegenstandes auf die Retina projiziert, so daß dort ein korrespondierender Umriß entsteht. Wenn wir das Netzhautbild genauer betrachten, werden wir feststellen, daß es verzerrt ist und sich auch zeitlich verändert. Aber davon wollen wir vorerst absehen.

Solange wir uns nur mit Konstanzmechanismen beschäftigen und nicht danach fragen, wie scharf das Netzhautbild ist, können wir Veränderungen der Linsenform und den Einfluß der Hornhaut des Auges außer acht lassen. Die Hornhaut (Cornea) ist eine durchsichtige Gewebeschicht über Regenbogenhaut (Iris) und Pupille und trägt durch ihre Brechungseigenschaften zur Bildfokussierung bei. Wir lassen diese Details zunächst einmal außer Betracht und gehen davon aus, daß von jedem Punkt des Objektes ein einziger Strahl abgebildet wird. Ein solches Netzhautbild entspricht dem Bild in einer Camera obscura oder einer einfachen Lochkamera.

Camera obscura. In dieser Zeichnung von 1646 werden durch die beiden (nicht perspektivisch gezeichneten) Öffnungen rechts und links umgekehrte Bilder auf die Beobachtungsschirme geworfen. Um die lichtschwachen Bilder sehen zu können, muß man den Innenraum verdunkeln (daher *obscura*, das lateinische Wort für dunkel).

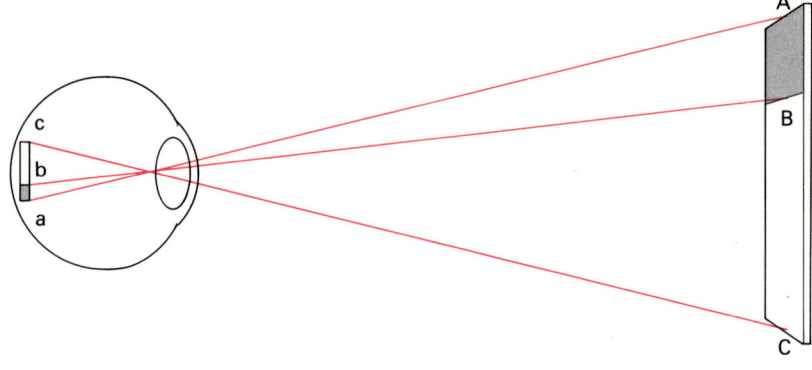

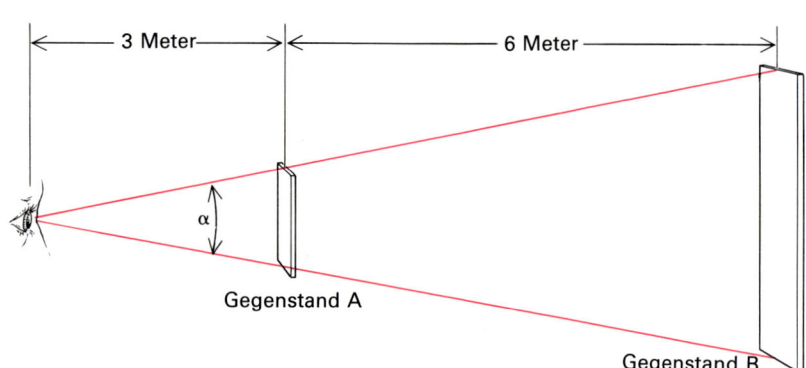

Beim Netzhautbild von einem Gegenstand in der Frontalebene (oben) stehen die Gegenstandshöhen AB und BC im gleichen Verhältnis zueinander wie die Bildhöhen ab und bc. Der Sehwinkel kann bei Objekten verschiedener Größe gleich sein, wenn ihre Abstände voneinander abweichen (unten).

Das Licht fällt dabei durch ein nadelfeines Loch ein (anstatt durch die größere, variable Pupille oder Kameraöffnung) und wird auf eine durchscheinende Fläche fokussiert (das Gegenstück zu Netzhaut oder Kamerafilm); das Bild kann dort betrachtet werden.

Da die Eintrittsöffnung der Camera obscura so klein ist, gelangt von jedem Punkt der aufgenommenen Szene praktisch nur ein Strahl auf den Beobachtungsschirm; das Problem der Fokussierung ist also umgangen. Die Tatsache, daß der Schirm flach und nicht kugelförmig gewölbt ist wie die Netzhaut,

spielt für den Abbildungsvorgang im Prinzip keine Rolle und hat im Hinblick auf die Konstanz der Wahrnehmung keine entscheidende Bedeutung.

Geometrische Optik

Wie sich eine Szene in einer Camera obscura, auf der Netzhaut oder auch auf einem Photo widerspiegelt, das läßt sich mit den Gesetzen der geometrischen Optik beschreiben, indem man die Ausbreitung von Lichtstrahlen und ihre Projektion auf eine Fläche verfolgt. Wir brauchen dabei nur zwei elementare Prinzipien zu kennen: 1) Licht breitet sich geradlinig aus. 2) Zwei Strahlen, die von beliebigen Punkten eines Objektes ausgehen, schließen beim Eintritt in das Auge den gleichen Winkel ein wie beim Auftreffen auf der Netzhaut. Dieser Winkel heißt Sehwinkel, und von ihm hängt die Größe des Bildes auf der Netzhaut ab. Wie sich diese Prinzipien im einzelnen auf das Netzhautbild auswirken, dazu tragen außerdem noch Entfernung und Orientierung des Gegenstandes bei.

Nur wenn das Objekt in einer Ebene senkrecht zur Blickrichtung (der sogenannten Frontalebene) liegt, bleiben seine Proportionen im Netzhautbild erhalten. Der Sehwinkel – und damit die Bildgröße – nimmt mit der Größe des Gegenstandes zu, mit wachsender Entfernung dagegen ab. Wenn wir uns zum Beispiel ein Buch dicht vor die Augen halten und nun langsam den Arm ausstrecken, entstehen auf der Netzhaut immer kleinere Bilder. Bildgröße und Sehwinkel sind umgekehrt proportional zur Entfernung. Das ist das Euklidische Gesetz vom Sehwinkel.

Wenn wir nicht senkrecht auf das Buch blicken (es also nicht in der Frontalebene betrachten), dann schließen die Strahlen von seinen Eckpunkten zwischen Ober- und Unterkante einen kleineren Sehwinkel ein – der Umriß auf der Netzhaut ist kleiner und in der Form verzerrt, und zwar um so mehr, je stärker das Buch gegen die Frontalebene geneigt ist. Man spricht hier von einer *perspektivischen Verkürzung*.

Perspektivische Verkürzung. Die Türen auf dem oberen Photo sind in der Projektion um so schmaler wiedergegeben, je weiter sie von der Kamera entfernt waren.

Die parallelen Reihen von Ananaspflanzen scheinen, auf die Netzhaut projiziert, am Horizont immer mehr zusammenzulaufen.

Aus dem gleichen Grund scheinen Straßen, Eisenbahngeleise und andere parallele Linien unserer Umwelt in der Ferne zusammenzulaufen — weil sie nicht in der Frontalebene liegen, werden sie perspektivisch verkürzt. Wir können jetzt auch erklären, warum auf einem Photo von Kieseln am Strand (oder einer anderen gleichförmig strukturierten Fläche) die jeweilige Struktur mit zunehmender Entfernung immer dichter erscheint. Auch hier geschieht nichts anderes, als daß der Sehwinkel für die einzelnen Elemente und ihre Abstände kleiner wird.

Wir können unser Augenmerk ganz bewußt auf den Sehwinkel richten, den ein Objekt einnimmt, und uns eine besondere Form des Sehens angewöhnen, wie sie auch Maler anwenden. Meist erfordert das etwas Übung und Konzentration, aber bisweilen wird uns der Sehwinkel spontan bewußt: bei sehr weit entfernten oder extrem verkürzten Gegenständen. Wenn wir eine Straße entlangfahren, betrachten wir die Straßenränder einerseits als parallel, bemerken jedoch andererseits auch, daß sie zum Horizont hin scheinbar zusammenlaufen. Ich werde noch auf diese Art der „doppelten" Wahrnehmung zurückkommen, bei der wir zusätzlich den objektiven Sehwinkel eines Gegenstandes bemerken. Aber unsere Fähigkeit, die objektive Größe von Netzhautbildern wie ein Maler wahrzunehmen, ändert nichts daran, daß diese Art des Sehens für uns normalerweise keine besonders wichtige Rolle spielt, wenn wir die Gegenstände unserer Umwelt betrachten. Jedenfalls tritt sie gegenüber der Konstanz bei der Wahrnehmung in den Hintergrund.

Da wir uns jetzt in geometrischer Optik etwas auskennen, verstehen wir mühelos, warum und inwieweit das Netzhautbild vom Erscheinungsbild eines Objektes abweichen kann. In der weiteren Diskussion werden wir der Einfachheit halber jedoch von Photographien oder naturgetreuen Zeichnungen ausgehen, deren Geometrie das Netzhautbild im wesentlichen richtig widerspiegelt. Schließlich kommen sie ganz ähnlich zustande: Das Licht, das die Gegenstände der Umwelt zum Auge hin reflektieren, wird auf eine Fläche projiziert – wobei wir die Netzhaut näherungsweise als Ebene betrachten wollen. Tatsächlich können wir Photographien und Zeichnungen nur deshalb als Szene interpretieren, weil sie mehr oder weniger dem Netzhautbild dieser Szene entsprechen.

Obwohl sich das Netzhautbild eines Objektes auf vielfältige Weise verändert, sieht der Gegenstand für uns gleich aus: Wir schreiben ihm eine konstante Größe zu, auch wenn sein Bild auf der Retina sich ständig verändert – man spricht hier von *Größenkonstanz*; entsprechendes gilt für den Umriß des Ge-

genstandes (*Formkonstanz*) und für seine Orientierung – geneigt, aufrecht oder auf dem Kopf (*Orientierungskonstanz*). Auch die Position, die ein Gegenstand in bezug auf uns selbst oder andere Objekte einnimmt, wird von Verschiebungen des Netzhautbildes offenbar nicht beeinflußt (*Lagekonstanz*); des weiteren bleibt die Helligkeit – der Grauwert auf der Schwarzweiß-Skala – auch dann gleich, wenn sich die Intensität des reflektierten Lichts aufgrund wechselnder Beleuchtungsverhältnisse verändert (*Helligkeitskonstanz*).

Wie schafft es das Gehirn, aus Bildern, die sich ständig wandeln, eine sichtbare Welt zu konstruieren, deren auffallendstes Merkmal Konstanz ist? Es gibt gegenwärtig zwei Antworten, die sich ganz offensichtlich widersprechen: die Reizrelationstheorie, die in der psychophysischen Tradition steht, und die Verrechnungstheorie, die vor allem an die Schule von Helmholtz und anderen Verfechtern der Deduktionstheorie anknüpft. Zuerst wollen wir uns jedoch ansehen, welche Erklärungen beide Alternativen für die Größenkonstanz anbieten.

Größenkonstanz: eine Frage der Reizrelation?

Obwohl sich der Sehwinkel (oder die Größe des Netzhautbildes) eines Objektes bei wechselnden Entfernungen verändert, erscheint uns der Gegenstand selbst mehr oder weniger gleich groß. Wie muß das Gehirn vorgehen, um diesen Eindruck zu erzeugen? Zweifellos genügt es nicht, nur den Sehwinkel zu bestimmen, denn der hängt ja direkt von der Entfernung ab.

Das Gehirn bekommt aber normalerweise zusätzliche Anhaltspunkte, weil wir Gegenstände in unserer Umwelt nicht einzeln, sondern zusammen mit anderen Objekten und einem Hintergrund wahrnehmen. Nach der Reizrelationstheorie stellen wir dabei einen Zusammenhang zwischen einzelnen Bildern her – etwa indem wir die Sehwinkel verschiedener Objekte ins Verhältnis setzen. Wenn wir zum Beispiel einen Mann vor einem Haus betrachten, dann entspricht seine Größe einem festen Bruchteil von der Höhe des Hauses, unabhängig davon, aus

welcher Distanz wir Mann und Haus sehen. Ähnliches gilt für einen Gegenstand vor einem gleichmäßigen Muster in der Szene, etwa Grashalmen eines Rasens. Ein bestimmtes Objekt auf dem Rasen wird immer eine gleiche Anzahl von Halmspitzen überdecken, einerlei, von welchem Standort aus man es betrachtet. James Gibson hat nun behauptet, daß sich die Konstanz in solchen Fällen allein mit gleichbleibenden Größenverhältnissen zwischen den Gegenständen erklären lasse, so daß man die Entfernung gar nicht zu berücksichtigen brauche.

Hängt unsere Größenwahrnehmung tatsächlich von solchen Reizrelationen ab? Um das herauszufinden, haben Sheldon Ebenholtz und ich folgendes Experiment gemacht: In einem ersten Teil des Versuchs mußte ein Proband in einer verdunkelten Kabine zwei helle senkrechte Linien betrachten, die in gleichen Entfernungen rechts und links an die Wände projiziert waren. Eine Linie hatte eine feste Bezugslänge von etwa 7,6 Zentimetern (drei Inches), die andere ließ sich variieren. Die Aufgabe bestand nun darin, die Länge der variablen Linie möglichst genau

Größenkonstanz könnte auf Größenverhältnissen beruhen. Auf dem gleichförmigen Untergrund bedecken gleiche Scheiben immer dieselbe Zahl von Kästchen, obwohl ihr Sehwinkel mit der Tiefe immer kleiner wird.

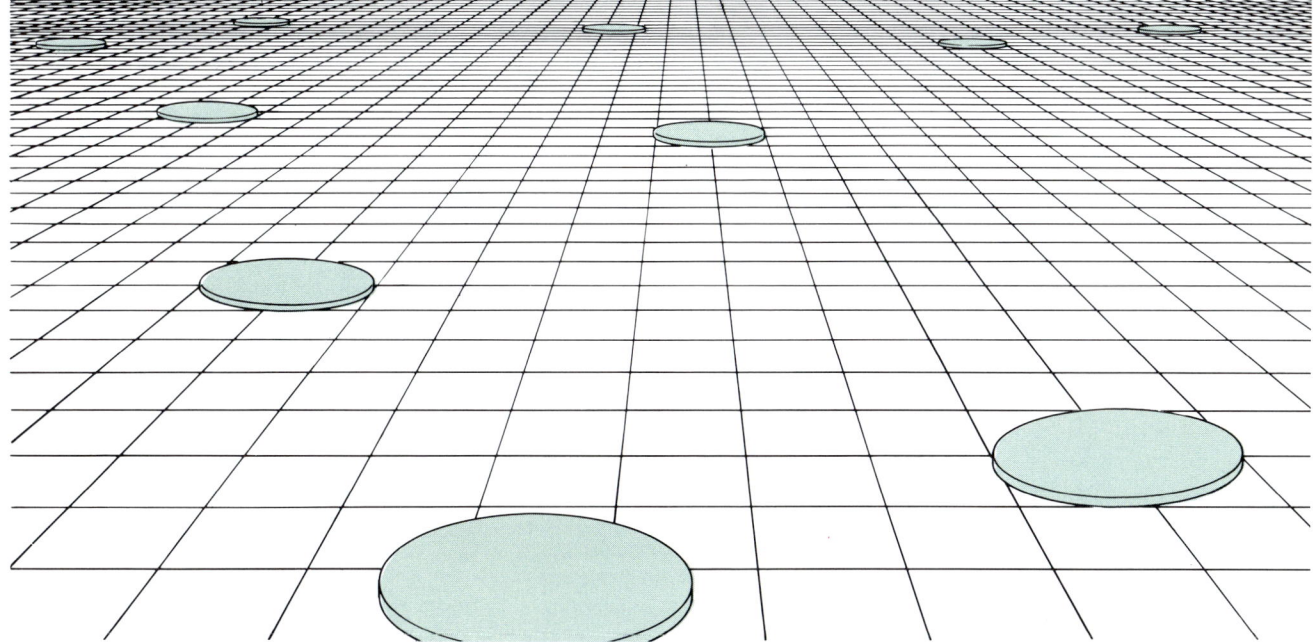

17

auf die Standardlänge einzustellen, indem beide Linien immer wieder verglichen werden. Diese Aufgabe wurde sehr gut gelöst: Im Durchschnitt stellten die Versuchspersonen eine Länge von 7,9 Zentimetern ein.

Im zweiten Teil des Experiments war die gleiche Aufgabe für Linien gestellt, die nun aber in einem leuchtenden Rechteck als Bezugsrahmen standen. Er war bei der Standardfigur viermal höher als die Linie; bei der veränderlichen Linie war das Rechteck überproportional größer, nämlich dreimal so groß wie der Standardrahmen.

Experiment zur Größenkonstanz in einem dunklen Raum. Die Versuchsperson soll die Größe der rechten (leuchtenden) Linie so einstellen, daß sie genauso lang ist wie die linke. Die Zahlen geben die Größenverhältnisse (in Inch) wieder (ein Inch entspricht 2,54 Zentimeter).

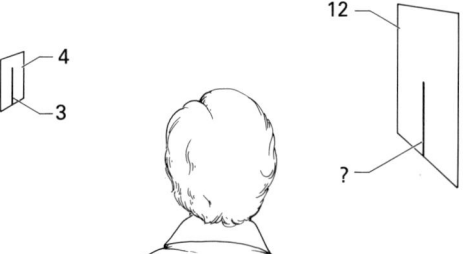

Obwohl bis auf die Reizmuster in dem dunklen Raum nichts zu sehen war, konnten die Versuchspersonen feststellen, daß beide Rechtecke gleich weit von ihnen entfernt waren — einfach, weil sie die Objekte mit beiden Augen (binokular) sahen und damit die Entfernungen wahrnehmen konnten. (Auf die Rolle des binokularen Sehens beim Erkennen von Entfernungen werde ich im nächsten Kapitel noch genauer eingehen.) Demnach war zu erwarten, daß die Linien korrekt eingestellt würden, sofern die unterschiedlichen Rechtecke keinen bestimmenden Einfluß auf die Größenwahrnehmung haben.

Wenngleich die Versuchspersonen im ersten Durchgang des Experiments unter Beweis gestellt hatten, wie gut die Fähigkeit zur Größenbestimmung entwickelt ist, wählten sie nun für die variable Linie eine Länge von etwa 16,5 Zentimetern. Die Rechtecke verfälschten die Größenwahrnehmung so nachhaltig, daß eine mehr als doppelt so lange Linie noch als längengleich empfunden wurde.

Größenverhältnisse beeinflussen offenbar tatsächlich die Größenwahrnehmung, aber das einzige Kriterium sind sie auch nicht. Wären nur die Reizrelationen maßgeblich, so hätte die Linie proportional zur Höhe des umgebenden Rechtecks verlängert — und auf die dreifache Standardlänge (22,8 Zentimeter) eingestellt werden müssen. Statt dessen ergab sich bei dem Versuch ein Kompromiß.

Wie stark Größenverhältnisse unsere Wahrnehmung mitunter beeinflussen, mag das Photo rechts illustrieren. Der Fisch wirkt erheblich größer, wenn wir die Hand auf dem Photo verdecken, als wenn der Mann als Vergleichsmaßstab wegfällt. Oder man denke nur an den Schrecken, den ein Puppenspieler auslöst, wenn er am Ende der Vorführung als Riese auf der Bühne erscheint. In der Kunst werden solche Größenkontraste oft ganz bewußt eingesetzt.

Das alles heißt aber nicht, daß Größenkonstanz oder Größenwahrnehmung allein oder zum größten Teil mit den Größenverhältnissen im Bildkontext zu erklären seien. Bei den bisherigen Beispielen beruhen die eindrucksvollen Effekte nämlich in erster Linie darauf, daß wir das Gesehene (etwa das Photo) als Szene interpretieren und inwieweit wir uns auf veränderte Maßstäbe eingestellt haben, anstatt uns auf unsere tatsächliche Wahrnehmung zu beschränken. Weitaus typischer sind Beispiele aus dem täglichen Leben, die zeigen, daß unsere Eindrücke in viel geringerem Maße vom jeweiligen Kontext abhängen. Schließlich bestätigt ja auch das Experiment zum Vergleich der Linien, daß Größenverhältnisse nicht proportional in die Wahrnehmung eingehen und Proportionalität als Erklärung der Konstanz nicht ausreicht.

Weitere Versuche dieser Art haben gezeigt, daß der Fehler beim Schätzen von Linienlängen um so größer wird, je mehr die Höhe der rechteckigen Rahmen differiert — das gilt insbesondere für Höhenverhältnisse, die über 3:1 hinausgehen.

In der Realität werden wir aber mit Situationen konfrontiert, bei denen der Größenunterschied viel ausgeprägter ist. Angenommen, wir betrachten einen Menschen neben einem Haus aus zehn Metern und danach aus 1000 Metern Entfernung, dann unterscheiden sich die Sehwinkel um den Faktor 100, aber bei diesem durchaus alltäglichen Vergleich kommt es zur Konstanz. Entsprechend müßten bei unserem Experiment rechteckige Bezugsrahmen mit einem Größenunterschied von 100:1 gezeigt werden. Unter solch extremen Bedingungen könnten vielleicht Abweichungen von der proportionalen Wahrnehmung der Größenverhältnisse auftreten, wie sie unserer täglichen Erfahrung entspricht. Nach Gibsons Hypothese müßte sich Konstanz dann automatisch ergeben, wenn zwei Objekte eine gleiche Anzahl von Strukturelementen eines Hintergrundes überdecken; dazu ist aber zu ergänzen, daß der Hintergrund zusätzlich als Ebene wahrgenommen werden muß, die sich in die Tiefe erstreckt und eine gleichförmige Struktur aufweist. Dann sind Gegenstände, die gleich viele Einheiten verdecken, praktisch per Definition gleich groß. Ohne die räumliche Tiefe der Fläche kommt keine Konstanz zustande.

Einfluß der Umgebung auf die Größenwahrnehmung: Verdeckt man den Angler, wirkt der Fisch pfannengroß; deckt man die Hand ab, so erscheint er als gewaltiger Fang.

Der wichtigste Einwand gegen die Reizrelation als Erklärung für die Größenkonstanz ergibt sich jedoch aus der Beobachtung, daß Konstanz auch dann auftreten kann, wenn keine Beziehung zu einem anderen Reiz im Spiel ist. Angenommen, wir betrachten in einem dunklen Raum ein einziges leuchtendes Objekt, dann kann eine Konstanz zustande kommen, weil es Anhaltspunkte für die Entfernung gibt — etwa durch Akkommodation und Konvergenz. Beim Sehen im Nahbereich passen sich die Augenlinsen an die verschiedenen Entfernungen an und erzeugen durch diese Akkommodation ein scharfes Bild; Konvergenz bedeutet, daß sich die Blickrichtungen (Sehachsen) der Augen exakt im Objekt schneiden müssen, da wir es — zumindest bei geringen Entfernungen — sonst doppelt sehen würden. Fehlen diese Anhaltspunkte für die Entfernung, so tritt auch keine Konstanz mehr auf. Bei solchen Experimenten lassen sich Akkommodation und Konvergenz ausschalten, wenn die Versuchspersonen den einzelnen Reiz nur mit einem Auge (mono-

kular) durch eine künstliche Pupille betrachten. Durch dieses winzige Loch werden die Strahlen so gebündelt, daß die Linse nicht mehr angepaßt werden muß. Unter derartigen Bedingungen ist die Größe des Gegenstandes nicht eindeutig bestimmt, weil der Sehwinkel als einziger Anhaltspunkt übrig bleibt.

19

Größenkonstanz: Werden Entfernungen verrechnet?

Da sich die Größenkonstanz mit Reizrelationen nur unzulänglich erklären läßt, haben einige Forscher diesen Ansatz zugunsten einer Theorie verworfen, die die Entfernung als bestimmenden Faktor einbezieht. Nach diesem Modell verrechnet unser Wahrnehmungssystem (das ist der Teil des Nervensystems, der sich mit Wahrnehmung befaßt) sowohl Sehwinkel als auch Entfernung eines Gegenstandes. (Aus welchen Anhaltspunkten die Entfernung dabei bestimmt wird, das werden wir im nächsten Kapitel noch genauer besprechen.)

Wie sich Größe und Entfernung verrechnen lassen, illustriert die Zeichnung unten auf dieser Seite. Angenommen, die beiden Quadrate haben eine Seitenlänge von 36 Zentimetern und werden aus drei beziehungsweise neun Metern Entfernung betrachtet, dann ist der Sehwinkel bei dem näheren (linken) Quadrat dreimal so groß wie bei dem ferneren (rechten). Wäre der Sehwinkel das alleinige Kriterium für die Größenbestimmung, dann müßte uns das nähere Quadrat dreimal größer erscheinen. Trägt man jedoch der Entfernung Rechnung, so ergibt sich:

Wahrgenommene Größe
= wahrgenommene Entfernung × Sehwinkel

Wahrgenommene Größe
des nahen Quadrats
= 3 Meter × Sehwinkel

Wahrgenommene Größe
des fernen Quadrats
= 9 Meter × $\dfrac{\text{Sehwinkel}}{3}$ = 3 Meter

Demzufolge ließe sich die Verkleinerung des Sehwinkels bei wachsender Entfernung kompensieren, sofern diese korrekt wahrgenommen wird.

Schon Helmholtz hat einen solchen „Rechenvorgang" als Erklärung für die Konstanz vorgeschlagen, wobei dieser Prozeß unbewußt und äußerst schnell abläuft − deshalb auch die Bezeichnung „unbewußter Schluß". Was verrechnet wird, sind also Sinnesinformationen über die Entfernung und nicht etwa mehr oder weniger bewußte Vermutungen darüber. Wenn das Helmholtzsche Modell richtig ist, sollten Wahrnehmungstäuschungen auftreten, sobald die Beziehungen zwischen Entfernung und Größe nicht mehr gültig sind. Dafür gibt es in der Tat Beispiele. Dazu gehören die Mondtäuschung − der Mond sieht am Horizont größer aus als im Zenit − und Nachbilder, deren Größe wir oft falsch wahrnehmen.

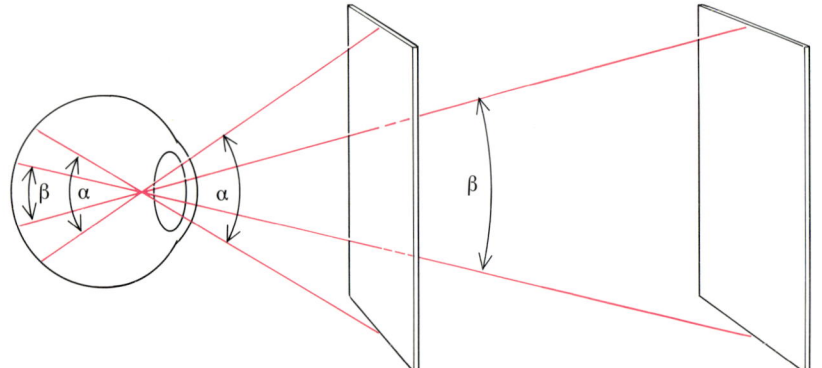

Derselbe Gegenstand erscheint bei wechselnden Abständen unter verschiedenen Sehwinkeln. Trotzdem kann man seine Größe als konstant wahrnehmen, wenn man die Entfernungen „in Rechnung" stellt.

Erzeugen eines Nachbildes (links) und seine Projektion auf Flächen in verschiedenen Abständen (rechts). Nach dem Emmertschen Gesetz wird die Größe des Nachbildes unterschiedlich wahrgenommen.

Nachbilder und das Emmertsche Gesetz.
Nachbilder beruhen darauf, daß die Rezeptoren der Netzhaut nach einem Lichtreiz ermüden, so daß man für einige Sekunden eine Art Negativ des ursprünglichen Reizes zu sehen glaubt. Man kann leicht ein Nachbild erzeugen, wenn man eine Fläche mit starken Lichtkontrasten betrachtet, ohne dabei die Augen zu bewegen. Zum Beispiel lassen sich Nachbilder sehr gut beobachten, wenn man ein dunkles Stück Pappe mit einem kleinen Loch darin vor eine Lichtquelle hält, den hellen Fleck einige Zeit fixiert und anschließend auf Flächen in unterschiedlichen Abständen blickt. Man nimmt dann ein Nachbild des Loches wahr, dessen Größe je nach Entfernung der Fläche variiert: Auf einem Papier, das man sich mit ausgestrecktem Arm vor die Augen hält, erscheint der Kreis kleiner als auf der Wand dahinter. Die wahrgenommene Größe hängt direkt von der wahrgenommenen Entfernung ab. Diese Beziehung spiegelt ein allgemeineres Gesetz wider, das sogenannte Emmertsche Gesetz: Die Größe, die man bei gegebenem Netzhautbild für einen bestimmten Sehwinkel wahrnimmt, ist direkt proportional zur wahrgenommenen Entfernung.

Diese täuschenden Größen von Nachbildern ein und desselben Netzhautbildes sind genau das, was wir erwarten, wenn außer dem Sehwinkel auch die Entfernung entscheidenden Einfluß auf die Größenwahrnehmung hat. Wir sind damit auf scheinbar widersprüchliche Befunde gestoßen: Einerseits können gleich große Netzhautbilder Wahrnehmungen unterschiedlicher Größe hervorrufen (Emmertsches Gesetz), und andererseits erzeugen verschieden große Retinabilder mitunter gleichwohl konstante Wahrnehmungen. In Wirklichkeit handelt es sich in beiden Fällen um dasselbe Prinzip: Die Objektgröße wird nicht nur anhand der Größe des Netzhautbildes wahrgenommen, auch die Entfernung wird einbezogen. Bei den Nachbildern, die wir irrtümlich in die Umwelt projizieren, führt das zu Täuschungen, während es bei realen Objekten eine wirklichkeitsgetreue Wahrnehmung ermöglicht. Wie wir gleich sehen werden, erklärt das auch die bekannte Mondtäuschung.

Die Mondtäuschung. Schon in der Antike wurde die Beobachtung diskutiert, daß der Mond am Horizont viel größer erscheint als hoch am Himmel. Und im Lauf der Jahrhunderte wurde immer wieder über mögliche physikalische Ursachen spekuliert: etwa die geringere Helligkeit am Horizont, die rötliche Farbe oder auch die Lichtbrechung — wenn der Mond am Horizont steht, müssen die Lichtstrahlen einen längeren Weg durch die Atmosphäre zurücklegen. All diese Erklärungsversuche lassen sich mit einem ziemlich einfachen Argument widerlegen, wenn man Mondphotos heranzieht. Bei diesen Aufnahmen ist der Durchmesser der Mondscheibe gleich, einerlei wie hoch sie über dem Horizont stand; genau genommen ist der Mond am Horizont sogar etwas kleiner, weil er dann ja ein wenig weiter vom Beobachter

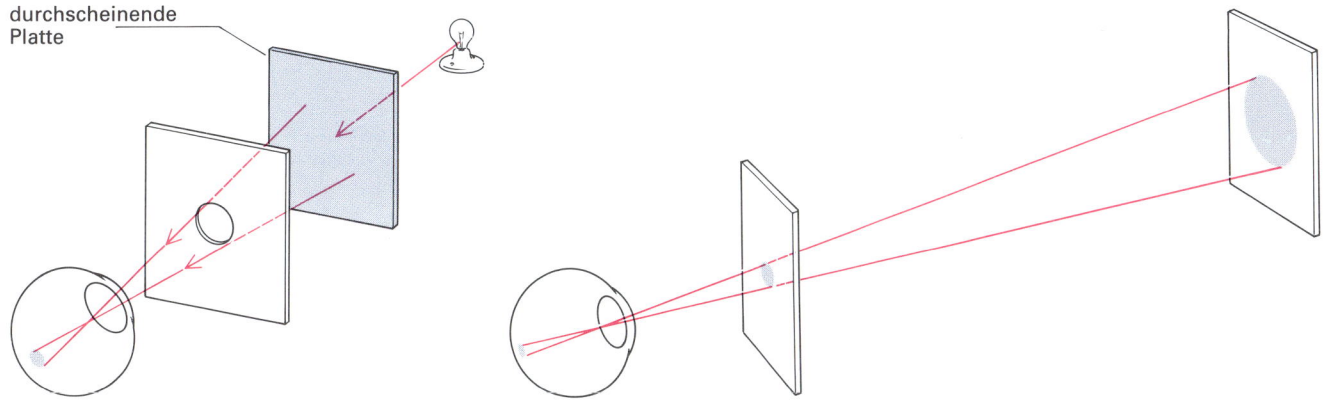

durchscheinende
Platte

Mondtäuschung. Wir nehmen den Mond am Horizont größer wahr als im Zenit – der Unterschied durch die Täuschung ist in diesen Bildern simuliert.

entfernt steht. Wir haben es also mit einer Sinnestäuschung zu tun.

Der Sehwinkel, unter dem wir die Mondscheibe betrachten, bleibt ungeachtet der verschiedenen Positionen derselbe, und doch ändert sich unsere Wahrnehmung. Diese Veränderung ließe sich mit dem Verrechnungsmodell erklären, wenn es Anhaltspunkte dafür gäbe, daß der Mond am Horizont weiter entfernt wahrgenommen wird. In diesem Fall müßte die Scheibe nach dem Emmertschen Gesetz größer scheinen, weil die wahrgenommene Größe bei gleichem Netzhautbild mit der wahrgenommenen Entfernung zunimmt.

Empfinden wir den Mond am Horizont als weiter entfernt? Wir sehen ihn dort ja über einer Landschaft und lokalisieren ihn am fernsten Punkt dieser Landschaft, eben dem Horizont. Deshalb muß uns der Mond so groß erscheinen wie ein Objekt, das wir unter gleichem Sehwinkel in dieser Entfernung wahrnehmen. In der Landschaft finden wir Hinweise auf die Entfernung; beim Blick über eine Ebene wirkt der Horizont besonders weit – und der Mond besonders groß. Wir müssen die Mondscheibe auch nicht mit vertrauten Gegenständen wie Häusern oder Bäumen vergleichen, um dieser Täuschung zu erliegen – im Gegensatz zur landläufigen Meinung. Auf dem Meer oder in einer Wüste ist sie nicht weniger eindrucksvoll.

Was können wir nun über die scheinbare Entfernung des Mondes sagen, wenn er hoch am Himmel steht? Wir sehen ihn dann isoliert vor einem ziemlich gleichförmigen Hintergrund. Als einzige Hinweise auf die Entfernung könnten allenfalls Akkommodation und Konvergenz herangezogen werden: Wie stark müssen wir akkommodieren, um scharf zu sehen, und wie rasch müssen die Blickrichtungen der Augen aufeinander zulaufen, damit kein Doppelbild entsteht? Aber diese Mechanismen sind bei Entfernungen oberhalb von einigen Metern als Anhaltspunkte wertlos; da sich das Auge schon bei vergleichsweise geringen Abständen auf Unendlich einstellt, könnte die Entfernung des Mondes

im Zenit auch geringer wahrgenommen werden, obwohl wir die tatsächlichen Verhältnisse kennen.

Wenn uns der Mond am Horizont ferner erscheint als im Zenit, dann muß er aufgrund des gleichbleibenden Sehwinkels dort größer wirken, eben weil er weiter entfernt wahrgenommen wird. Dieses Argument wurde im Laufe der Jahrhunderte von verschiedenen Seiten vorgetragen und entspricht dem, was wir heute als Emmertsches Gesetz kennen.

Man könnte natürlich sofort einwenden, daß gar nicht so sicher ist, ob wir den Mond tatsächlich am Horizont weiter entfernt empfinden. Und genauso haben Edwin Boring, der die Mondtäuschung als erster Psychologe systematisch untersucht hat, und viele andere argumentiert. Boring stützte seine Kritik auf eine Befragung, bei der eine Reihe von Versuchspersonen angeben mußten, wann ihnen der Mond näher erscheine. Alle sagten, daß er am Horizont näher sei. Boring verwarf deshalb die oben beschriebene Erklärung. Er sah in seinen Experimenten einen Hinweis darauf, daß die wahrgenommene Größe der Mondscheibe von der Blickrichtung des Betrachters abhängen könnte: Je weiter die Augäpfel stirnwärts gedreht werden müssen, desto kleiner erscheine der Mond.

Man kann diese Hypothese leicht widerlegen, denn die Größe der Mondscheibe bleibt gleich, ob man sie nun im Liegen mit Blick geradeaus betrachtet oder im Stehen mit vorwärts geneigtem Kopf, wobei die Augen zur Stirn hin gedreht nach oben sehen. Aber wie steht es mit Borings Einwand, daß der Mond am Horizont als näher empfunden wird?

Wir müssen unsere ursprüngliche These jedoch nicht unbedingt aufgeben, um das zu erklären – auch wenn die eigene Anschauung eher für Borings Einwand zu sprechen scheint. Gefragt, in welcher Position der Mond näher wirkt, wird jeder die unterschiedlichen Mondscheiben vergleichen, die er bereits als verschieden groß wahrgenommen hat. Weil wir aber Größenunterschiede als Hinweis auf die Entfernung interpretieren und wissen, daß sich Gegenstände mit wachsendem Abstand scheinbar verkleinern, könnte sich hinter der angeblich wahrgenommenen Entfernung auch ein Erfahrungsurteil verbergen: Da wir die Mondscheibe am Horizont größer wahrnehmen, schließen wir vielleicht nur, daß sie näher sein muß. Um diese Möglichkeit zu prüfen, braucht man Borings Frage nur etwas abzuwandeln: Man läßt den Mond einmal beiseite und fragt, welche Himmelsregionen weiter entfernt seien, die im Zenit oder die am Horizont. Dann bestätigen fast alle Versuchspersonen: die Regionen am Horizont.

Nachdem die Einwände von Boring und anderen widerlegt waren und sich darüber hinaus Borings eigene Theorie der Größenwahrnehmung als unbrauchbar erwiesen hatte, schien es uns sinnvoll, die Mondtäuschung erneut im Hinblick auf ein mögliches Verrechnen von Größe und scheinbarer Distanz zu untersuchen. Dazu haben Lloyd Kaufman und ich zu Beginn der sechziger Jahre eine Versuchsreihe durchgeführt. Die Grundidee war einfach: Wir wollten künstliche Mondscheiben erzeugen, die beim Betrachter den Eindruck ebenso großer Entfernung hervorrufen sollten wie der echte Mond. Mit optischen Instrumenten projizierten wir zwei künstliche Mondscheiben an den Nachthimmel, so daß sich die Größen für verschiedene Positionen unmittelbar vergleichen ließen – damit waren Fehler ausgeschlossen, die sich aufgrund der großen Zeitdifferenz ergeben könnten, wenn man den echten Mond am Horizont und im Zenit beobachtet. Bei unseren Experimenten ließ sich die Größe der künstlichen Mondscheiben variieren.

Der Versuchsaufbau ist rechts dargestellt: Das Licht einer Glühbirne fällt durch ein Loch in einer ringförmigen Blende (die auf Löcher verschiedener Größe eingestellt werden kann) und wird von dem halbdurchlässigen Spiegel ins Auge des Beobachters reflektiert. Man sieht überdies durch den Spiegel hindurch den realen Himmel. Da man die reflektierten Strahlen geradlinig verlängert, scheint die Mondscheibe am Himmel zu

stehen. Mit einem Linsensystem zwischen Blende und Spiegel wird das Licht gebündelt (kollimiert), so daß die Lichtstrahlen parallel ausgerichtet sind und der Eindruck einer unendlichen Entfernung entsteht. Es war ausgeschlossen, daß die Versuchsperson den „Mond" in ihrer Nähe lokalisieren konnte.

Die „Mondscheibe" am Horizont diente als Standard. Sie sollte mit einer zweiten Scheibe verglichen werden, die ein weiterer „Projektor" im Zenit erscheinen ließ. Aufgabe war nun, den Blendenring auf eine Lochgröße zu drehen, bei der die Mondscheibe im Zenit genauso groß ist wie die Standardscheibe am Horizont. Wenn die Scheibe aufgrund der

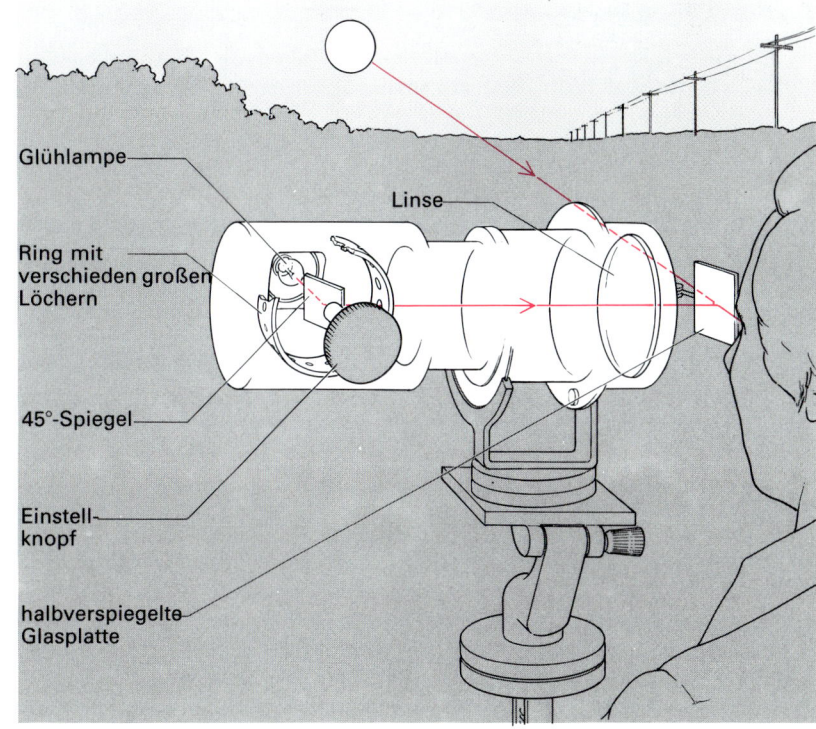

Glühlampe

Linse

Ring mit verschieden großen Löchern

45°-Spiegel

Einstellknopf

halbverspiegelte Glasplatte

Täuschung am Horizont größer erschien, würden die Versuchspersonen für den „Mond" im Zenit eine größere Öffnung wählen als die Lochgröße, die als Standard im ersten Apparat eingestellt war. Die Abweichung zwischen den beiden Blendenöffnungen war also ein Maß für die Täuschung.

Wie sich ein künstlicher „Mond" an den Himmel projizieren läßt. Der Beobachter blickt durch ein halbverspiegeltes Glas und sieht den reflektierten Lichtpunkt als „Mondscheibe".

23

Dieser Test wurde dann umgekehrt, so daß der Mond im Zenit als Standard fungierte. Jetzt sollte sich die Täuschung so auswirken, daß für die Scheibe am Horizont eine kleinere Öffnung gewählt wurde als der Standard. Alle Versuchspersonen mußten beide Durchgänge mehrmals wiederholen – was ohnehin bei allen wissenschaftlichen Experimenten zur Wahrnehmung üblich und insbesondere zur Konstanz unumgänglich ist. Es wurde für jeden Probanden der Durchschnittswert für die einzelnen Ergebnisse berechnet und anschließend der Mittelwert für alle gebildet.

Die Ergebnisse dieser Versuchsreihen sprechen dafür, daß die Mondtäuschung genauso zustande kommt, wie es die Verrechnungstheorie voraussagt: Die wahrgenommene Größe des Mondes wird anhand der scheinbaren Entfernung bestimmt – wächst diese Entfernung, dann nimmt auch die wahrge-

nommene Größe zu. In Landschaften, die noch größere Distanzen zum Horizont suggerieren als die in der Abbildung, ließen sich noch stärkere Täuschungen hervorrufen. Ähnlich wirkten Wolken, die vermutlich wie eine hohe Decke über dem „Fußboden" Landschaft gedeutet werden und den Eindruck weiter Mondferne verstärken. Unter solchen Bedingungen schien der Mond am Horizont ungefähr 1,5mal größer.

Wenn die Täuschung wirklich auf der scheinbar größeren Entfernung beruht, dann müßte sie verschwinden, sofern keine Landschaft mehr zu sehen ist. Und genau das passierte auch, wenn wir die Landschaft abdeckten oder wenn die Versuchspersonen den Mond im Hayden-Planetarium am dunklen Projektionshimmel beobachteten. Bei einem weiteren Experiment benutzten wir Spiegel, um einen künstlichen Mond gezielt über einer

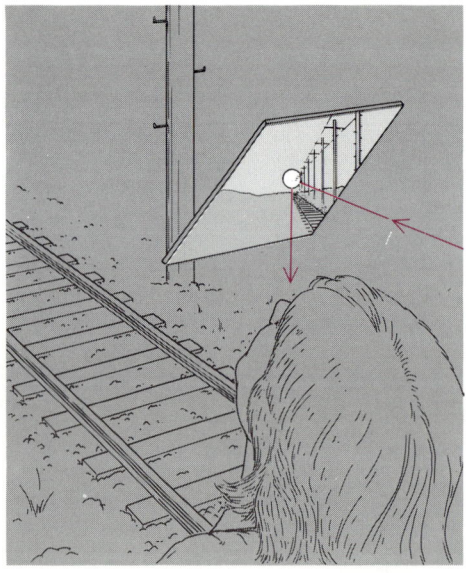

Experimente zur Umkehrung der Mondtäuschung. Wenn der Beobachter senkrecht nach oben blickt, sieht er den künstlichen Mond im Spiegel über der Bahntrasse „am Horizont". Schaut er geradeaus, scheint der künstliche Mond dagegen am Himmel im Zenit zu stehen.

Formkonstanz. Aus Netzhautbild und Neigung zur Frontalebene kann man die tatsächliche Form eines Gegenstandes bestimmen.

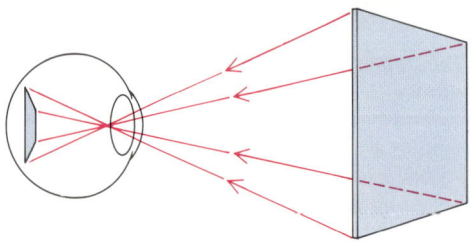

Landschaft zu „verschieben". Wenn der „Mond" am Horizont stand, erschien er im Spiegel senkrecht über dem Betrachter zusammen mit einer nach oben ansteigenden Landschaft; beim Gegenversuch wurde ein „Mond" im Zenit so reflektiert, daß der zum Horizont blickende Beobachter keine Landschaft sehen konnte. Unter diesen Bedingungen kehrte sich die Täuschung um: Der vorgespiegelte Zenit-Mond schien größer. Die Mondtäuschung läßt sich also mit den gleichen Prinzipien erklären wie die wirklichkeitsgetreue Größenwahrnehmung und die Konstanz – ähnlich wie wir es ja auch bei der Größentäuschung von Nachbildern gesehen haben.

Weitere Formen räumlicher Konstanz

Die Verrechnungstheorie liefert auch die beste Erklärung für andere Konstanzphänomene beim räumlichen Sehen, etwa die Konstanz von Form und Orientierung. Wenn wir dazu neigen, die Form von Gegenständen

ebene stützen, so vermag es die tatsächliche Form zu errechnen.

Die Rechenoperation ist aber in diesem Fall nicht so einfach wie bei der Größenbestimmung, denn für einzelne Teile des Objektes müssen unterschiedliche Entfernungen berücksichtigt werden: Wenn die Abweichung von der Frontalebene korrekt wahrgenommen wird, dann erscheint eine Seite des Rechtecks näher und ihre Größe kann durch den Mechanismus der Größenkonstanz wirklichkeitsgetreu wahrgenommen werden; damit ist auch schon klargestellt, daß sie trotz des größeren Sehwinkels die gleiche Länge hat wie die fernere Seite. Wahrgenommen wird also eine rechteckige Form – und kein Trapez. Man beachte, daß hier Formkonstanz aus einer Größenkonstanz abgeleitet wurde.

Auch einige andere Sinnestäuschungen lassen sich anhand dieses Prinzips voraussagen: Betrachtet man das Nachbild eines ellipsenförmigen Lichtpunktes auf einer Fläche, die etwa um 45 Grad aus der Frontalebene gedreht ist, dann entsteht der Eindruck eines

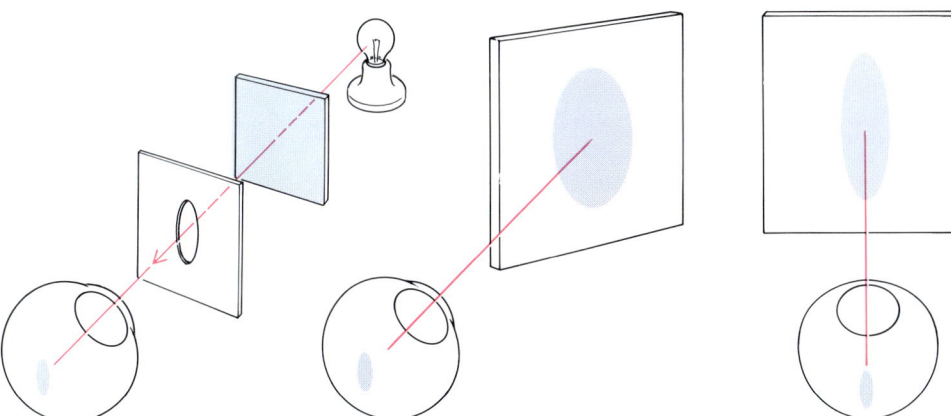

Emmertsches Gesetz und Formwahrnehmung. Zuerst wird das Nachbild einer Ellipse erzeugt (links). Dieses Nachbild wird – auf eine schräg stehende Fläche „projiziert" – als Kreis wahrgenommen (Mitte). Die Projektion auf eine Fläche in der Frontalebene ergibt wieder eine Ellipse (rechts).

konstant zu sehen, so ist dafür als wichtigster Faktor die Neigung des Gegenstandes zur Frontalebene zu berücksichtigen. Zum Beispiel ergibt sich bei einem Rechteck, das aus der Frontalebene gedreht wurde, als Bild auf der Netzhaut ein Trapez. Kann sich das Wahrnehmungssystem nun auf zusätzliche Information über den Winkel zur Frontal-

Kreises. Die Figur kann nicht als Ellipse wahrgenommen werden, weil das Netzhautbild mit dem Winkel der Fläche verrechnet wird – in Analogie zum Emmertschen Gesetz bei der Größenwahrnehmung. Natürlich erkennen wir die Ellipse, wenn das Nachbild wieder auf eine Fläche in der Frontalebene projiziert wird.

Wir sehen die Neigungswinkel der Gegenstände unserer Umgebung unabhängig von unserer eigenen Orientierung. Wenn wir den Kopf zur Seite drehen, verschieben sich zwar alle Umrisse auf der Netzhaut, aber senkrecht, waagerecht oder schräg orientierte Objekte nehmen wir wirklichkeitsgetreu wahr. Das

Im Schatten reflektiert die weiße Wandverkleidung der Kirche fast genauso wenig Licht zum Auge wie die schwarzen sonnenbeschienenen Schindeln. Aber trotz gleicher Leuchtdichte nehmen wir beides ganz verschieden wahr.

beruht im wesentlichen darauf, daß wir unsere eigene Orientierung „spüren": mit Hilfe des Schweresinnes. Allerdings gibt es gute Gründe anzunehmen, daß hier auch Reizrelationen eine Rolle spielen − wir kommen im vorletzten Kapitel darauf zurück.

Helligkeitskonstanz

Wodurch erscheint uns ein Gegenstand — ungeachtet seiner Farbe — einmal als hell und das andere Mal als dunkel? Es liegt nahe, die wahrgenommenen Helligkeitsstufen zwischen Weiß und Schwarz damit zu erklären, daß die Intensitäten des reflektierten Lichts von Fläche zu Fläche verschieden sind. Ein Maß für die Helligkeit wäre dann die Leuchtdichte, das ist die Lichtstärke pro Flächeneinheit. Jedermann weiß ja, daß weiße Flächen mehr Licht reflektieren als schwarze — aus diesem Grund trägt man im Sommer helle Kleidung, die das Sonnenlicht stark reflektiert, und im Winter dunkle, um möglichst viel Sonnenwärme zu speichern.

Entsprechend ist die Leuchtdichte bei einer hellen Fläche viel größer als bei einer schwarzen — sofern die Beleuchtungsverhältnisse gleich sind. Diese Einschränkung deutet schon die Probleme an, die sich ergeben, wenn wir Helligkeitsunterschiede anhand von Leuchtdichten vergleichen. Schließlich wechseln die Lichtverhältnisse in unserer Umgebung von Ort zu Ort und von Zeit zu Zeit. So kann der schwarze Teil eines Weißwandreifens im hellen Sonnenlicht tausendmal mehr Licht in unser Auge reflektieren als der weiße Teil in einer dämmerigen Garage. Könnte man die Helligkeitswahrnehmung allein mit der Leuchtdichte erklären, so müßte die schwarze Reifenfläche im Sonnenlicht viel heller aussehen als die weiße im Dämmerlicht. Tatsächlich erscheinen beide Flächen gleich hell — wieder ein Konstanzphänomen.

Können wir auch die Helligkeitskonstanz mit der Verrechnungstheorie erklären? Helmholtz war davon überzeugt. Seiner Ansicht nach stellt das Wahrnehmungssystem die Beleuchtungsverhältnisse mit in Rechnung. Es müßte dann folgendermaßen vorgehen: Die Leuchtdichte wird für den jeweiligen Netzhautbereich registriert und dabei zugleich die Gesamthelligkeit bestimmt. Der Helligkeitswert der einzelnen Flächen läßt sich dann anhand der Gesamthelligkeit erschließen oder errechnen. Wenn eine Szene hell beleuchtet ist, kann einer Fläche mit hoher Leuchtdichte gleichwohl der Wert „dunkel" zugeordnet werden — dann nämlich, wenn die hohe Leuchtdichte beim Netzhautbild dieser Fläche ausschließlich oder größtenteils der starken Beleuchtung zuzuschreiben ist.

Wohl kaum ein Fachwissenschaftler, der auf diesem Gebiet arbeitet, wird die Helmholtzsche Erklärung heute noch akzeptieren; sie scheitert vor allem daran, daß sie logisch auf schwachen Füßen steht. Im allgemeinen sehen wir die Lichtquelle selbst nicht — und das ist auch nicht nötig —, sondern viele verschiedene Oberflächen, die alle Licht zurückstreuen. Die reflektierte Intensität hängt jeweils von den Eigenschaften der Oberfläche und der Intensität des einfallenden Lichts ab. Wieviel Licht einfällt, können wir anhand des reflektierten Anteils also nicht direkt feststellen.

Hier bietet die Reizrelationstheorie eine einfachere und einleuchtendere Erklärung: Normalerweise sehen wir in unserer Umgebung Flächen mit verschiedenen Helligkeitswerten, wobei sich bei zwei Flächen aus ihren Graustufen ein bestimmtes Helligkeitsverhältnis ergibt: Eine weiße Fläche wird vielleicht zweimal mehr Licht reflektieren als eine benachbarte mittelgraue und sogar 16mal mehr als eine schwarze Fläche. Nach der Reizrelationstheorie sollte unsere Wahrnehmung vom Verhältnis der Helligkeiten benachbarter Felder abhängen, so daß jedes Zahlenverhältnis einem bestimmten Grauwert der kontinuierlichen Helligkeitsskala zwischen Schwarz und Weiß entspricht.

Diese Erklärung hat Hans Wallach experimentell getestet: In einem dunklen Raum wurde das Bild einer Scheibe auf einen Schirm projiziert und mit einem zweiten Projektor ein Ring darum erzeugt. Die Dias wurden so maskiert, daß man außer Scheibe und Ring keinerlei störende Strukturen sehen konnte. Wenn die Lichtintensität des Ringes variiert wurde, empfanden die Versuchspersonen auch dann Veränderungen der Scheibenhelligkeit, wenn sie konstant blieb. Die wahrgenommene Helligkeit schwankte zwischen

27

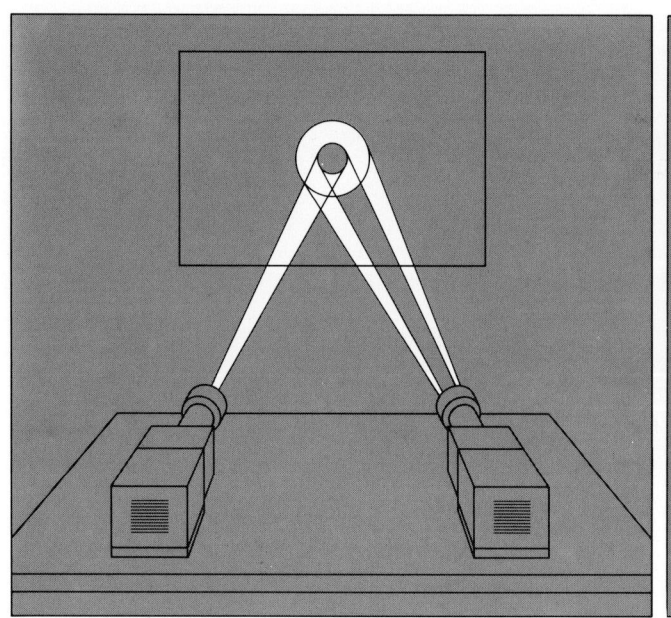 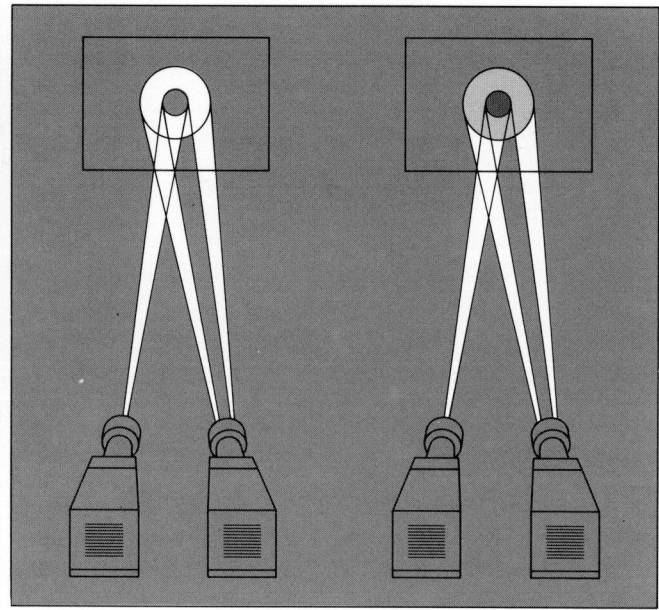

Dunkelkammerexperiment zur Helligkeitskonstanz. Die Leuchtintensitäten von Ring und Scheibe lassen sich mit zwei Projektoren variieren (links). Die gleiche Helligkeit der Scheibe kann dann — je nach Helligkeit des Ringes — von Weiß bis Schwarz wahrgenommen werden. Beim Vergleich zweier Ring-Scheibe-Paare (rechts) wird die Bedeutung von Helligkeitsverhältnissen deutlich: Auch unterschiedliche Beleuchtungen bei den Paaren können den gleichen Eindruck hervorrufen, solange das Verhältnis der Helligkeiten von Ring und Scheibe konstant bleibt. In dieser Abbildung macht sich der Effekt allerdings nicht so stark bemerkbar wie beim Versuch, weil zusätzlich auch die umgebenden Flächen die Wahrnehmung beeinflussen.

Helligkeitskontrast. Die inneren Quadrate erscheinen durch ihre unterschiedlichen Rahmen in verschiedenen Graustufen.

allen Graustufen von Weiß bis Schwarz — trotz gleichbleibender Leuchtdichte. Die Scheibe wurde als weiß beschrieben, wenn die Leuchtdichte des Ringes halb so groß war wie die der Scheibe; sie erschien grau, wenn die Leuchtdichte des Ringes doppelt so groß war, und schließlich bei einem Verhältnis von 1:30 schwarz.

Dieses letzte Ergebnis ist besonders erstaunlich, wenn man bedenkt, daß die Scheibe ja keineswegs schwarz war, sondern ein Lichtfleck, den ein Projektor auf eine weiße Leinwand warf; und dieser Fleck wurde auch als leuchtende Scheibe erkannt, sobald der Zusatzprojektor für den Ring abgeschaltet war.

Aus alldem können wir schließen, daß das Verhältnis der Leuchtdichten für den Helligkeitseindruck entscheidend ist. Aber wie steht es mit der Helligkeitskonstanz? Es wird wohl nicht mehr überraschen, daß die Reizrelationstheorie auch dafür eine elegante Erklärung liefert: Wenn sich die Gesamtbeleuchtung einer Szene ändert, betrifft das auch die absolute Helligkeit jeder einzelnen Fläche, aber das Verhältnis der Helligkeiten bleibt weitgehend konstant. Wallach hat das mit einem weiteren Experiment belegt. Er zeigte den Versuchspersonen ein zweites Bild aus Scheibe und Ring, wobei die Beleuchtungsstärken variiert wurden. Nehmen wir an, die absoluten Helligkeitswerte betragen — in beliebigen Einheiten — beim ersten Ring 2 und bei der zugehörigen Scheibe 1. Dann müßte die Scheibe grau wahrgenommen werden. Beim zweiten Bild kann man jetzt den Absolutwert für den Ring (in derselben willkürlichen Einheit) auf 8 erhöhen und die Versuchsperson auffordern, die Helligkeit für die zugehörige Scheibe so zu wählen, daß beide Scheiben gleich hell erscheinen. Das Ergebnis — der Mittelwert für viele Versuche und Versuchspersonen — lag sehr nahe bei 4. Das heißt, beim zweiten Ring-Scheibe-Paar wurde das gleiche Helligkeitsverhältnis 2:1 eingestellt wie bei der ersten Projektion, wobei die absolute Helligkeit von Ring und Scheibe nun jeweils viermal größer war als beim ersten Paar. Damit bestätigt sich, daß das Verhältnis der absoluten Helligkeiten für

die wahrgenommenen Helligkeiten entscheidend ist — im Alltagsleben wie im Laboratoriumsversuch.

Ein Beispiel dafür ist die altbekannte Kontrasttäuschung, wie sie die obige Bildfolge hervorruft. Die Quadrate haben alle den gleichen Grauton, aber weil die Umgebung jedesmal anders ist, erscheinen sie uns unterschiedlich hell. Das ist wegen der wechselnden Verhältnisse zwischen den Helligkeiten auch zu erwarten. Ein aufmerksamer Leser könnte vielleicht einwenden, daß sich der Kontrast beim Betrachten der Quadrate nicht so stark auswirkt, wie die objektiven Helligkeitsverhältnisse nahelegen. Dieser Einwand führt uns auf einen wichtigen Punkt: In unserem Fall spielen noch andere Helligkeitsunterschiede eine Rolle. Wir müssen ja auch berücksichtigen, daß die Muster auf weißem Papier abgebildet sind, das im Verhältnis zum grauen Quadrat immer gleich hell ist. Deshalb geraten wir durch die verschiedenen Verhältnisse in einen Konflikt: Das Verhältnis zwischen dem Quadrat und seiner unmittelbaren Umgebung variiert, während der Helligkeitsunterschied zum weißen Papier gleich bleibt. Die Täuschung ist daher nicht so drastisch wie in Wallachs Experiment.

In der Wahrnehmungsforschung geht man heute überwiegend davon aus, daß sich Helligkeitswahrnehmung, Helligkeitskonstanz und Kontrastwahrnehmung im Rahmen der Reizrelationstheorie mit absoluten Helligkeiten erklären lassen. Nach dem heutigen Stand der Diskussion kann man insbesondere die Helligkeitskonstanz erheblich besser mit Reizrelationen beschreiben als mit der Verrechnungstheorie, auch wenn Helligkeitsverhältnisse noch nicht die ganze Erklärung sind. Wir kommen darauf zurück.

Es gibt gewisse Parallelen zwischen Helligkeitswahrnehmung und Farbensehen. Farbkonstanz tritt auf, wenn monochromatisches Licht (Licht mit einer einheitlichen Frequenz) an verschiedenen Flächen reflektiert wird. In diesem Fall hat das Licht, das von einer farbigen Fläche ins Auge fällt, zwar eine andere Farbe als weißes Licht nach seiner

Reflexion an derselben Fläche, aber in beiden Fällen erscheint die Fläche in der gleichen Farbe. Wie bei der Helligkeitskonstanz besteht die Erklärung darin, daß man die Fläche mit ihrer Umgebung in Beziehung setzt, die von dem gleichen monochromatischen Licht beleuchtet wird. Ähnliches gilt für Schattierungen und Nuancen von Farben. Beim Farbensehen unterscheidet man drei Dimensionen einer Farbe: die Farbe selbst (wie sie physikalisch durch die Wellenlänge des Lichts definiert ist), die Reinheit oder Sättigung der Farbe (wie weit sie mit weißem Licht vermischt ist) und die Helligkeit (die davon abhängt, wie hell oder dunkel der „weiße" Anteil ist). Wenn der Helligkeitseindruck auch hier auf einem Helligkeitsverhältnis beruht − und das scheint der Fall −, dann sollte der Farbeindruck je nach Helligkeit der Umgebung variieren. Tatsächlich kann man eine orangefarbene Scheibe scheinbar braun werden lassen, indem man die umgebenden Flächen stärker mit weißem Licht ausleuchtet. Kaum einer macht sich bewußt, daß Braun nichts anderes ist als eine Schattierung von Orange.

Ist Konstanz erlernt oder angeboren?

Woher haben wir die Konstanzmechanismen, die unser räumliches Sehen oder die Helligkeitswahrnehmung prägen? Bei einer ersten Beschäftigung mit der Wahrnehmung vermuten die meisten, Konstanz werde während der Kindheit erlernt. Von klein auf beschäftigen wir uns immer mehr mit unserer Umgebung und entdecken dabei, daß entfernte Gegenstände nur klein aussehen, aber in Wirklichkeit groß sind, oder daß Kreise und Rechtecke, wenn man sie schräg von der Seite betrachtet, wie Ellipsen oder Trapeze erscheinen, und so weiter. Diese Vermutung hat einiges mit der Kamera-Analogie gemeinsam: Sie ist ähnlich verbreitet und genauso irreführend. Aber ebensowenig, wie das Auge nur Bilder „aufnimmt", ist Konstanz einfach das Wissen, wie die Dinge wirklich aussehen − unabhängig von ihrem augenblicklichen Erscheinungsbild.

Wäre Konstanz ausschließlich eine Frage des Wissens, dann sollte das Aussehen eines Gegenstandes vom Reiz seines Netzhautbildes bestimmt sein − und erst anschließend durch unseren Verstand korrigiert werden. Zum Beispiel müßten wir Objekte gleicher Leuchtdichte als gleich hell wahrnehmen können. Beim Betrachten der Photographie auf Seite 26 stellen wir jedoch etwas ganz anderes fest: Die schwarzen Schindeln an den Stützpfeilern in der Kirchenwand haben im hellen Sonnenlicht nahezu die gleiche Leuchtdichte wie die weiße Wandverkleidung im Schatten − aber natürlich sehen die Schindeln schwarz und die Wand weiß aus, und wir können an diesem Eindruck auch durch bewußte Korrekturversuche nichts ändern. Umgekehrt erscheint die Wandverkleidung im Schatten genauso weiß wie in der Sonne, obwohl die Leuchtdichte stark differiert. Als weiteres Beispiel sei die rechts abgebildete Szene in einem neoklassizistischen Säulengang angeführt, bei der ein Paar aus dem Hintergrund noch einmal links im Vordergrund einmontiert wurde. Obwohl wir beide Paare unter dem gleichen Winkel sehen, scheint das im Vordergrund erheblich kleiner. Könnten wir diese Szenen statt im Bild in Wirklichkeit sehen, wären die Unterschiede sogar noch größer.

Auch Tierversuche bestätigen, daß Konstanz keine Sache des verstandesmäßigen Wissens ist, sondern schon in einem frühen Stadium des Wahrnehmungsprozesses auftritt. So hat man Tiere bei Versuchen zur Größenwahrnehmung darauf trainiert, zwei gleich weit entfernte Objekte nach ihrer Größe zu unterscheiden – so etwas läßt sich erreichen, indem man das Tier jedesmal belohnt, wenn es zum Beispiel den größeren Gegenstand wählt. Bei dem eigentlichen Test wurde das größere Objekt dann so weit hinter dem kleineren plaziert, daß der Sehwinkel kleiner war als bei dem nahen, kleinen. Wenn der Sehwinkel die Größenwahrnehmung entscheidend bestimmt, müßten die Versuchstiere also das kleinere Objekt wählen. Wenn sie dagegen die Größenverhältnisse ähnlich wie wir auch anhand der Entfernungen wahrnehmen, werden sie nach wie vor das größere Objekt bevorzugen. Und genauso verhielten sich die getesteten Tierarten (Primaten, andere Säugetiere, Hühner und Fische). Auch hier bestätigt sich also die Konstanz.

Mit ähnlichen Experimenten gelang der Nachweis, daß bei vielen Arten auch Helligkeitskonstanz auftritt. Beispielsweise wurden Fische darauf trainiert, von zwei Knöpfen immer den dunkleren zu drücken; dabei waren beide Knöpfe zunächst gleich stark beleuchtet. Später wurde der dunklere Knopf dann so stark angestrahlt, daß seine Leuchtdichte höher war als die des helleren, weniger gut beleuchteten Knopfes. Gleichwohl drückte der Fisch weiterhin den dunkleren Knopf; er war also offenbar in der Lage, die Beleuchtung zu berücksichtigen, und man kann wohl auch schließen, daß er den Knopf nach wie vor als dunkler wahrgenommen hat.

Wenn Tiere mit den geistigen Fähigkeiten eines Fisches die gleiche Wahrnehmungskonstanz erreichen wie wir, dann ist es ziemlich unwahrscheinlich, daß diese Konstanz auf einem Wissen über ihre Umwelt beruht;

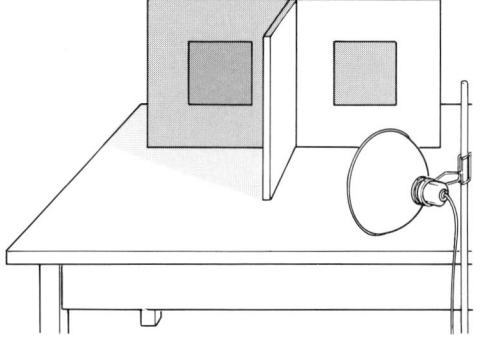

Der Sehwinkel allein sagt noch nichts über die wahrgenommene Größe. Das Paar neben der linken Säule im Vordergrund ist eine exakte Kopie des Paares im Hintergrund, wirkt aber trotz gleichen Sehwinkels erheblich kleiner.

Typische Versuchsanordnung zur Helligkeitskonstanz. Die Versuchsperson soll bei sehr unterschiedlicher Beleuchtung den Grauwert eines der grauen Quadrate so lange verändern, bis er dem Standardquadrat entspricht.

31

eher ist anzunehmen, daß sie unmittelbar nach dem „Aussehen" gehen. Obwohl wir nun sicher sind, daß Konstanz auch bei anderen Arten auftritt, können wir nicht ausschließen, daß sie sich aus Erfahrung heraus entwickelt hat. Es könnte durchaus sein, daß Kinder ein und denselben Gegenstand aus unterschiedlichen Entfernungen zunächst als verschieden große Objekte wahrnehmen und erst durch Erfahrung Konstanz erlernen, so daß ein Objekt auch bei wechselnden Entfernungen schließlich als gleich groß empfunden wird. Mit anderen Worten: Anstatt zu lernen, die Wahrnehmung durch Nachdenken zu korrigieren, ändert sich die Wahrnehmung selbst. Das kann man am besten an einem Beispiel zeigen: Die perspektivische Zeichnung eines Würfels sieht aus wie ein dreidimensionales Objekt und wird ohne Zweifel auch als dreidimensional wahrgenommen. Dazu brauchen wir nicht nachzudenken, aber meines Erachtens spielt hier durchaus Erfahrung eine Rolle – vielleicht mit Würfeln, Kisten und ähnlichem, was wir in unserer Umwelt schon gesehen haben.

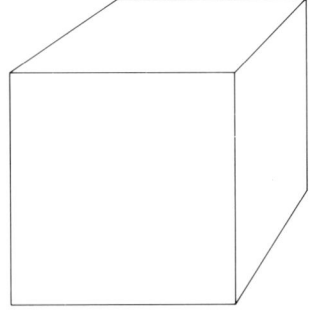

Wir nehmen diese Zeichnung räumlich wahr – vielleicht deshalb, weil wir würfelförmige Gegenstände aus Erfahrung kennen.

Wie können wir feststellen, ob eine solche Konstanz erst durch Erfahrung erreicht wurde oder nicht? Wenn sie von einer Reizrelation abhängt wie zum Beispiel aller Wahrscheinlichkeit nach die Helligkeitskonstanz, dann bereitet diese Frage keinerlei Problem. Die Erfahrung hat dann offenbar keinen Einfluß. Wie sollte sie auch? Wenn ein spezifischer Reiz etwa beim Farbensehen eine bestimmte Wahrnehmung erzeugt, wo könnte da ein hypothetischer Lernprozeß ansetzen? Oder wenn der Helligkeitseindruck direkt vom Verhältnis der Leuchtdichten abhängt, dann ergibt sich die Konstanz als unmittelbare Folge dieses Verhältnisses. Jedenfalls sprechen die (wenigen) Hinweise, die es zu diesem Problem gibt, am ehesten für die Reizrelation als Erklärung.

Auch wenn Konstanz auf einem Verrechnen beruht – und das ist wahrscheinlich bei der Größenwahrnehmung der Fall –, könnte Erfahrung eine Rolle gespielt haben: bei der Entwicklung dieser Wahrnehmungsleistung. Man könnte Experimente entwerfen, bei denen visuelle Erfahrung als Einflußfaktor ausgeschaltet wird, und so feststellen, inwieweit eine Konstanz angeboren ist. Beispielsweise wäre denkbar, Tiere unmittelbar nach der Geburt zu testen oder auch Neugeborene zu beobachten. Als drastischere Methode käme in Betracht, erwachsene Tiere zu untersuchen, die von Geburt an von allen visuellen Eindrücken und Erfahrungen abgeschirmt wurden. Beide Methoden sind nicht unproblematisch: Neugeborene und viele Tierbabies sind nicht in der Lage, die geforderten Aufgaben in einem Test zu erfüllen – entweder weil ihre Lernfähigkeit noch zu gering ist oder weil Motorik und Beweglichkeit dafür noch nicht genug entwickelt sind. Und bei Tieren, die nie auf visuelle Reize reagieren konnten, ist das Nervensystem oft unter- oder fehlentwickelt, so daß ihr Verhalten nicht mehr als arttypisch gelten kann.

Noch komplizierter werden die Dinge dadurch, daß bestimmte Fähigkeiten zwar angeboren sind, aber unmittelbar nach der Geburt noch nicht zum Ausdruck kommen können. Mit „angeboren" meint man ja, daß eine Verhaltensweise, ein Merkmal oder eine Fähigkeit des Wahrnehmungsapparates genetisch bedingt – und sozusagen fest „eingebaut" – ist; sie wurde als Erbanlage im Lauf der evolutionären Anpassung erworben. Solche Erbeigenschaften kommen oft erst beim erwachsenen Tier zur Entfaltung, nachdem es sich in einer geeigneten Umgebung normal entwickelt hat. Ein typisches Beispiel ist das Sexualverhalten; bestimmte Merkmale sind hier ganz sicher angeboren, aber sie werden erst beim geschlechtsreifen Tier manifest. Ganz ähnlich muß sich auch das visuelle System entwickeln – in einem Reifungsprozeß, der angeboren ist, sich jedoch lediglich in einer Umwelt entfalten kann, in der es nicht nur diffuses Licht, sondern optische Muster zu sehen gibt. Angesichts all dieser Schwierigkeiten wird es nicht überraschen, daß noch offen ist, welche Rolle die Erfahrung bei der Entwicklung von Größen- und Formkonstanz spielt.

Besonders interessant sind hier Hinweise zur Größenkonstanz, die T. G. R. Bower bei Untersuchungen an sechs bis zwölf Wochen alten Säuglingen fand. Bower brachte die Babies dazu, den Kopf etwas zu drehen, wenn ihnen ein etwa 30 Zentimeter hoher Würfel in einem Meter Entfernung gezeigt wurde – die gewünschte Reaktion wurde mit einem Guck-Guck-Spiel belohnt: Zum Vergnügen der Babies kam dann plötzlich ein Experimentator als Spielkamerad aus seinem Versteck hervor. Als nächstes wurde der Würfel in drei Metern Entfernung aufgestellt, um die Konstanzleistung zu testen. Bei diesem Versuch waren einige Schwierigkeiten umgangen, die bei Wahrnehmungstests mit Säuglingen hinderlich sind: Die Babies brauchten sich nicht fortzubewegen und auch kein schwieriges Unterscheidungsproblem zu lösen. Die konditionierte Kopfbewegung mußte nach Iwan Pawlows Theorie des bedingten Reflexes immer dann auftreten, wenn der Würfel für das Baby gleich aussah. Umgekehrt war zu erwarten, daß sich die Reaktion abschwächt oder ganz verschwindet, wenn der Würfel deutlich anders wahrgenommen wurde. Tatsächlich beobachtete Bower bei den Babies auch dann eine starke

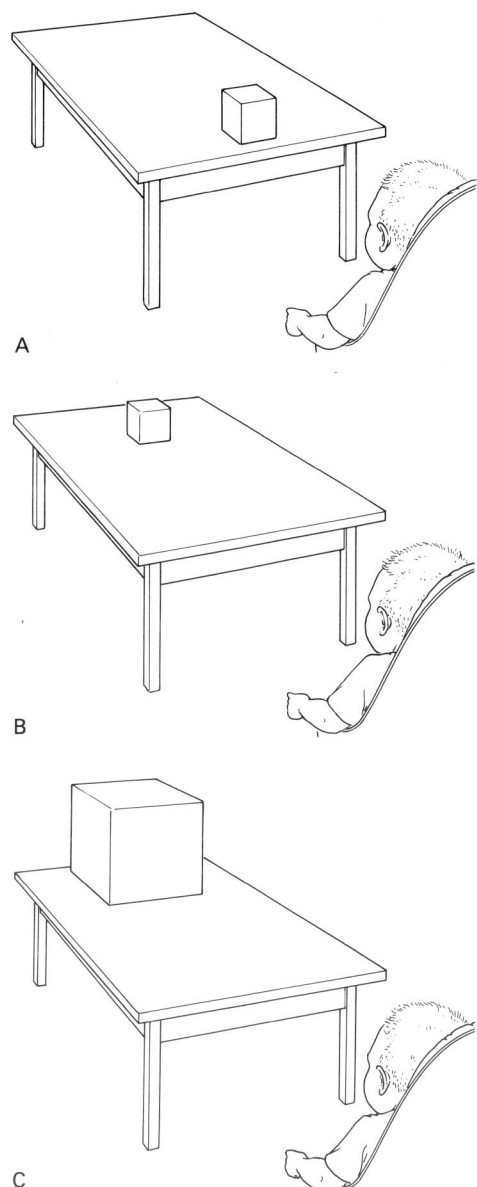

Experiment zur Größenkonstanz bei Säuglingen. A) Die Trainingssituation: Ein Würfel von 30 Zentimeter Kantenlänge steht im Abstand von einem Meter vor dem Kind. B) Der gleiche Würfel in dreifachem Abstand. C) Ein Würfel von 90 Zentimeter Kantenlänge in drei Meter Entfernung erscheint unter dem gleichen Sehwinkel wie bei Versuch A.

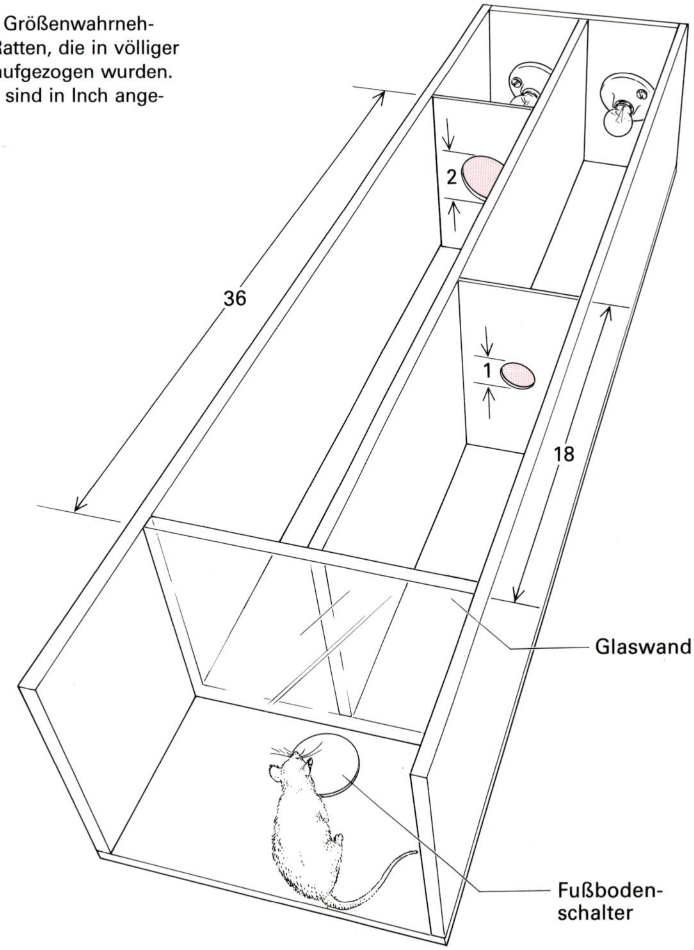

Reaktion, wenn der 30-Zentimeter-Würfel in drei Metern Entfernung stand – obwohl der Sehwinkel auf ein Drittel reduziert war. Bei einem Kontrollexperiment mit einem 90 Zentimeter hohen Würfel in drei Metern Entfernung war die Antwort nur schwach, obwohl dieser Würfel unter dem gleichen Winkel gesehen wurde wie der kleinere in der Trainingsentfernung von einem Meter. Offensichtlich nehmen auch Säuglinge die Größe eines Gegenstandes nicht allein anhand des Sehwinkels wahr, sondern auch aufgrund einer Konstanz.

Leider ließen sich Bowers Ergebnisse bei ähnlichen Versuchen in Australien nicht reproduzieren. Vielleicht sind sie ganz einfach falsch. Aber es gibt noch eine andere Erklärungsmöglichkeit: Babies reagieren womöglich empfindlich auf jede Veränderung und nehmen dadurch die größere Entfernung als störende Veränderung wahr, die nicht zu der konditionierten Situation paßt – dann würde die Reaktion abgeschwächt, auch wenn der Würfel selbst gleich wahrgenommen werden könnte. Tatsächlich ließe sich damit Bowers Beobachtung erklären, daß die Antwort auf den 30-Zentimeter-Würfel bei drei Metern Abstand schwächer ausfiel. Klarheit können an diesem Punkt aber erst weitere Untersuchungen schaffen.

Bower hat in einem ähnlichen Experiment die Formkonstanz untersucht; dabei zeigte er den Babies ein Rechteck, allerdings nicht frontal, sondern schräg von der Seite. Wenn das Rechteck in die Frontalebene gedreht wurde, reagierten die Babies immer noch sehr deutlich; dagegen sprachen sie nur schwach auf ein Trapez in der Frontalebene an, dessen Konturen dem schräg betrachteten Rechteck glichen. Und dieser Befund konnte bei Experimenten in Australien bestätigt werden. Demnach tritt Formkonstanz schon im Kleinkindalter auf.

Auch wenn sich all diese Ergebnisse bestätigen sollten, ist damit noch nicht endgültig ausgeschlossen, daß Konstanz durch Erfahrung gelernt wird. Vielleicht entwickelt sich die Konstanz ja in den ersten Lebenswochen.

Versuch zur Größenwahrnehmung von Ratten, die in völliger Dunkelheit aufgezogen wurden. (Die Längen sind in Inch angegeben.)

2

36

1

18

Glaswand

Fußbodenschalter

Für diese Möglichkeit sprechen Versuche, die Don Heller mit Ratten gemacht hat.

Neugeborene Ratten wurden in den ersten 34 Tagen in völliger Dunkelheit aufgezogen. (Bei Ratten, die ja Nachttiere sind, scheint sich das Sehsystem auch im Dunkeln normal zu entwickeln, im Gegensatz zu vielen anderen Tieren.) Danach wurden sie darauf trainiert, von zwei gleich weit entfernten hellen Scheiben in ansonsten dunklen Gängen die größere zu wählen. Diese Scheiben wurden für die Ratten sichtbar, wenn sie am Ende eines Ganges dicht vor einer gläsernen Trennwand standen und dabei einen Schalter im Fußboden betätigten. Dieser Schalter sprach auf das Gewicht des Tieres an und stellte die Beleuchtung der Scheiben ein, die hinter der Glaswand in zwei Gängen aufgestellt waren. Die Ratten hatten während des Trainings also keine Gelegenheit, die Lichtkreise aus verschiedenen Entfernungen zu sehen und so Erfahrungen über die Größenveränderung mit der Entfernung zu sammeln, da sie in der übrigen Zeit weiterhin im Dunkeln gehalten wurden.

Beim eigentlichen Test, der wiederum im Dunkeln durchgeführt wurde, war der größere Kreis weiter von der Glasscheibe entfernt als der kleine, nahm aber denselben Sehwinkel ein. Wenn die Ratten bereits eine Größenkonstanz wahrnehmen konnten, dann mußten sie den objektiv größeren Kreis erkennen. Tatsächlich liefen sie jedoch gleich oft zu beiden Scheiben. Wurde die größere davon noch weiter nach hinten gerückt, so daß sie den kleineren Sehwinkel einnahm, so wählten die Tiere das kleinere Objekt mit dem größeren Sehwinkel.

Die gleichen Versuche führten bei einer Kontrollgruppe von Ratten, die nicht im Dunkeln aufgezogen worden waren, zu anderen Ergebnissen. Diese Tiere konnten nach demselben Training (im Dunkeln) den objektiv größeren Kreis erkennen. Das zeigte nicht nur, daß sie schon Konstanz erreicht hatten, sondern bewies gleichzeitig, daß die bei Dunkelheit herangewachsenen Tiere nicht etwa deshalb gescheitert waren, weil es

im Versuch keine Anhaltspunkte auf die Entfernung gegeben hätte. Schließlich wurden die deprivierten Ratten nach diesen Versuchen eine Woche bei Tageslicht in Käfigen gehalten und erneut getestet. Diesmal verhielten sie sich wie normal aufgezogene Ratten: Sie konnten den objektiv größeren Kreis erkennen.

Nach dieser einen Woche (oder vielleicht auch schon früher) muß sich irgendetwas im Wahrnehmungssystem geändert haben, so daß nun Konstanzleistungen möglich waren − und das bei den beengten Bewegungsmöglichkeiten in einem Käfig. Aus diesen Experimenten ist zweierlei zu schließen: Größenkonstanz beruht − zumindest bei Ratten − auf Erfahrung, und wahrscheinlich spielen hier ständige Veränderungen des Sehwinkels eine Rolle. Die Tiere haben ja in ihren Käfigen erlebt, wie sich Objekte bei wechselnden Entfernungen verändern und wie die eigene Bewegung das Aussehen von Objekten beeinflußt.

Möglicherweise lernen auch Säuglinge Größenkonstanz auf diese Weise, lange bevor sie anfangen zu krabbeln: Sie folgen bewegten Objekten ja schon früh mit den Augen − zum Beispiel auch, wenn Erwachsene an ihre Wiege treten oder wieder weggehen. Um diesen Einfluß zu prüfen, hat man untersucht, welchen Eindruck allein wechselnde Bildgrößen auf der Netzhaut hervorrufen. Dazu wurde ein Muster auf eine Leinwand vor dem Säugling projiziert, dessen Größe mit einer Zoom-Linse variiert wurde (die sich kontinuierlich verstellen läßt). Man bezeichnet das als Looming-Effekt.

Erwachsene interpretieren solche Muster, die sich schnell vergrößern oder verkleinern, als Objekte, die sich nähern beziehungsweise entfernen − nichts anderes macht man ja beim Betrachten von Filmen und Fernsehsendungen, insbesondere auch bei Zeichentrickfilmen. Man weiß ziemlich sicher, daß Menschen und Affen diesen Eindruck schon im Alter von zwei Wochen beim Looming-Effekt gewinnen. Experimentell hat man das anhand von Alarmreaktionen nachgewiesen, die ein größer werdendes Muster auslöst — eben weil es als Gegenstand wahrgenommen wird, der rasch auf den Beobachter zukommt und mit ihm zu kollidieren droht. Die Alarmreaktion fehlt dagegen, wenn das Muster rasch kleiner wird oder wenn es sich nicht „auf Kollisionskurs" ausdehnt. Daß die Alarmreaktion bereits zwei Wochen nach der Geburt auftritt, macht es wahrscheinlich, daß diese Reaktion auf den Looming-Effekt angeboren ist und keine Erfahrung voraussetzt. Wenn wir nun noch unterstellen, daß die Alarmreaktion beim Baby durch Looming genauso ausgelöst wird wie durch ein scheinbar rasch näherkommendes Objekt, dann können wir schließen, daß unter dynamischen Bedingungen Größenkonstanz angeboren ist. Vielleicht bildet diese angeborene „dynamische Größenkonstanz" die Grundlage, auf der dann „statische Größenkonstanz" erlernt wird.

Was bislang über die Entstehung der Größenkonstanz herausgefunden wurde, ist zwar teilweise widersprüchlich, aber vier Schlußfolgerungen scheinen doch recht gut gesichert: 1) Formkonstanz tritt schon bei Säuglingen auf; 2) Größenkonstanz ist bereits kurz nach der Geburt ausgeprägt, wenn nicht sogar von Geburt an; 3) dynamische Größenkonstanz ist höchstwahrscheinlich angeboren und bedarf keiner Erfahrung (das gilt vielleicht auch für andere dynamische Konstanzmechanismen); 4) Helligkeitskonstanz ist eine Frage von Helligkeitsrelationen und demzufolge angeboren.

Wenn die Konstanz versagt

Im täglichen Leben gibt es viele Beispiele dafür, daß weit entfernte Objekte klein erscheinen. Aus einem Flugzeug sehen Häuser bei einer Entfernung von 7000 Metern atemberaubend klein aus; und Menschen wirken winzig, wenn man von einem hohen Turm oder dem Dach eines Wolkenkratzers auf sie herabsieht. In der Wahrnehmungswissenschaft hat man für diesen Wegfall der Konstanz den Begriff *Unterkonstanz* geprägt.

Die Logik dieser Bezeichnung ist leicht einzusehen. Eine Konstanzleistung kann nicht besser sein als die zugrunde liegende Sinnesinformation. Da unser Sehvermögen begrenzt ist, müssen auch Konstanzleistungen auf Grenzen stoßen. Im Falle der Größenkonstanz ist entscheidend, welche Entfernung wir gerade noch korrekt wahrnehmen können — sie liegt bei einigen hundert Metern, jedoch nicht über 1000 Meter. Wir können also nicht erwarten, daß der Mondabstand von etwa 380 000 Kilometern noch adäquat wahrgenommen wird. Darum vergleichen wir den Mond, wenn er am Horizont steht, mit einem Haus oder irgendwelchen Strukturen in der Landschaft, die wir unter demselben Winkel sehen. Angesichts der Tatsache, daß der Monddurchmesser nahezu 3500 Kilometer beträgt, scheint die Wahrnehmung hier weit von einer Konstanz abzuweichen. Der Fehler liegt allerdings nicht beim Konstanzmechanismus selbst, sondern in der verfügbaren Information.

Schon in den ersten Jahrzehnten dieses Jahrhunderts hat man bei Wahrnehmungsexperimenten beobachtet, daß Versuchspersonen die Größe eines Gegenstandes um so mehr unterschätzen, je weiter er entfernt ist — und diese Erfahrung hat wohl jeder selbst schon gemacht. Das liegt daran, daß unsere Fähigkeit, die Entfernung zu bestimmen, irgendwann nicht mehr Schritt halten kann, weil Anhaltspunkte für die Akkommodation und Konvergenz wegfallen. Dadurch interpretieren wir den Sehwinkel falsch und sehen das Objekt zu klein. In diesem Sinne sind Begriffe wie „Unterkonstanz" oder „Wegfall der Konstanz" zu verstehen.

Vielfach läßt sich ein Versagen der Größenkonstanz auf diese Weise erklären: Wenn ein Flugzeug am Himmel kleiner erscheint, als es bei perfekt funktionierendem Konstanzmechanismus aussehen müßte, so liegt das sicher an der ungenauen Entfernungswahrnehmung. Man hat diese Erklärung auch auf Objekte am Erdboden angewandt, obwohl es hier durchaus Anhaltspunkte für die Entfernung gibt. Ein Flugzeug sieht am Boden aus der Ferne zwar größer aus als am Himmel (bei gleichem Abstand) – wird aber immer noch deutlich kleiner wahrgenommen, als bei normaler Konstanzleistung zu erwarten wäre.

In den letzten Jahrzehnten hat man jedoch auch Gegenbeispiele beobachtet. Bisweilen werden weit entfernte Gegenstände größer wahrgenommen, als sie wirklich sind – man hat das als *Überkonstanz* bezeichnet; und außerdem bleibt der Konstanzmechanismus trotz sehr großer Distanzen wirksam, wenn genügend Anhaltspunkte für eine Entfernungsschätzung vorhanden sind. Wie können wir solche widersprüchlichen Ergebnisse in Einklang bringen? Und wie ist zu erklären, daß wir weit entfernte Objekte in typischen Alltagssituationen unverhältnismäßig klein wahrnehmen?

Wahrnehmungsforscher verlassen sich in der Regel eher auf gesicherte Meßergebnisse als auf zufällige Beobachtungen, und Erfahrungen aus dem täglichen Leben werden ja normalerweise nicht durch Messungen überprüft. Ich glaube, wir sollten genau umgekehrt von den täglichen Erfahrungen ausgehen und Meßergebnisse immer dann überprüfen, wenn sie diesen Erfahrungen widersprechen. Insbesondere die *Überkonstanz* ist solch ein Fall.

Dieses Phänomen scheint mir keine objektive Eigenschaft des Wahrnehmungsapparates zu sein, sondern ein künstliches Produkt von Experimenten, das durch bestimmte Anweisungen an die Versuchspersonen entsteht. Wenn zum Beispiel die Aufgabe gestellt ist,

Auf diesem Portrait der Charlotte du Val-d'Ognes erscheint das Paar, das man im Hintergrund durch das Fenster sieht, unverhältnismäßig klein, weil es sehr wenige Anhaltspunkte auf seine Entfernung vom Fenster gibt. Deshalb wird uns bewußt, wie klein der Sehwinkel im Vergleich zur Hauptperson ist. Das Gemälde entstand um 1800 und wird Constance Marie Charpentier zugeschrieben.

von mehreren Objekten in geringen Entfernungen dasjenige auszuwählen, das genauso groß ist wie ein weit entfernter Größenstandard, dann spielt nicht nur die Wahrnehmung eine Rolle, sondern auch der Wunsch, die gestellte Aufgabe möglichst gut zu erfüllen: Die Versuchspersonen wissen ja, daß entfernte Dinge klein aussehen, und tragen dem, bewußt oder unbewußt, Rechnung; sie wählen ein Objekt, das „auf jeden Fall" groß genug ist − und oft eben zu groß. Dagegen tritt Unterkonstanz auf, wenn die Versuchspersonen die scheinbare Größe des entfernten Objektes allein nach dem Sehwinkel bestimmen − ähnlich wie beispielsweise ein Künstler, wenn er exakt perspektivisch malt. Wenn man die Versuchspersonen nicht danach fragt, welche Gegenstände gleich *sind*, sondern nur verlangt, anzugeben, welche Gegenstände gleich *aussehen*, dann ergibt sich viel häufiger ein Funktionieren der Konstanz als ein Scheitern. Wenn aber die Konstanz so gut funktioniert, dann müssen wir erst recht fragen, warum wir im täglichen Leben entfernte Objekte zu klein wahrnehmen, obwohl es in der Regel auch Anhaltspunkte auf die Entfernung gibt?

Als Erklärung vermute ich verschiedene Modi der visuellen Wahrnehmung, wie ich sie aus früheren Beobachtungen abgeleitet habe. Den einen möchte ich als Hauptmodus, den anderen als Zusatzmodus bezeichnen; beim Hauptmodus überwiegt das Konstanzprinzip, der Zusatzmodus kann das objektive Netzhautbild verwerten. Wenn wir zum Beispiel einen Teller auf einem Tisch schräg von oben betrachten, dann empfinden wir ihn als kreisrund, können uns aber gleichzeitig vergegenwärtigen, daß er durch die perspektivische Verkürzung zur Ellipse verzerrt wird. Oder wenn wir einen Menschen in der Ferne sehen, aber zugleich bemerken, daß er im Vergleich zu einer anderen, nahen Person nur einen winzigen Teil unseres Gesichtsfelds ausfüllt, dann erscheint er uns zugleich als „Ameise" und als Mensch normaler Größe. Möglicherweise wird die Entfernung in vielen Fällen gar nicht falsch eingeschätzt, und auch die Konstanz bleibt wirksam, aber wir stolpern bei der Wahrnehmung einfach über eine

Diskrepanz zwischen Sehwinkel und wirklicher Größe.

In einer Versuchssituation könnten die vermuteten Modi durchaus zu widersprüchlichen Ergebnissen führen, indem sie die Versuchsperson in einen Zwiespalt bringen: Beurteilt sie die Situation danach, was ihr der Konstanzmechanismus eingibt, dann vernachlässigt sie einen anderen, ebenso gegenwärtigen Aspekt ihrer Wahrnehmung; urteilt sie nach dem Sehwinkel (was allerdings sehr schwer ist), so muß sie umgekehrt den Konstanzmechanismus ausschalten. Diese Erklärung läßt die individuellen Unterschiede bei Konstanzexperimenten und die Entstehung der Konstanz in einem ganz neuen Licht erscheinen.

Individuelle Unterschiede bei der Konstanz.
Die Konstanzleistungen einzelner Versuchspersonen sind häufig verschieden: Bei manchen findet man zwar unabhängig von den experimentellen Bedingungen oder der Art der untersuchten Konstanz stetige Übereinstimmung, aber bei anderen sind durchweg gewisse Abweichungen zu beobachten.

Diese Unterschiede sind sicher keine zufälligen Schwankungen, denn alle Versuchspersonen haben ein einheitliches individuelles Wahrnehmungsmuster. Andererseits deutet im Alltag nichts auf solche individuellen Unterschiede hin. Wenn mehrere Menschen den Mond am Horizont betrachten, sind sie sich doch in der Regel über die erstaunliche Größe der Mondscheibe einig; und darüber, wie winzig Häuser, Bäume, Autos tief unten im Tal sind und was es an ähnlichen Phänomenen noch gibt, wird wohl kaum Streit entstehen.

Experimente können jedoch Unterschiede ans Licht bringen, die nicht in der Wahrnehmung selbst begründet sind. Manche lassen sich mit einem Konflikt zwischen den beiden Modi erklären, die ich bereits erwähnt habe. In solchen Konfliktsituationen mag sich eine Versuchsperson dann für eine Lösung entscheiden, die den Erwartungen des Experimentators gerecht wird − zugunsten des „gewünschten" Ergebnisses. Dabei kommen einige Versuchspersonen natürlich zu verschiedenen Einschätzungen. Es gibt vermutlich auch individuelle Unterschiede in der Verfügbarkeit der einzelnen Modi: Manche Menschen – etwa Maler und Photographen – haben mehr Erfahrung im Gebrauch des Zusatzmodus, so daß sie im Zweifelsfall wohl etwas häufiger von der Konstanz abweichen als andere. Aber dieser Wahrnehmungskonflikt dürfte eigentlich nicht zu so schlechten Konstanzleistungen führen, wie man sie bei entsprechenden Experimenten beobachtet hat.

Man kann ähnlich argumentieren, um die widersprüchlichen Befunde zur Größenwahrnehmung von Kindern zu erklären. Einige Untersuchungen deuten darauf hin, daß sich die Konstanzleistung mit zunehmendem Alter verbessert. Das wäre auch plausibel, wenn Neugeborene noch keine Konstanz entwickelt hätten. Tatsächlich sind Konstanzmechanismen schon in den ersten Lebensmonaten nachweisbar.

Angenommen, die Konstanz tritt bereits zu einem so frühen Zeitpunkt auf, wie wäre dann der Befund zu erklären, daß sich diese Leistung mit wachsendem Alter verbessert? Denkbar wäre, daß ein grober Konstanzmechanismus schon früh angelegt ist, aber noch verfeinert werden muß. Vielleicht spiegeln die Ergebnisse aber auch nur die Tatsache wider, daß Kleinkinder die Anweisungen bei einem Versuch nicht so gut verstehen wie ältere. Schließlich könnten kleine Kinder in einem stärkeren Konflikt zwischen den beiden Wahrnehmungsmodi stehen als Erwachsene, die sich eher darüber im klaren sind, daß sie sich bei dem Experiment auf den Hauptmodus konzentrieren müssen.

Der bislang sicherste Hinweis auf die Größenwahrnehmung von Kindern betrifft die Konstanz: Bei Fünf- bis Sechsjährigen sind Abweichungen davon nur noch für Entfernungen über 20 Meter zu verzeichnen.

Nun schätzen wir solche größeren Entfernungen aller Wahrscheinlichkeit nach überwiegend mit Hilfe von Anhaltspunkten ein, mit denen auch die Malerei arbeitet: Perspektive, Schattenwurf und dergleichen. (Diese Anhaltspunkte sind Thema des nächsten Kapitels.) Vielleicht haben Kinder hier einfach weniger Erfahrung und schätzen größere Entfernungen deshalb schlechter ein.

Die Erklärungen für Konstanz im Rückblick

Unser Überblick über die Konstanzleistungen hat vielleicht den Schluß nahegelegt, daß die Reizrelationstheorie und die Verrechnungstheorie beide richtig sind oder zumindest bestimmte Befunde gleichermaßen erklären. Diese Theorien haben jedoch einen viel weitreichenderen Anwendungsbereich, so daß sie auch für andere Wahrnehmungsphänomene als Konstanz sehr sorgfältig überprüft werden müssen.

Die Reizrelationstheorie leitet sich aus der einfacheren Reiztheorie ab, die jede Wahrnehmung mit einem spezifischen Reiz erklärt. Um eine bestimmte Wahrnehmung zu verstehen, brauchen wir demnach nur den entscheidenden Reiz zu finden. Diese Theorie schreibt dem Gehirn praktisch nur noch die Rolle zu, die Nervensignale der Sinnesorgane aufzunehmen. Das trifft vielleicht für die Helligkeitskonstanz zu, wenn man einmal davon absieht, daß der „Reiz" in diesem Fall aus dem Verhältnis zweier Reize – verschiedenen Leuchtdichten – besteht. Diese Art von Theorie fordert keinerlei geistige oder mentale Prozesse, die die Sinnesinformation interpretieren.

Ein anderes Erklärungsmodell führt die Konstanz zwar auch auf objektive Reize und Reizverhältnisse zurück, erklärt die Wahrnehmung jedoch nicht direkt mit dem gebotenen Reiz, sondern mit den Nervensignalen, die er im Gehirn auslöst. Dieser Gedanke ist typisch für die Gestaltpsychologen; auch sie setzen Reize und deren Beziehungen – etwa Verhältnisse – voraus, behaupten aber nicht, daß es zu allen eine Entsprechung in der Wahrnehmung gebe. Für den Gestaltpsychologen ist der Konstanzmechanismus Ausdruck einer bestimmten Gehirntätigkeit, die von den Reizen nur „angestoßen" wird.

Auf die Bedeutung der Nerventätigkeit und ihrer Wechselbeziehungen hat schon Ewald Hering, ein Zeitgenosse von Helmholtz, hingewiesen. Tatsächlich ist es bei Nerven-

zellen des Sehsystems häufig so, daß ein Neuron, das Nervenimpulse aussendet, die Aktivität benachbarter Neuronen hemmt. Mit dieser *lateralen Hemmung* könnte man Kontrastphänomene wie folgt erklären: Neben einer hellen Fläche, die zahlreiche Impulse auslöst, erscheint eine dunkle Fläche noch dunkler, weil die zugehörigen Nervenzellen gehemmt werden. Man hat auch versucht, den Helligkeitskontrast mit einer lateralen Hemmung zu erklären – was allerdings erheblich komplizierter ist. Viele Wissenschaftler faszinierte die Möglichkeit, Reizverhältnisse auf physiologische Mechanismen zu reduzieren. Trotz aller Unterschiede basieren diese Modelle auf der gemeinsamen Annahme, daß Konstanz letztlich auf Reizrelationen beruht.

Die Verrechnungstheorie setzt dagegen voraus, daß Informationen im Gehirn verarbeitet werden. Um zu registrieren, daß ein kleines Netzhautbild auch ein großes Objekt repräsentieren kann, das weit entfernt ist, muß der Zusammenhang zwischen Sehwinkel und Entfernung berücksichtigt werden – auch wenn uns die Rechenregeln dabei nicht bewußt sind. Ein solcher Wahrnehmungsvorgang hängt von einer weit umfangreicheren Gehirntätigkeit ab, als wir bisher voraussetzen mußten. Dieser theoretische Ansatz entspringt einer völlig anderen philosophischen Tradition: Wahrnehmung ist danach eher ein Produkt einer mentalen Rekonstruktion des Gehirns als ein passives Aufzeichnen von Reizen oder das Resultat der Wechselbeziehungen zwischen aktivierten Nervenzellen.

Was wir bisher über die Helligkeitswahrnehmung gesagt haben, scheint gut zur Reiztheorie zu passen; dagegen stützen die Fakten im Falle der Größen- und Formwahrnehmung und der Orientierungsphänomene eher die Verrechnungstheorie. Das sieht aber ganz anders aus, wenn wir einige neuere Befunde zur Helligkeitswahrnehmung heranziehen und genauer verfolgen, welche Probleme sich bei der Anwendung der Reiztheorie ergeben. Betrachten wir dazu einmal Edward Hoppers Gemälde auf der nächsten Seite. Gezeigt ist ein Zimmer, dessen gelb gestrichene Wände

unterschiedlich beleuchtet sind. Wo zwei Wände in einer Ecke zusammentreffen, entsteht durch Licht und Schatten ein starker Helligkeitskontrast. Entsprechend unterscheiden sich die Leuchtdichten auf dem Netzhautbild. Nach der Reizrelationstheorie müßten die Wände wegen der unterschiedlichen Leuchtdichten verschieden aussehen. Und doch nehmen wir solche Flächen oft als gleichfarbig wahr. Aber diese Helligkeitskonstanz dürfte gar nicht entstehen, wenn es nach den Reizrelationen ginge.

Experimentell kann man die Konstanz recht einfach ausschalten, indem man die Kante zwischen zwei hellen Flächen in einem Ausschnitt betrachtet, bei dem die Wände nicht räumlich, sondern wie zwei Flächen in einer Ebene erscheinen. Man betrachte dazu das Bild von Hopper einmal wie folgt: 1) ein Auge schließen, 2) den Kopf ruhig halten, 3) Fußbodenleiste und Fenster abdecken. Die Wirkung ist eindrucksvoll: Die Flächen unterscheiden sich nun deutlich in ihrer Farbschattierung. Es ist also entscheidend, ob Flächen räumlich wahrgenommen werden oder nicht; nur für ebene Flächen bestimmt das Verhältnis der Leuchtdichten die Wahrnehmung. Diese Reizrelation ist also nicht automatisch ausschlaggebend.

Wenn wir Edward Hoppers „Sonne in einem leeren Zimmer" (1963) oder ähnliche Szenen betrachten, nehmen wir die Farbe der verschiedenen Wände trotz abweichender Leuchtdichten als gleich wahr.

41

Alan Gilchrist hat festgestellt, daß die Leuchtdichten sich auch dann kaum auf die Helligkeitswahrnehmung auswirken, wenn verschieden helle Flächen parallel versetzt wahrgenommen werden – sie erscheinen dann gleich hell; sobald sich die Kanten jedoch berühren und der Eindruck entsteht, daß sie in einer Ebene liegen, stellt sich der übliche Kontrasteindruck wieder ein. Wie ist das zu erklären?

Diese Ergebnisse machen ein allgemeines Prinzip für die Wahrnehmung von Kanten zwischen Flächen deutlich. Zunächst einmal greift sich das Wahrnehmungssystem nur die Differenz der Leuchtdichten an der Flächengrenze heraus und läßt die entfernteren Bereiche der zusammenstoßenden Flächen außer Betracht; es unterstellt, daß sich die Helligkeit nicht ändert, solange keine neue Kante auftaucht. In einem weiteren Schritt wird dann festgestellt, in welche Kategorie die Kante zwischen Flächen verschiedener Leuchtdichte gehört: Beruht sie auf unterschiedlichen Helligkeiten oder Beleuchtungen? Nur für die erste Kategorie von Kanten werden die Differenzen der Leuchtdichte deutlich wahrgenommen.

Ein Hinweis auf Schattenwurf könnte die diffuse Schattengrenze sein. Wenn man den Schatten mit einer scharfen Kontur darstellt, wirkt er nur noch wie eine dunkle Fläche.

Wie unterscheidet das Wahrnehmungssystem zwischen beiden Arten von Kanten? Diese Frage ist noch nicht vollständig geklärt. Aber es gibt einige objektive Informationen in unserer Umwelt, die als Hinweis auf die verschiedenen Typen genutzt werden könnten. Zum Beispiel ist der Übergang zwischen Licht und Schatten nie völlig scharf, sondern es gibt immer diffuse Halbschatten. Sie entstehen, weil die meisten Lichtquellen, die Sonne eingeschlossen, nicht punktförmig, sondern ausgedehnt sind. Ein weiterer Hinweis ergibt sich aus der Orientierung der Flächen. Flächen, die in verschiedenen Raumebenen liegen, sind meistens auch unterschiedlich beleuchtet. Wenn die Differenz der Leuchtdichten auf beiden Seiten einer Kante auf die Beleuchtung zurückgeführt würde, wäre klar, warum ein Kontrast erst dann wahrgenommen wird, wenn jeder Hinweis auf eine räumliche Bedeutung der Kante wegfällt.

Als dritter Anhaltspunkt käme das Verhältnis der Leuchtdichten an der Kante in Betracht. Dieses Verhältnis kann bei gleich ausgeleuchteten Flächen höchstens den Wert 30 annehmen, einfach deshalb, weil eine weiße Fläche maximal 90 Prozent des einfallenden Lichts reflektieren kann, ein tiefes Schwarz aber mindestens drei Prozent des Lichts zurückwirft. An einer räumlichen Kante können sich die Leuchtdichten durch den Einfluß von Licht und Schatten auch um einen erheblich größeren Faktor unterscheiden. Einzige Einschränkung dabei ist, daß die stark beleuchteten Flächen stets auch etwas Licht zu den unbeleuchteten reflektieren, und dieser reflektierte Anteil nimmt mit der Belichtungsstärke zu.

Das Bild, das wir uns bis jetzt von der Wahrnehmung gemacht haben, sieht schon ganz anders aus als das Konzept der Reiztheorie: Wenn das Wahrnehmungssystem Informationen über die räumliche Tiefe oder andere Anhaltspunkte nutzt, um zu entscheiden, ob unterschiedliche Leuchtdichten durch die Reflexionseigenschaften von Flächen oder aber die Beleuchtung zustande kommen, dann kann es das nur, indem es auch den anderen Kanten in der Szene Rechnung trägt und ihnen verschiedene Helligkeitswerte zuordnet. Das ist offensichtlich etwas ganz anderes als eine direkte Beziehung von Leuchtdichteverhältnissen und Helligkeitswahrnehmung (oder Farbwahrnehmung). Der gesamte Verarbeitungsprozeß hängt offenbar viel stärker von kognitiven Entscheidungen und Schlüssen − die freilich unbewußt bleiben − ab, als ursprünglich vermutet. Auch wenn wir zum Beispiel die Helligkeitskonstanz nach wie vor mit dem konstanten Verhältnis der Leuchtdichten bei unterschiedlicher Beleuchtung erklären können, so wissen wir doch jetzt, daß sich hinter dieser verlockend einfachen Formel ein ganzer Komplex von Prozessen verbirgt.

Nach alldem sind die beiden Theorien zur Konstanz vielleicht gar nicht mehr so verschieden: Beide setzen Funktionen des Wahrnehmungsapparates voraus, die dem bewußten Denken ähneln. Räumliche Konstanzmechanismen wie Größen- und Formkonstanz beruhen auf direkten Informationen aus dem Netzhautbild (Sehwinkel und Form), und daraus werden Form und Größe des Gegenstandes mit Hilfe zusätzlicher Anhaltspunkte (Entfernung und Orientierung zur Frontalebene) wirklichkeitsgetreu rekonstruiert. In diesem Fall gibt es keine Reizrelationen, die einen zuverlässigen Eindruck vermitteln könnten. Das Bild auf der Netzhaut ist allein ja noch kein Hinweis auf Größe und Form; es kann verschieden interpretiert werden, je nachdem, in welchem Zusammenhang es wahrgenommen wird. Dazu muß das Nervensystem zusätzliche Anhaltspunkte wie Entfernung und Orientierung zur Frontalebene erst einmal verarbeiten können − eine Fähigkeit, die sich durch evolutionäre Anpassung entwickelt hat.

Bei der Helligkeitswahrnehmung ist die entscheidende Netzhautinformation durch ein Verhältnis gegeben. Schwarz und Weiß werden ja physikalisch über das Reflexionsvermögen definiert, das heißt, eine Fläche, die fast das gesamte einfallende Licht reflektiert, ist weiß; bei einer schwarzen Fläche wird dagegen fast alles Licht absorbiert. Das Verhältnis der reflektierten Anteile kann in der Tat als verläßliche Information auf die Helligkeit einer Fläche dienen, solange die Leuchtdichteunterschiede nicht durch die Beleuchtung entstehen. Der erste Schritt zur Helligkeitskonstanz wäre demnach, diese Information aus dem Retinabild zu entnehmen. Aber sobald sie über diesen ersten Schritt hinausgehen, scheinen beide Konstanzmechanismen von Rechenoperationen und unbewußten Schlüssen abzuhängen.

Wir hätten in diesem Kapitel mehrfach auf die Wahrnehmung von Entfernung und räumlicher Tiefe eingehen können, insbesondere im Zusammenhang mit der Größenkonstanz. Aber wenn man dieses Thema angemessen diskutieren will, muß man weiter ausholen − und das hätte unsere ohnehin komplizierten Überlegungen zur Konstanz unnötig schwierig gemacht. Deshalb habe ich das räumliche Sehen für das nächste Kapitel aufgehoben.

Viele Anhaltspunkte für Entfernung und räumliche
Tiefe, die uns aus der Umwelt vertraut sind, findet
man auch auf Abbildungen wie diesem Photo von
Ansel Adams.

Die dritte Dimension

Das Landschaftsphoto von Ansel Adams vermittelt einen Eindruck scheinbar unendlicher Weite und Ausdehnung: Wir blicken über Buschwerk und Gebäude hinweg auf eine Ebene, die sich bis zu den Bergen am Horizont hinzieht. Aber was genau weckt diesen räumlichen Eindruck? Und welche Faktoren kommen hinzu, wenn wir anstelle des Photos die Landschaft selbst noch stärker räumlich wahrnehmen?

Unsere dreidimensionale Umgebung ist für uns so selbstverständlich, daß wir normalerweise nicht danach fragen, warum wir Entfernungen überhaupt wahrnehmen und vergleichen können. Unsere Fähigkeit, räumlich zu sehen, wäre bei einer dreidimensionalen Netzhaut nicht sonderlich bemerkenswert, denn dann bräuchte das Wahrnehmungssystem nur den Ort zu registrieren, an dem ein Gegenstand abgebildet wird, um seine Entfernung festzustellen. Aber die Netzhaut ist zweidimensional. Wie bekommen wir trotzdem die nötige Information über Entfernungen, und wie nutzen wir diese Information, um die betrachtete Umwelt dreidimensional wahrzunehmen – oder, was dasselbe ist: zu rekonstruieren?

Für alle Tiere, einschließlich des Menschen, ist es lebenswichtig, Entfernungen exakt wahrzunehmen und sich sicher im Raum zu bewegen. Aber die Frage, worauf die Wahrnehmung der dritten Dimension beruht, hat Philosophen und Naturwissenschaftler über Jahrhunderte in zwei Lager gespalten. Die Nativisten behaupteten, daß die Raumwahrnehmung angeboren sei (oder, moderner ausgedrückt, daß das Wahrnehmungssystem von Anfang an auf räumliche Wahrnehmung programmiert und entsprechend strukturiert sei). Dagegen meinten die Empiristen, daß Erfahrungen in früher und frühester Kindheit für die räumliche Wahrnehmung entscheidend wären. Die Kontroverse wurde überwiegend mit logischen Argumenten ausgefochten. Erst seit neuerem beginnt man, das Problem mit experimentellen Methoden zu lösen – wie wir noch sehen werden.

Unabhängig vom philosophischen Standpunkt lautet die entscheidende Frage: Auf welche Information kann das Wahrnehmungssystem zurückgreifen, um einen räumlichen Eindruck zu erzeugen, der Entfernung und Tiefe angemessen wiedergibt?

Auf dem Landschaftsphoto gibt es hier gleich eine ganze Reihe von Anhaltspunkten: Perspektive, Schatten, Verdeckung von Hintergrundstrukturen durch die Objekte im Vordergrund und vielleicht auch unser Wissen um die natürliche Größe von Buschwerk, Gebäuden und anderen Dingen. Schließlich gilt vor allem das binokulare Sehen (Sehen mit beiden Augen) weithin als Grundlage der räumlichen Wahrnehmung unserer dreidimensionalen Umgebung. Aber welche Faktoren sind nun wirklich entscheidend? Und welche könnten zusätzlich zur Tiefenwahrnehmung beitragen? Das binokulare Sehen ist zum Beispiel keineswegs immer für die räumliche Wahrnehmung nötig – was man leicht nachprüfen kann, indem man einfach ein Auge schließt und die Umgebung monokular betrachtet. Wir müssen keine vertrauten Gegenstände vor uns haben, um die Entfernung richtig zu bestimmen.

Räumliche Anhaltspunkte im Überblick

Wenn man das räumliche Sehen wissenschaftlich exakt beobachten wil, muß man zunächst möglichst alle störenden Sinnesinformationen über die Entfernung eines Objektes ausschalten. Wie man dazu bei Versuchen im Labor vorgeht, läßt sich leicht zu Hause nachvollziehen: Man beobachtet einen Gegenstand mit nur einem Auge und hält den Kopf völlig ruhig; vor allem muß man mit selbstleuchtenden Objekten in einem vollständig dunklen Raum experimentieren. Zu diesem Zweck kann man beispielsweise den Gegenstand mit Leuchtfarbe anstreichen oder einfach eine Figur damit aufmalen, die allerdings keine charakteristische Größe haben sollte; geeignet wäre hier etwa ein Rechteck oder ein Kreis.

Unter solchen Bedingungen läßt sich die Entfernung nicht mehr feststellen. Als Konsequenz bleibt auch die Größe unbestimmbar – was kaum überraschen wird, nachdem wir den Zusammenhang zwischen Größenwahrnehmung und der Wahrnehmung der Entfernung bereits kennengelernt haben.

Walter Gogel, der solche Experimente gemacht hat, vermutet, daß Versuchspersonen auch ohne Anhaltspunkte auf die Entfernung dazu neigen, einem Gegenstand eine spezifische Entfernung zuzuordnen: zwischen zwei und 2,5 Meter. Trotzdem bleibt es eine Tatsache, daß Objekte bei einem Dunkelexperiment kaum mit Sicherheit zu lokalisieren sind und ihre Größe subjektiv nur unbestimmt wahrgenommen werden kann.

Welche Informationsquellen haben wir nun eigentlich ausgeschaltet? Und welche Anhaltspunkte kann man zusätzlich bei ähnlichen Versuchen im Labor ausschließen? Einige davon sind in uns selbst begründet, in der Abbildungsoptik unserer Augen und der Struktur und Funktionsweise des Wahrnehmungssystems; andere ergeben sich aus der Art der betrachteten Objekte und aus der Projektion auf die Netzhaut.

Disparität. Wenn wir ein Auge schließen, dann haben wir gleich zwei Informationen ausgeschaltet, die beide Augen gemeinsam beim Sehen gewinnen: Disparität und Konvergenz. Die Disparität („Ungleichheit") ergibt sich aus dem Abstand der Augen: Im Mittel liegen die Pupillen ungefähr sechs Zentimeter auseinander. Daher beobachtet jedes Auge die Szene aus einem etwas anderen Blickwinkel, und entsprechend disparat sind die Netzhautbilder. Dieser Unterschied ist um so größer, je weiter die betrachteten Objekte voneinander entfernt sind, das heißt, die Disparität gibt Auskunft über die Entfernungsunterschiede und damit die räumliche Tiefe bei zwei oder mehr Punkten. (Man kann sich das leicht verdeutlichen, indem man den Daumen der ausgestreckten Hand abwechselnd mit dem linken oder rechten Auge anvisiert.) Diesen Aspekt der Wahrnehmung werde ich im folgenden als *Tiefe* bezeichnen; wenn disparate Bilder einen Eindruck von Tiefe hervorrufen, bezeichnet man das als *Stereopsis*.

Konvergenz. Der zweite Anhaltspunkt beim binokularen Sehen beruht darauf, daß die Sehachsen beider Augen beim Fixieren eines Punktes im Winkel aufeinander zulaufen – eben konvergieren. Sie schneiden sich dabei gerade in dem jeweils fixierten Punkt.

Wenn sich die Augen völlig unkoordiniert bewegen würden, sähen wir Gegenstände sehr oft doppelt, weil sie in jedem Auge auf einer völlig anderen Netzhautregion abgebildet wären. Aber nur wenn ein Gegenstand auf korrespondierende Netzhautbereiche projiziert wird, laufen die Signale der Nervenzellen auch zum selben Bereich der Sehrinde, so daß sie als einheitliches Bild wahrgenommen werden können.

Der Konvergenzwinkel zwischen den Sehachsen beider Augen ist bei kleinen Entfernungen groß und nimmt mit wachsendem Abstand des Fixationspunktes immer weiter ab, bis er bei „unendlicher" Einstellung Null wird – beide Augen stehen dann parallel. Wenn das Wahrnehmungssystem die Konvergenz der Augen registriert und angemessen verrechnet, kann es die Entfernung nach dem Prinzip der trigonometrischen Landvermessung aus dem Konvergenzwinkel bestimmen (über Triangulation). Dabei werden − im Gegensatz zur Disparität − nicht nur Entfernungsdifferenzen wahrgenommen, sondern der *absolute* Abstand jedes einzelnen Objektes. Nur diese absolute Entfernung werde ich im folgenden mit „Abstand" oder „Entfernung" bezeichnen.

Akkommodation. Eine weitere Informationsquelle, die mit den beschriebenen experimentellen Einschränkungen keineswegs eliminiert ist, ergibt sich aus der Akkommodation der Augenlinse. Die Linse muß ihre Dicke an die unterschiedlichen Entfernungen anpassen, damit auf der Netzhaut ein scharfes Bild entsteht. Wenn also das Gehirn etwas über den Akkommodationszustand der Linse „weiß", hat es damit auch einen Anhaltspunkt für die Entfernung. Nun werden Objekte vor oder hinter der Fixationsebene stets unscharf abgebildet, und sie „verschwimmen" dabei um so mehr, je weiter sie von dieser Ebene entfernt sind; daraus könnte das Gehirn weitere Hinweise auf die Entfernungsverhältnisse bekommen. Akkommodation und Konvergenz werden oft auch als *okulomotorische* Faktoren bezeichnet, weil beide mit Bewegungen der Augenmuskulatur einhergehen.

Allerdings wird die Akkommodation kaum als Anhaltspunkt für die Tiefe verwertet, wie wir noch feststellen werden. Deshalb schien es nicht nötig, sie beim Dunkelexperiment eigens auszuschalten. Das wäre aber ohne weiteres möglich: Man braucht nur eine künstliche Pupille vor das Auge zu setzen, denn sie läßt von jedem Punkt der Szene ja nur einen einzigen Strahl (oder zumindest ein extrem schmales Strahlenbündel) auf die Netzhaut fallen, so daß automatisch ein scharfes Bild entsteht − unabhängig von der jeweiligen Einstellung der Linse.

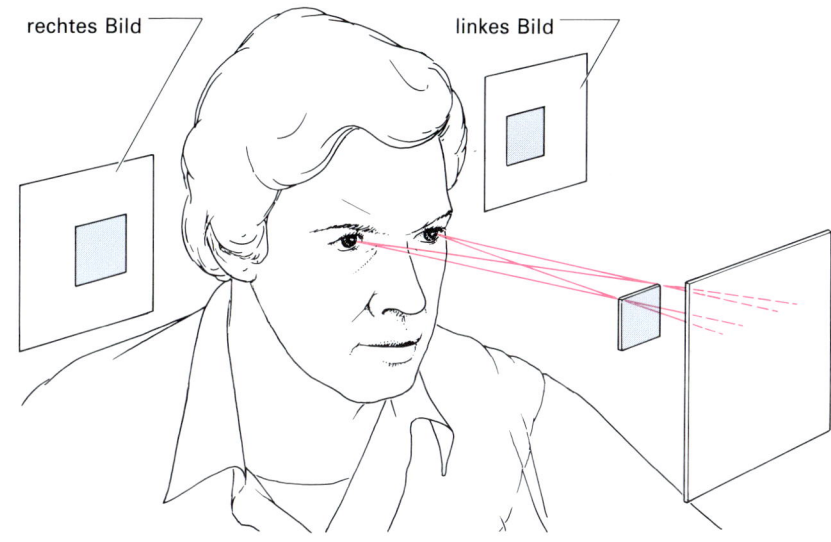

rechtes Bild linkes Bild

Disparität der Netzhautbilder beim räumlichen Sehen: Das vordere Quadrat wird in beiden Augen an verschiedenen Stellen abgebildet.

Der Konvergenzwinkel bei unterschiedlicher Einstellung der Augen.

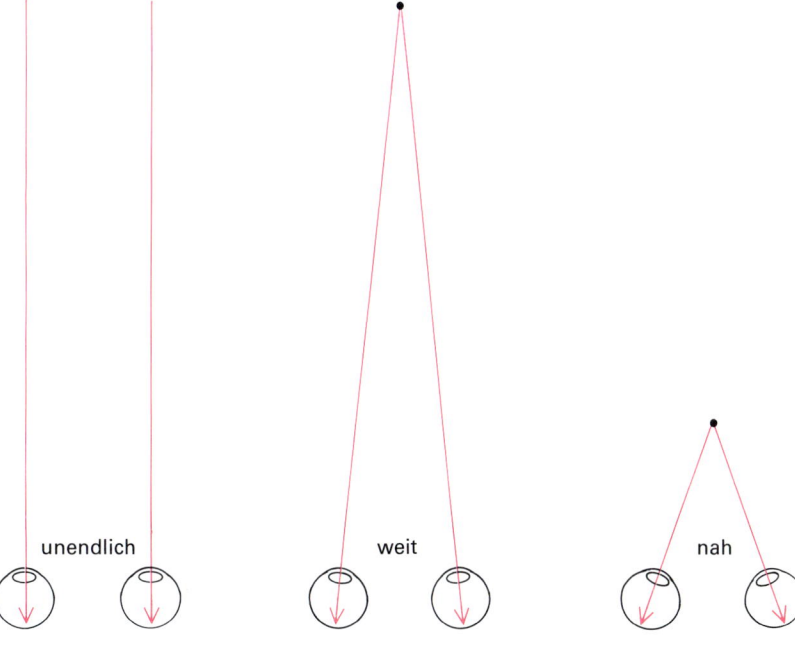

unendlich weit nah

47

Bewegungsparallaxe. Bewegungen des Beobachters könnten schließlich zu einer weiteren Informationsquelle über die räumliche Tiefe werden, weil sich der Winkel ändert, unter dem wir zwei Objekte in unterschiedlicher Entfernung sehen: Die Parallaxe ändert sich. Um ein nahes Objekt trotz wechselnder Position im Auge zu behalten, muß ein bewegter Beobachter seine Blickrichtung stärker ändern als bei einem ferneren. Die Parallaxenverschiebungen zwischen Objekten können als Hinweis auf Entfernungsunterschiede – also räumliche Tiefe – genutzt werden.

Abbildungsfaktoren. Letztendlich haben wir beim Dunkelexperiment auch all die Informationsquellen ausgeschaltet, die Maler

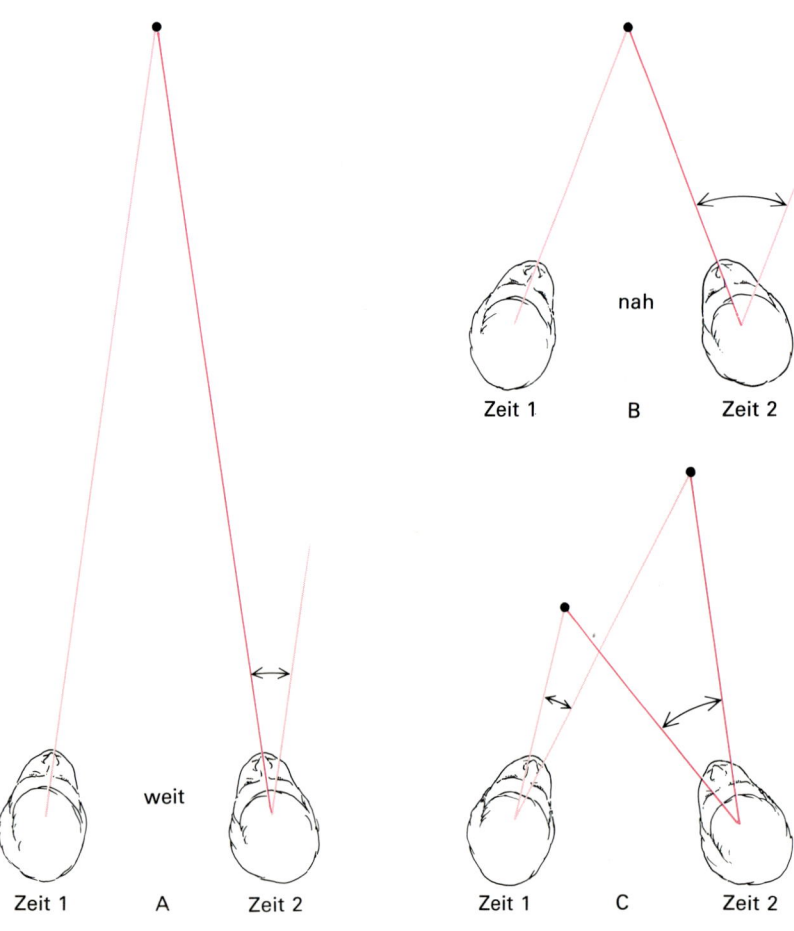

Bewegungsparallaxe als Hinweis auf Entfernung und Tiefe: Die Blickrichtung ändert sich durch die Bewegung des Beobachters bei sehr fernen Objekten nur wenig, aber bei nahen sehr stark. Bei zwei Objekten in verschiedenem Abstand erweckt die unterschiedliche Veränderung des Blickwinkels (Parallaxe) den Eindruck, als würden sich beide Objekte relativ zueinander verschieben.

spätestens seit der Renaissance bewußt einsetzen: Perspektive, Schatten, Verdeckung durch vorgelagerte Objekte; manchmal wird hier auch die bekannte Größe von Objekten aufgeführt. Wir sprechen dann von Abbildungsfaktoren; sie geben die Hinweise, die wir auch von Bildern – Gemälden, Zeichnungen und Photographien – kennen. Information beruht dabei auf der jeweiligen räumlichen Anordnung der Objekte und nicht auf physiologischen Mechanismen, Bewegungen des Beobachters oder stereoskopischem Sehen. Deshalb bleibt sie auch für einen unbewegten Beobachter erhalten, selbst wenn er nur mit einem Auge sieht und eine künstliche Pupille die Akkommodation ausschaltet.

Wenn wir nun unsere Liste der möglichen Einflußfaktoren bei Distanz- und Tiefenwahrnehmung betrachten – Disparität, Konvergenz, Akkommodation, Bewegungsparallaxen und Abbildungsfaktoren –, dann tauchen sofort weitere Fragen auf: Sind diese

nah

Zeit 1   B   Zeit 2

weit

Zeit 1   A   Zeit 2

Zeit 1   C   Zeit 2

Anhaltspunkte gleich wichtig? Haben sie alle einen unbegrenzten Einflußbereich? Auf welchen beruht die Tiefenwahrnehmung denn nun wirklich? Mit Ausnahme der Abbildungsfaktoren könnten im Prinzip alle über einen angeborenen Mechanismus zur Tiefenwahrnehmung führen. Ist das der Fall? Und wie wirken die fünf Faktoren zusammen, wenn die Wahrnehmung ein räumliches Bild rekonstruiert?

Um herauszufinden, inwieweit die einzelnen Faktoren bereits aus sich heraus einen Eindruck von Tiefe hervorrufen können, muß man sie isoliert untersuchen. Das heißt, wir müssen alle bis auf einen ausschalten − oder zumindest ihren Einfluß konstant halten. Wir können uns aber auch Bedingungen ausdenken, unter denen alle Faktoren außer einem die räumliche Wahrnehmung behindern. Und schließlich ließe sich eine Situation schaffen, in der keiner von ihnen wirksam wird, und dann künstlich der Anhaltspunkt einführen, dessen Einfluß wir testen wollen. Wenn wir erst einmal wissen, wie sich jeder Faktor einzeln auswirkt, können wir uns überlegen, wie das Wahrnehmungssystem all diese Informationen verknüpft und zu einem räumlichen Eindruck verarbeitet.

Disparität der Netzhautbilder

Um zu zeigen, daß Disparität tatsächlich zur Tiefenwahrnehmung beiträgt, müssen wir prüfen, ob zwei abweichende Netzhautbilder allein genügen, um einen Eindruck von Tiefe hervorzurufen. Im Jahre 1838 fand Charles Wheatstone eine geniale Lösung, um Disparität künstlich zu erzeugen: das *Spiegelstereoskop*. Damit konnte er jedem Auge ein eigenes Bild präsentieren, wobei diese Bilder etwa in dem Maße voneinander abwichen wie die beiden Netzhautbilder einer räumlichen Szene. Auf diese Weise konnte er mit zweidimensionalen Figuren einen Tiefeneindruck hervorrufen und so den Einfluß der Disparität bestätigen. Weil er mit einfachen geometrischen Figuren arbeitete, waren andere Anhaltspunkte aufgrund der Bildinhalte auszuschließen.

Wenn man zwei dicht nebeneinander stehende Bilder betrachtet, wird normalerweise nur eines davon fixiert: Die Augen konvergieren und stellen sich so auf die Entfernung dieses einen Bildes ein, daß es scharf gesehen wird. Damit sich jedes Auge auf „sein" Bild ausrichtet, müssen die Augen entweder für eine sehr große oder aber sehr kleine Entfernung „konvergieren", so daß sich die Sehachsen entweder weit hinter oder vor beiden Bildern kreuzen. Da sich die Linsen jedoch unwillkürlich auf die tatsächliche Entfernung der Bilder einstellen, entstehen unscharfe Bilder − oder die Konvergenzeinstellung wird ständig verändert. Wheatstone löste dieses Problem mit Hilfe von Spiegeln, die beide Bilder so reflektierten, daß die Augen einerseits

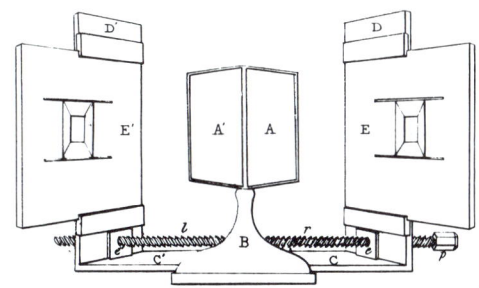

Das Spiegelstereoskop von Wheatstone: Obwohl beide Augen auf *einen* Punkt in einer definierten Entfernung eingestellt sind, „sehen" sie verschiedene Bilder (E und E'). A und A' bezeichnen Spiegel.

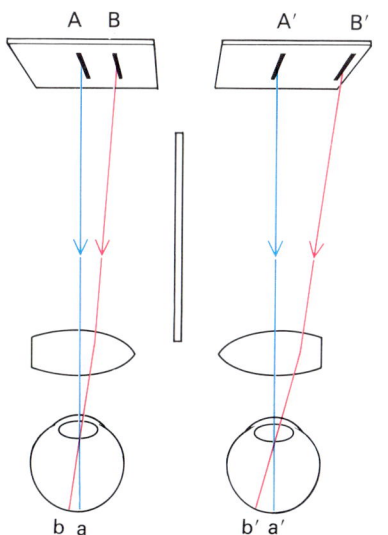

Das Linsenstereoskop von Brewster. Durch die Linsen scheint das Licht aus der Ferne zu kommen, so daß sich die Augen parallel ausrichten und jedes auf ein anderes Bild blickt.

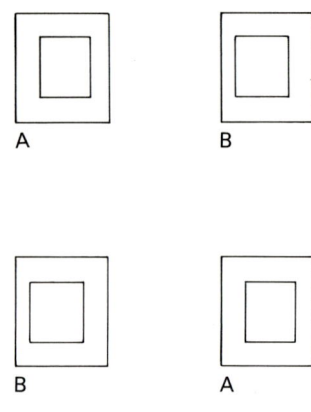

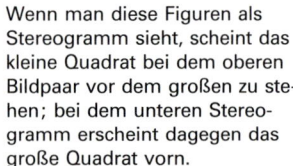

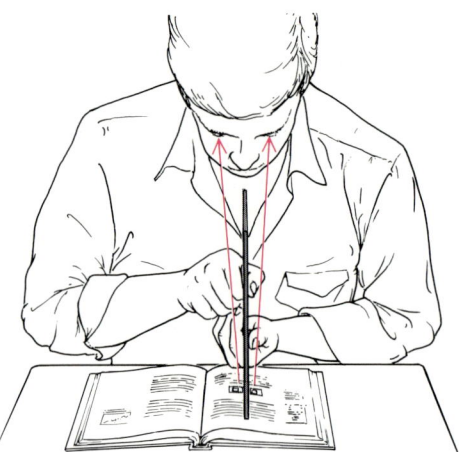

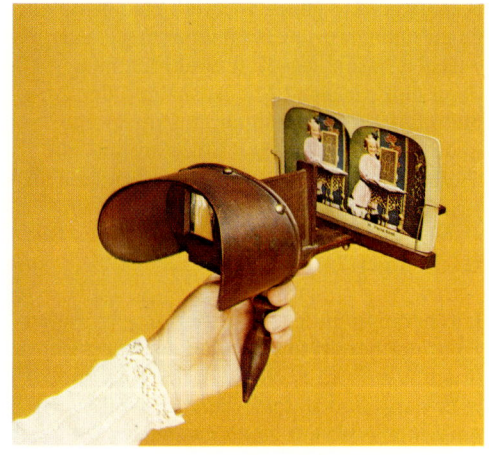

Wenn man diese Figuren als Stereogramm sieht, scheint das kleine Quadrat bei dem oberen Bildpaar vor dem großen zu stehen; bei dem unteren Stereogramm erscheint dagegen das große Quadrat vorn.

Wie man Stereogramme mit und ohne Stereoskop betrachten kann. Das Handstereoskop wurde 1861 von Oliver Wendell Holmes erfunden. Auch ohne dieses Hilfsmittel kann man ein Stereogramm räum-

lich sehen, wenn man einen Karton zwischen die beiden Bilder hält, um sie optisch zu trennen, und gleichzeitig die Augen auf einen fernen Punkt jenseits der Papierebene einstellt.

verschiedene Bilder betrachteten, andererseits aber auf den gleichen Punkt konvergieren konnten, wobei die Linseneinstellung dem tatsächlichen Abstand entsprach.

Ein Zeitgenosse Wheatstones, Sir David Brewster, verwendete Linsen, um einzelne Bilder stereoskopisch zu verschmelzen. Sein Stereoskop wird heute noch benutzt, weil es handlich und sehr einfach aufgebaut ist. Das Licht passiert vor jedem Auge eine Linse, die die Lichtstrahlen parallel ausrichtet − so, als kämen sie von einem sehr weit entfernten Objekt. Entsprechend stellt sich die Augenlinse auf große Entfernungen ein: Sie entspannt sich. Vor allem aber stehen die Sehachsen bei großen Entfernungen von Natur aus parallel, so daß jedes Auge ein anderes Bild sehen kann, ohne daß dadurch Konflikte zwischen Konvergenz und Akkommodation entstehen.

Die beiden Figuren-Paare oben links auf dieser Seite verdeutlichen Aufbau und Logik von Stereogrammen: Angenommen, man blickt senkrecht auf ein kleines Rechteck, das *vor* einem großen Rechteck steht, dann entspricht A im oberen Figuren-Paar dem Netzhautbild des linken Auges und B dem

des rechten; gemeinsam erzeugen sie den Eindruck von Tiefe. Steht das kleinere Rechteck dagegen *hinter* einem großen (durchsichtigen), entsprechen die Netzhautbilder dem unteren Paar. Wenn man also die beiden Bilder eines Paares vertauscht, kehrt sich der Tiefeneindruck um; das gilt auch, wenn man beide Bilder einzeln umdreht.

Die Stereogramme auf der folgenden Seite kann der Leser mit dem einfachen Stereoskop, das im hinteren Einbanddeckel eingesteckt ist, sehr gut räumlich sehen. Aber mit etwas Geduld geht es auch ohne: Man muß sich nur vorstellen, daß man gleichsam durch die Bilder hindurch zu einem weit dahinter liegenden Punkt schaut, und dafür sorgen, daß jedes Auge nur *ein* Bild sieht − dazu genügt es, ein Stück Karton zwischen die beiden Bilder zu halten. Man kann auch einen imaginären Punkt *vor* der Bildebene anvisieren, so daß sich die Sehachsen vor der Papierebene kreuzen und das linke Bild des Stereogramms mit dem rechten Auge gesehen wird und umgekehrt. Dann kehrt sich natürlich der Tiefeneindruck um. Als weitere Methode bietet sich an, disparate Bilder durch verschiedenfarbige Konturen − etwa in Rot und Grün − zu erzeugen; diese Bilder müßten

Vlajimir Tamaris Palästina-Stilleben von 1977 ist ein
Beispiel dafür, daß gemalte Stereogramme einen
sehr plastischen Tiefeneindruck vermitteln. Anders
als bei geometrischen Figuren wirken hier neben
der Disparität weitere Faktoren, wie etwa Perspektive,
bei der Tiefenwahrnehmung mit.

Stereogramm von Jupiter, Saturn, Mars und einigen
Sternen aus dem Sternbild Jungfrau. Die Photos
sind disparat, weil sie im Abstand von einem Monat
von verschiedenen Punkten der Erdbahn aufgenommen wurden. Allerdings erzeugen solche wenig
strukturierten Bilder keine starke Tiefenwirkung.

Stereogramm aus zwei Photographien derselben
Landschaft, die von verschiedenen Standorten
aufgenommen wurden. Der Abstand zwischen den
Kamerapositionen betrug etwa 20 Meter, so daß
noch bei einer Entfernung von 25 Kilometern ein
Tiefeneindruck möglich ist — der Augenabstand von
etwa sechs Zentimetern reicht dafür bei weitem
nicht aus. Ähnliche Stereogramme nutzt man in der
Luftfahrt. Stereoskopie wird darüber hinaus bei
Röntgenbildern oder beim Betrachten von Gewebe-
schnitten in Stereomikroskopen angewandt; schließlich läßt sich Falschgeld oft am Tiefeneindruck
erkennen, der aus den winzigen Abweichungen
zwischen gefälschter und echter Banknote entsteht.

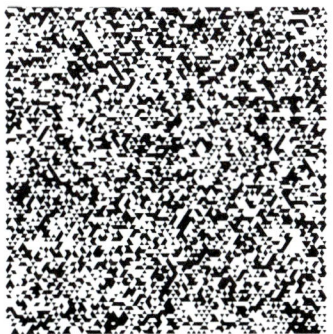

Stereogramm von Bela Julesz. Beim Verschmelzen
der Bilder erscheint im Vordergrund ein Dreieck.

51

dann durch eine Brille mit einem Rot- und einem Grünfilter betrachtet werden, so daß jedes Auge nur eine der beiden Konturen dunkel wahrnimmt. Wie man die Disparität der Netzhautbilder auch erzeugt, nicht immer wird ein starker Eindruck von Tiefe entstehen − bei manchen Menschen wirkt die Stereopsis nur schwach, und einige wenige sind sogar völlig „stereoblind".

Wie stark die Disparität zum Tiefensehen beiträgt, zeigt die Wirkung eines Stereogramms, das Bela Julesz 1960 entworfen hat. Es sieht wie zwei Bilder mit statistisch verteilten Punkten, aber wenn man es stereoptisch betrachtet, scheint plötzlich eine Figur vor dem Hintergrund des Punktmusters zu stehen. Bei dem untersten Stereogramm auf der vorangehenden Seite ist das ein Dreieck. Dieses Dreieck entsteht allein dadurch, daß die beiden Bilder vom Gehirn zu einem gemeinsamen Eindruck verarbeitet werden − ein anschauliches Beispiel für eine Konstruktion durch die Wahrnehmung, denn das Dreieck existiert ja weder auf einem der Bilder noch auf der Netzhaut.

Untersucht man die beiden Bilder dieses Stereogramms mit einer Lupe, so wird deutlich, daß sie nicht völlig identisch sind: Dort, wo das Dreieck wahrgenommen wird, sind die Rasterpunkte des rechten Musters leicht nach links verschoben. Auf mikroskopischer Ebene ist sehr wohl eine Disparität vorhanden. Offenbar kann das Wahrnehmungssystem all diese winzigen Abweichungen zwischen beiden Netzhautbildern gleichzeitig verarbeiten und darüber hinaus auch in Zusammenhang bringen und eine Figur daraus konstruieren.

Stereopsis ist wahrscheinlich die wichtigste Informationsquelle für das räumliche Sehen; sie erzeugt einen lebendigen, fast körperlich realistischen Eindruck des Raumes. Das gilt um so mehr, je näher wir eine Szene vor Augen haben. Weil sich die disparaten Netzhautbilder für zunehmende Entfernungen jedoch immer stärker angleichen, könnte man schließen, daß auch der räumliche Eindruck mit der Entfernung schwächer wird. In Zahlen ausgedrückt nimmt die Disparität mit dem Quadrat des Abstands ab. Demnach müßte der räumliche Eindruck bei dreifachem Abstand auf ein Neuntel der ursprünglich wahrgenommenen Tiefe zurückgehen. Tatsächlich verschlechtert sich das Tiefensehen jedoch vielfach nur geringfügig. Hans Wallach und Carl Zuckerman konnten bei Experimenten zeigen, daß der Wahrnehmungsapparat die größere Entfernung miteinbezieht: Er trägt der abnehmenden Disparität Rechnung und kann so immer noch einen annähernd gleichen Tiefeneindruck hervorrufen. Das erinnert an die Größenkonstanz und wird als *stereoskopische Tiefenkonstanz* bezeichnet.

Trotz dieser Konstanz spielt die Disparität als Anhaltspunkt für räumliche Tiefe bei größeren Entfernungen zunehmend eine Nebenrolle − es sei denn, die Abstände zwischen den Objekten werden sehr groß, etwa wenn Bäume mehrere hundert Meter auseinanderstehen. Und daß die Stereopsis keineswegs unentbehrlich ist, um räumlich zu sehen, haben wir schon erwähnt. Man kann auch mit einem Auge einen Eindruck von Tiefe und Abständen bekommen − viele

Menschen, die auf einem Auge blind sind, sehen gleichwohl sehr gut räumlich.

Bevor wir untersuchen, welche Anhaltspunkte hierfür genutzt werden, wollen wir noch etwas genauer verfolgen, wie die disparaten Bilder zur Tiefenwahrnehmung führen. Horace Barlow, Colin Blakemore und John Pettigrew haben vor einiger Zeit Nervenzellen im Gehirn entdeckt, die anscheinend auf Disparität reagieren: Diese Neuronen geben besonders viele elektrische Impulse ab, wenn eine Kontur auf den korrespondierenden Netzhautregionen um einen gewissen Abstand verschoben abgebildet ist. Das würde erklären, daß das Gehirn die Disparität zwischen den Netzhautbildern feststellen und ihr Ausmaß bestimmen kann. Damit ist aber noch nicht gesagt, wie das Wahrnehmungssystem die Signale der Neuronen interpretiert. Auch diese Interpretation unterliegt einem Lernprozeß – wir kommen darauf noch zurück.

Außerdem klärt der neuronale „Disparitätsdetektor" nicht, wie das Wahrnehmungssystem Reize an Punkten auf nicht korrespondierenden Netzhautstellen zuordnen und entscheiden kann, daß bestimmte Punkte derselben Kontur in der betrachteten Szene zuzuschreiben sind. Im täglichen Leben stellt sich dieses Problem in der Regel nicht. Und auch bei der Skizze rechts ist ja offensichtlich, daß beim Fixieren des Punktes A die beiden Bildpunkte a und a′ auf korrespondierenden Netzhautbereichen entstehen – sie liegen beide auf der Fovea, dem Bereich des schärfsten Sehens. Ein zweiter Punkt B, der hinter der Fixationsebene liegt, wird zwar auf nicht korrespondierenden Stellen b und b′ abgebildet, aber gleichwohl ist klar, daß beide denselben Punkt repräsentieren.

Aber nehmen wir einmal an, durch irgendetwas wird die Netzhaut beider Augen in korrespondierenden Punkten gereizt – und das ist vielleicht sogar die typischere Situation. Nennen wir den Reiz für das linke Auge xxaxxbxx und den für das rechte xxaxxxbx. Wenn der Punkt A fixiert wird, könnte der Bildpunkt b im linken Auge mit einem x′ im rechten als Einheit interpretiert werden, oder

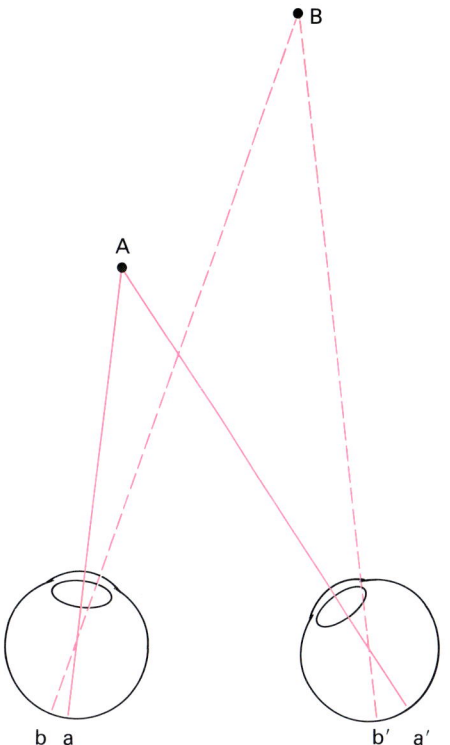

Die Objekte A und B, die unterschiedlich weit entfernt sind, werden in beiden Augen auf der Netzhaut an verschiedenen Stellen (a, a′ beziehungsweise b, b′) abgebildet. Trotzdem kann das Sehsystem mühelos erkennen, daß b und b′ das Objekt B repräsentieren und a und a′ entsprechend A – wobei in der gezeigten Augenstellung A fixiert wird.

umgekehrt auch b′ mit x. (Die Striche kennzeichnen dabei Netzhautreize im rechten Auge.) Aber das geschieht nicht – aus den beiden Mustern werden jeweils die beiden Bildpunkte von A beziehungsweise B verschmolzen. Das Wahrnehmungssystem tastet die beiden Netzhautbilder ab und entscheidet nach Ähnlichkeiten: Welche Bereiche entsprechen wahrscheinlich derselben Kontur in der Umwelt? Erst danach kann es anhand der zusammengehörigen Bildelemente die Disparität bestimmen und daraus einen Eindruck von Tiefe rekonstruieren. Wenn beim Fixieren von A die Bilder a und b im linken Auge näher zusammenliegen als a′ und b′ im rechten, dann kann geschlossen werden, daß B weiter entfernt ist als A. Anscheinend beruht die Tiefenwahrnehmung auf einer Art Schluß: Wenn das Gehirn die Reizsignale aus beiden Augen registriert und auch „weiß", aus welchem Auge welche Information stammt, kann es die Tiefe berechnen. So etwas könnte auch die stereoskopische Tiefenkonstanz erklären.

Okulomotorische Faktoren

Sofern die Akkommodation als Anhaltspunkt genügt, um eine Tiefenwahrnehmung hervorzurufen, läßt sich das im Prinzip einfach nachweisen: Wenn man nämlich ein Auge schließt und ein einzelnes leuchtendes Objekt in einem dunklen Raum betrachtet, dann stellt sich die Linse automatisch so auf die Entfernung ein, daß eine maximale Bildschärfe erreicht wird. Anhand dieser Akkommodation ließe sich die absolute Entfernung bestimmen – die nötige Information ist im Spannungszustand der Ziliarmuskulatur enthalten, die die Augenlinse je nach Entfernung auf unterschiedliche Formen einstellt.

Um auch relative Entfernungen, also Tiefe, zu untersuchen, bräuchten wir nur weitere leuchtende Objekte in verschiedenen Entfernungen dazu zu nehmen. Da das Auge dann lediglich eines davon fixieren kann, werden alle anderen unscharf abgebildet, und diese Unschärfe ist immer ein Anhaltspunkt dafür, daß das Objekt außerhalb der Fixationsebene liegt.

Tatsächlich erweist sich die Akkommodation bei solchen experimentellen Tests als effektiv – allerdings in einem ziemlich beschränkten Bereich. Bei Abständen über zwei Meter trägt sie nicht mehr zur Entfernungsbestimmung bei: Ob ein leuchtendes Objekt in einem dunklen Raum zwei oder 20 Meter vom Betrachter entfernt ist, läßt sich nicht mehr feststellen. Jenseits des kritischen Bereichs werden Objekte als gleich weit entfernt empfunden, unabhängig von den tatsächlichen Unterschieden. Das liegt einfach daran, daß wir bei Entfernungen über zwei Meter auch ohne Linsenveränderung scharf sehen.

Obwohl das Dunkelkammer-Experiment den Anschein erweckt, als werde hier ausschließlich der Einfluß der Akkommodation beim Tiefensehen getestet, ist noch ein zweiter Faktor im Spiel. Die Akkommodation ist nämlich eng mit der Konvergenz verknüpft: Wenn ein Auge akkommodiert, arbeitet das andere mit, indem es sich auf dasselbe Objekt

einstellt. Das betrifft nicht nur die Linsenform, sondern auch die Blickrichtung. Selbst wenn man nur mit einem Auge sieht, konvergiert das andere auf den Punkt, dessen Entfernung der Linseneinstellung des offenen Auges entspricht – das läßt sich experimentell eindeutig nachweisen.

Wenn man die gemeinsame Wirkung beider okulomotorischer Faktoren untersuchen will, muß ein Objekt im dunklen Raum beidäugig beobachtet werden. Als Informationsquellen für die Entfernung kommen dann nur Akkommodation und Konvergenz in Betracht. Unter diesen Bedingungen werden Entfernungen bis etwa drei Meter richtig erkannt. Daß die okulomotorischen Faktoren in diesem Abstandsbereich effizient arbeiten, war von vornherein klar, denn unter gleichen Bedingungen tritt ja auch Größenkonstanz auf.

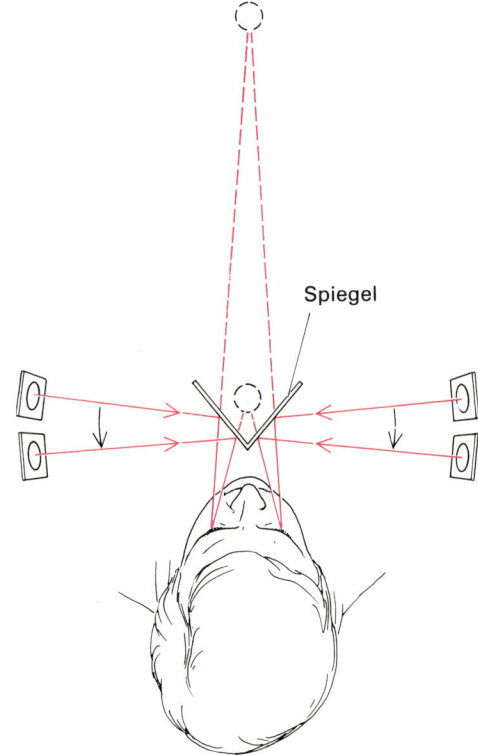

Spiegel

Variieren der Konvergenz: Die Bilder eines Stereogramms werden über Spiegel so in beide Augen reflektiert, daß der Konvergenzwinkel unabhängig von der wahrgenommenen Tiefe eingestellt wird.

Wie wirkt sich die Konvergenz als isolierter Faktor auf die Wahrnehmung von Tiefe und Entfernung aus? Man kann das untersuchen, indem man die Akkommodation bei einem Experiment konstant hält und den Grad der Konvergenz variiert. Wie man das mit einem Spiegelstereoskop erreichen kann, indem man die Position der präsentierten Bilder verschiebt, zeigt die Abbildung auf der linken Seite. (Das sind bei diesem Versuch identische Bilder und keine Stereogramme, denn es soll ja keine Disparität erzeugt werden.) Damit die Entfernung der Bilder − und folglich auch die Linseneinstellung − gleich bleibt, werden die Bildkärtchen nur längs eines Kreisbogens gedreht. Mit dem Drehwinkel ändern sich dann auch die Sehachsen und der Konvergenzwinkel, während Lichtweg und scheinbare Entfernung nach wie vor gleich bleiben.

Konvergenz allein ist nur ein vager Anhaltspunkt: Die Entfernungsangaben der Versuchspersonen waren unter diesen Bedingungen fehlerhaft und widersprüchlich. Wurden die Bilder so gedreht, daß der Konvergenzwinkel zunahm − genau wie bei einem Näherkommen des Objektes −, dann wurde die neue Entfernung in allen drei möglichen Varianten beschrieben: kleiner, gleich und größer als ursprünglich; und alle Angaben waren gleich häufig! Dagegen entsprachen die Beobachtungen über die Größe der wahrgenommenen Figuren den Erwartungen: Bei stärkerer Konvergenz erschien die Größe kleiner.

Diese Größenabnahme bei kleineren Entfernungen leuchtet auf den ersten Blick zwar nicht ein, ist aber nur folgerichtig. Genau das sagt nämlich das Emmertsche Gesetz voraus: Bei konstantem Sehwinkel wächst die wahrgenommene Größe eines Objektes mit der wahrgenommenen Entfernung. Wenn wir unterstellen, daß Konvergenz ein Anhaltspunkt für die Entfernung ist, muß ihre Zunahme wie ein Näherkommen des Objektes wirken. Da der Sehwinkel bei dem Experiment konstant ist (bedingt durch die gleichbleibenden Abstände zu den Bildkärtchen), wird der geringeren Entfernung auch das kleinere Objekt zugeordnet. Umgekehrt werden Figuren als größer wahrgenommen, wenn der Konvergenzwinkel kleiner wird.

Wie ist es zu erklären, daß die Entfernungen hier falsch bestimmt wurden, wenn wir die korrekten Größenangaben auf richtig wahrgenommene Entfernungen zurückführen? Ich glaube, diese Diskrepanz läßt sich ähnlich lösen wie die paradoxen Angaben zur Mondtäuschung: Die Beobachter empfinden den Mond am Horizont größer, weil sie ihn weiter entfernt wahrnehmen; aber aus der wahrgenommenen Größe schließen sie nun, daß er näher sein muß − denn aller Erfahrung nach wächst bei gleichem Sehwinkel die Größe mit dem Abstand. Beim Konvergenz-Experiment haben es die Beobachter mit widersprüchlichen Informationen über die Entfernung zu tun, und deshalb versuchen sie, die Entfernung zu erschließen, statt sie nur wahrzunehmen. Da die Figur mit wachsender Konvergenz scheinbar kleiner wird, *schließen* einige auf größere Abstände; Versuchspersonen, die sich der Konvergenz sehr stark bewußt sind, neigen zur entgegengesetzten Antwort. Dieser Konflikt besteht nicht mehr, wenn die Größe bestimmt werden soll. Deshalb kann diese Aufgabe auch besser gelöst werden. In diesem Fall führt die Frage nach der Größe zu einer exakteren Entfernungs-*wahrnehmung* als die direkte Frage nach der Entfernung.

Bewegungsfaktoren

Wenn die okulomotorischen Anhaltspunkte nur in beschränktem Maße zur Entfernungsbestimmung nutzbar sind und Tiefe andererseits auch mit einem Auge recht gut wahrgenommen werden kann (also ohne Disparität), dann fragt sich, woher die nötige Information über die Entfernung kommt. Schon Helmholtz hatte behauptet − und vor allem Gibson griff diese Erklärung in unserem Jahrhundert wieder auf −, daß hier Bewegungsfaktoren die wichtigste Informationsquelle sind.

Das Prinzip der Bewegungsparallaxe, das Helmholtz diskutiert hat, ist ziemlich einfach. Bei jeder Bewegung können wir leicht beobachten, daß sich verschiedene Gegenstände scheinbar untereinander verschieben (das Paradebeispiel sind die Telegraphenmasten bei einer Eisenbahnfahrt). Dabei sehen wir jeden Gegenstand in unserem Gesichtsfeld zu irgendeinem Zeitpunkt in einer bestimmten Richtung, und wenn wir uns bewegen, ändern sich diese Richtungen, und zwar in unterschiedlichem Maße: Nahe Objekte verschieben sich um einen größeren Winkel als ferne; bei sozusagen unendlich weit entfernten Objekten wie Sternen ändert sich der Sehstrahl durch unsere Bewegungen überhaupt nicht mehr. Die Richtungsänderungen −

oder Parallaxen −, die wir aufgrund unserer Bewegung bei einzelnen Objekten wahrnehmen, lassen Rückschlüsse auf die Entfernung zu; beobachten wir mehrere Gegenstände in unterschiedlicher Entfernung, so können wir aus dem Verhältnis der Parallaxen die Abstände zwischen ihnen bestimmen.

Das Wahrnehmungssystem könnte also ohne weiteres auf diese Information über die Tiefe zurückgreifen, aber das heißt noch nicht, daß es sie auch tatsächlich nutzt. Das haben Deborah Wheeler und ich vor kurzem in einem Experiment näher untersucht: In einem dunklen Raum waren mehrere Glasscheiben mit Punkten aus Leuchtfarbe in verschiedenen Abständen hintereinander aufgestellt. Dabei waren die Kreisdurchmesser der Punkte so auf die Entfernungen abgestimmt, daß die Versuchspersonen gleich große Kreise wahrnahmen. Außerdem waren alle Punkte so plaziert, daß keiner verdeckt wurde.

Wenn die Kreise mit einem Auge und unbewegtem Kopf beobachtet wurden, erschienen sie den Probanden erwartungsgemäß alle gleich weit entfernt und gleich groß. Aber auch dann, wenn der Kopf hin und her bewegt werden durfte, so daß Parallaxen als zusätzliche Information zugänglich wurden, nahmen die Versuchspersonen die Kreise in ein und derselben Ebene wahr. Die Bewegung bewirkte nur, daß sich die Kreise jetzt scheinbar in einer Ebene gegeneinander verschoben. Mit beiden Augen (und unbewegtem Kopf) wurden die unterschiedlichen Größen und Entfernungen richtig erkannt − wozu natürlich auch Disparität und Augenbewegungen beigetragen haben mögen, aber sicher keine Parallaxen.

Diese Ergebnisse und ähnliche Befunde von Gibson und einigen anderen legen einen radikalen Schluß nahe: Bewegungsparallaxen werden überhaupt nicht als Informationsquelle für die räumliche Wahrnehmung genutzt, auch wenn das Wahrnehmungssystem mit solchen scheinbaren Verschiebungen der Objekte wahrscheinlich vertraut ist. Dieser Schluß widerspricht einer noch weit verbreiteten Lehrmeinung, die in verschiedenen

Bewegungsparallaxe bei Kreisen in verschiedenen Ebenen. Beim einäugigen Betrachten hat der Beobachter keinerlei Tiefeneindruck, auch wenn er den Kopf seitwärts bewegt.

Büchern zu finden ist. Ich sollte aber an dieser Stelle darauf hinweisen, daß mit Parallaxe hier nichts anderes gemeint ist als die Richtungsänderung, die ein Beobachter aufgrund seiner eigenen Bewegung bei einem Objekt wahrnimmt und die von der Entfernung des Objektes abhängt. Die verschiedenen Parallaxen spiegeln dann räumliche Tiefe wider. Aber Parallaxen treten dann auch bei zwei Punkten auf, die in unterschiedlichem Abstand genau auf Augenhöhe liegen und sich durch eine Seitwärtsbewegung des Betrachters scheinbar ohne jede Tiefe gegeneinander verschieben.

Bewegung kann in ähnlichen Fällen durchaus den Eindruck von Tiefe hervorrufen. Beispielsweise können wir anstelle der leuchtenden Kreise im Raum Objekte in einer Ebene betrachten und uns selbst dabei bewegen, so daß wir sie unter wechselnden Richtungen sehen. Oder wenn wir aus einem fahrenden Auto auf die scheinbar vorbeiziehende Landschaft blicken, so können wir verfolgen, wie Strukturelemente − etwa Getreidehalme oder auch Kieselsteine − stetig ihre Richtungen ändern, und zwar um so stärker, je näher sie sind. Aufgrund der Bewegungsparallaxen entsteht eine Art Gradient der Richtungsänderung: Je weiter ein Objekt entfernt ist, desto geringer die Richtungsänderung. Gibson sah in den Bewegungsparallaxen eine wichtige Information zur Tiefenwahrnehmung und bezeichnete sie als *Bewegungsperspektive* − in Analogie zur Perspektive bei unbewegten Szenen.

Diese Vermutung schien sich zunächst auch durch Experimente zu bestätigen, die Eleanor und James Gibson und ihre Mitarbeiter zur Tiefenwahrnehmung gemacht haben. Bei einem Versuch projizierten sie das zufällige Punktmuster einer verschiebbaren Glasscheibe auf einen senkrechten Beobachtungsschirm. Die Glasscheibe hatten sie dazu mit Farbe besprüht und in der Versuchsapparatur schräg zwischen Lichtquelle und Schirm eingebaut. Wenn die Scheibe nun hin und her gefahren wurde, verschoben sich auch die Schatten der Farbpunkte auf dem Beobachtungsschirm. Da die Scheibe nach hinten

geneigt war, so daß sich die oberen Farbtupfer näher an der Lichtquelle befanden, bewegten sich die oberen Schattenpunkte auf dem Beobachtungsschirm schneller als die unteren. Dadurch entstand von oben nach unten ein Geschwindigkeitsabfall − wie bei der Bewegungsperspektive. Hinter der Anordnung stand folgende Überlegung: Wenn die Versuchspersonen anhand der Schattenpunkte auf dem zweidimensionalen Schirm tatsächlich die Neigung der Scheibe wahrnehmen, so muß die Bewegungsperspektive ein Faktor der Tiefenwahrnehmung sein. Erwartungsgemäß nahmen die Versuchspersonen eine geneigte Ebene wahr (auch wenn sie die Neigung unterschätzten); und eine bewegte Glasscheibe rief in der Tat einen genaueren Tiefeneindruck hervor als eine ruhende.

Bei dieser Versuchsanordnung war freilich nicht der Beobachter in Bewegung − wie in typischen Alltagssituationen −, sondern sozusagen „die Landschaft". Man ging jedoch davon aus, daß eine ruhende Szene einem bewegten Betrachter dieselbe Information über die Bewegungsperspektive vermittelt.

Bewegungsperspektive. Wenn man eine geneigte Glasscheibe mit einem Punktmuster darauf verschiebt, wird das an den Bewegungen der Schattenpunkte auf dem Beobachtungsschirm vom Betrachter bemerkt.

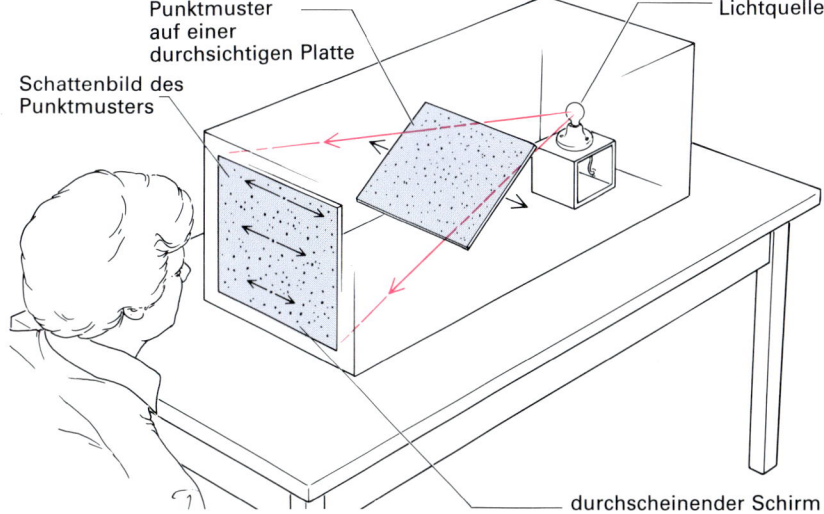

Punktmuster auf einer durchsichtigen Platte

Lichtquelle

Schattenbild des Punktmusters

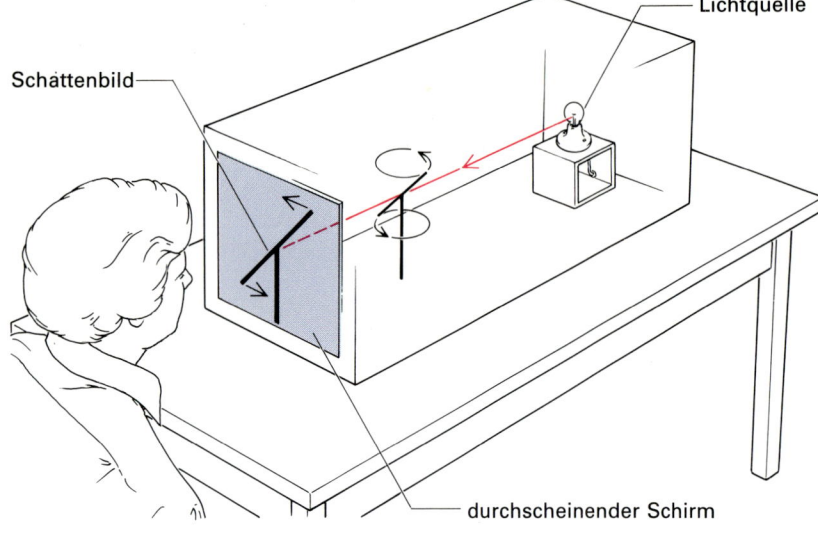

Lichtquelle

Schattenbild

durchscheinender Schirm

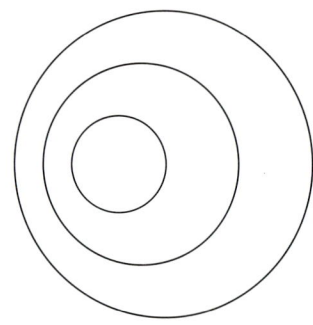

Kinetischer Tiefeneffekt. Der Schatten eines rotierenden Stabes mit geneigtem Querstück wird als
rotierendes „T" erkannt. Entsprechendes gilt für das
einäugige Betrachten der rotierenden Figur.

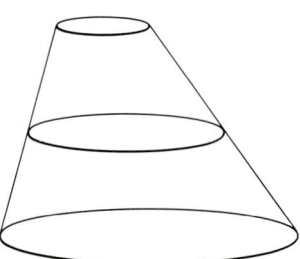

Mit exzentrischen Kreisen läßt sich ein Tiefeneindruck
erzeugen, wenn man dieses Muster rotieren läßt.
Durch den stereokinetischen Effekt nimmt man dann
einen dreidimensionalen Kegelstumpf wahr, der
entweder nach vorn ragt oder sich wie ein Tunnel
in die Tiefe fortsetzt.

Bewegungen können auch noch auf andere
Weise einen Eindruck von Tiefe wecken.
Zum Beispiel kann man anstelle des Punktmusters auf der geneigten Glasscheibe einen
dreidimensionalen Gegenstand auf den Beobachtungsschirm projizieren – etwa einen
Stab mit einem schräg aufgesetzten Querstück, der wie ein „windschiefes T" aussieht.
Das Schattenbild ist natürlich zweidimensional
und wird auch so wahrgenommen. Sobald
das „T" jedoch zu rotieren beginnt, erkennt
der Beobachter die räumliche Drehung. Dabei
würde ein Stab, der in einer senkrechten
Ebene kreist und ständig seine Länge verändert, das gleiche Schattenbild hervorrufen.
Hans Wallach und seine Mitarbeiter, die die
ersten Experimente dieser Art durchführten,
bezeichneten die bewegungsbedingte Tiefenwahrnehmung als *kinetischen Tiefeneffekt*.
Auch in diesem Fall würden wir erwarten,
daß ein entsprechender Versuch mit beweg-
tem Betrachter zum gleichen Ergebnis führt
– etwa wenn die Versuchsperson im Abstand
von ein bis zwei Metern um das „T" kreist
und es nur mit einem Auge sieht. Sobald der
Beobachter jedoch in Ruhe ist, wird er das
Objekt in der Frontalebene wahrnehmen –
sofern alle Anhaltspunkte für die Tiefe weiterhin ausgeschaltet sind.

Das wohl erstaunlichste Beispiel für einen
Tiefeneindruck durch Bewegung ist aber der
stereokinetische Effekt, den C. L. Musatti
1924 erstmals beschrieben hat: Wenn eine
Scheibe mit exzentrischen Kreisen um ihren
Mittelpunkt rotiert, entsteht beim Betrachter
der Eindruck einer räumlichen Figur: Man
sieht einen schiefen Kegelstumpf, dessen
abgeschnittene Spitze aus der Papierebene
nach vorn ragt, oder eine Art Tunnel, der
sich in die Tiefe fortsetzt. Man kann dieses
Experiment mit einer entsprechenden Scheibe
auf einem Plattenspieler leicht nachvollziehen.
Obwohl der räumliche Eindruck hier etwas
anders erzeugt wird als beim kinetischen
Tiefeneffekt, spiegelt er möglicherweise dasselbe Phänomen wider: Netzhautbilder eines
rotierenden Musters werden so in Komponenten eines Gegenstandes transformiert,
daß schließlich insgesamt ein Eindruck von
Tiefe entsteht.

Wie lassen sich Bewegungsperspektive, kinetischer Tiefeneffekt und stereokinetischer Effekt erklären? Schließlich sieht es so aus, als könnten Bewegungsparallaxen keine brauchbaren Anhaltspunkte für Tiefe liefern. Aber sind diese Effekte nicht allesamt Beispiele für entfernungsabhängige Richtungsänderungen von Objekten oder Teilen davon?

Die Frage ist noch umstritten. Gibson behauptet, daß strukturierte Flächen unserer Umgebung, die Bewegungsperspektive erzeugen, normalerweise mehr und genauere Information vermitteln als künstliche Reize wie bewegte Punktmuster bei Laborversuchen. Wallach wies darauf hin, daß bei den Versuchen zum kinetischen Tiefeneffekt Figuren gezeigt und wahrgenommen wurden, bei denen sich nicht nur Bewegungsparallaxen einzelner Punkte geändert haben, sondern auch die Orientierung der Figur und Längen einzelner Elemente. Er nimmt an, daß die Kombination von Orientierungs- und Längenänderung für den räumlichen Eindruck entscheidend ist.

Meine eigenen Vermutungen gehen in eine etwas andere Richtung. Bewegte Figuren erzeugen zweideutige Netzhautbilder, deren ständige Veränderungen das Sehsystem vor die Frage stellen, welche Gegenstände solche Bilder hervorrufen können. Beim Experiment zur Bewegungsparallaxe hatten wir festgestellt, daß scheinbar gleich große Kreise in verschiedenen Ebenen bei monokularem Sehen nicht räumlich wahrgenommen wurden, und zwar auch dann nicht, wenn sich das Netzhautbild durch Bewegungen des Kopfes veränderte. Diese Veränderungen wurden teilweise als Bewegungen von Kreisen in derselben Ebene interpretiert. Nehmen wir nun einmal an, die Beobachter könnten die präsentierten Muster als einheitliche Struktur zusammenfassen, bevor überhaupt Bewegung im Spiel ist, dann werden sie auch bewegungsbedingte Veränderungen dieser Strukturen mühelos als perspektivische Verzerrung erkennen. Eine solche Tendenz ist meines Erachtens der Schlüssel zur Tiefenwahrnehmung: Bildelemente werden zu einem Ganzen

verknüpft. Sobald aber ein veränderliches Muster als Folge von Projektionen ein und derselben Struktur interpretiert wird, bietet sich für das Wahrnehmungsproblem als Lösung ein dreidimensionales Objekt oder zumindest eine räumliche Orientierung an. Der stereokinetische Effekt wäre dann so zu verstehen, daß wir die exzentrischen Kreise zu einer Figur zusammenfassen und die rotationsbedingten Veränderungen als unterschiedliche Projektionen dieser Figur interpretieren. Die Tiefenwahrnehmung durch Bewegungsperspektive kommt vielleicht ganz analog zustande, indem wir Strukturelemente in ihrer Gesamtheit als Ebene auffassen, noch bevor Bewegung einsetzt. Umgekehrt wäre so auch zu erklären, warum Parallaxen allein keinen Tiefeneindruck hervorrufen − weil das Sehsystem zunächst nur eine Ansammlung einzelner, isolierter Elemente wahrnimmt. Die Tendenz, Elemente zu verknüpfen, kann freilich auch in die Irre führen − etwa wenn beim Experiment mit Kreisen in verschiedenen Ebenen der Eindruck entsteht, daß sich mehrere Gruppen von Kreisen mit unterschiedlichen Geschwindigkeiten in derselben Ebene verschieben. Diese Lösung vernachlässigt den möglichen räumlichen Zusammenhang zugunsten einer anderen Strukturierung: Statt Tiefenwahrnehmung ergibt sich eine Gruppierung in der Fläche.

Demnach ist die Tiefenwahrnehmung keineswegs die einzig mögliche Lösung, um veränderliche Reize sinnvoll zu entschlüsseln, sondern nur die bevorzugte. Aber wir wissen nicht, warum. Und wie das Gehirn die Signale von der Netzhaut und insbesondere die Information über die dritte Dimension verarbeitet, ist weitgehend unklar − und das, obwohl die verschiedenen Anhaltspunkte für räumliche Tiefe isoliert untersucht werden konnten und recht gut bekannt sind. Allerdings deuten die experimentellen Beobachtungen darauf hin, daß Lösungen bevorzugt werden, die mit wenigen, möglichst einfachen Voraussetzungen auskommen − ähnlich wie man in der Wissenschaft nach Erklärungen mit einem Minimum an ad hoc-Annahmen sucht. Beim kinetischen Tiefeneffekt könnte das beispielsweise so funktionieren: Das

Gabriele Münters *Bootsfahrt* von 1910 illustriert, daß Überschneidungen und Verdeckung einen deutlichen Tiefeneindruck erzeugen.

Sehsystem kann die Veränderungen des Netzhautbildes von einem rotierenden „T" auf zweierlei Weise deuten: Da es um die perspektivische Verkürzung „weiß", ist eine mögliche Lösung ein im Raum rotierendes schiefes „T"; die andere — ein zweidimensionales Objekt, das Länge und Orientierung nach einer genau koordinierten Regel verändert — wird zugunsten der eleganteren Erklärung verworfen. Ein ähnliches Problem wird sich uns bei den Abbildungsfaktoren stellen, dem Thema des nächsten Abschnitts.

Abbildungsfaktoren

Seit Jahrhunderten hat die Malerei Techniken entwickelt, um im zweidimensionalen Bild einen lebensnahen Eindruck von Tiefe zu vermitteln: Perspektive, Schattenwurf, Größenverhältnisse und Überschneidung. Wenn diese Anhaltspunkte nur beim Betrachten von Gemälden oder Photographien eine Rolle spielen würden, wären sie für die Wahrnehmungsforschung kaum von Belang. Tatsächlich liefern diese Faktoren wichtige Informationen über Entfernungsverhältnisse, wie wir sie zur Tiefenwahrnehmung brauchen, und möglicherweise sind sie sogar ein Hinweis auf absolute Entfernungen. In der Tat können Gemälde nur deshalb räumlich wirken, weil der Maler Abbildungsfaktoren eingesetzt hat, die auf der Netzhaut nahezu das gleiche Bild entstehen lassen wie eine dreidimensionale Szene. Zu Beginn dieses Kapitels habe ich schon einmal erwähnt, daß wir Tiefe auch dann noch wahrnehmen können, wenn wir ein Auge schließen und den Kopf ganz ruhig halten, um Bewegungseinflüsse auszuschließen. Unter diesen Bedingungen geben nur die Abbildungsfaktoren einen Hinweis auf räumliche Tiefe — alle anderen Anhaltspunkte sind ausgeschaltet, wie unsere bisherige Diskussion gezeigt hat.

Wodurch aber tragen diese Faktoren, die Leonardo da Vinci und viele andere vor und nach ihm so wirkungsvoll in Zeichnungen und Gemälden einsetzen konnten, zur Tiefenwahrnehmung einer dreidimensionalen Szene im täglichen Leben bei?

Überschneidung von Bildelementen. Wie der Eindruck räumlicher Tiefe durch Verdeckung und Überschneidung verstärkt wird, illustriert das Gemälde einer Bootsfahrt von Gabriele Münter auf der linken Seite. Bei dem Mann, der von der Frau und dem Kind im Vordergrund teilweise verdeckt wird, erkennen wir sofort, daß er weiter entfernt ist. Solche Überschneidungen, die sich Maler seit Jahrhunderten zunutze machen, sind der Natur abgeschaut – um das festzustellen, genügt bereits ein Blick auf die nächste Umgebung.

Derartige Überschneidungen können natürlich nur eine Tiefe vermitteln, die der Ausdehnung des verdeckenden Objektes entspricht. Trotz dieser Einschränkung erweist sich die Verdeckung bei Experimenten als ein äußerst effizienter Anhaltspunkt für die Tiefe: Betrachten wir dazu das Stereogramm A auf dieser Seite; Disparität und Überschneidung erzeugen hier den Eindruck eines senkrechten Balkens vor einem waagerechten. Wir können das Muster nun so verändern, daß nur noch die Überschneidung den waagerechten Balken als näher kennzeichnet, während die Disparität nun andeutet, daß der waagerechte Balken weiter hinten erscheinen müßte – etwa bei Stereogramm B; hier gibt der Abbildungsfaktor den Ausschlag. Er wirkt gewöhnlich stärker als die Stereopsis, die ja vielfach als Hauptfaktor der Tiefenwahrnehmung angesehen wird. (Stereopsis ist auch bei Tieren nachweisbar und möglicherweise angeboren.) Der Wahrnehmungskonflikt zwischen Disparität und Überschneidung wird individuell unterschiedlich gelöst: Manche Menschen sehen beim Stereogramm B einen unterbrochenen senkrechten Balken vor einem waagerechten (C), und andere vermuten beide in einer Ebene (D), und wieder andere kommen zu recht eigenwilligen Lösungen wie (E).

Verdeckungen zwischen Gegenständen sind zwar leicht zu verstehen, aber die Wahrnehmungsvorgänge, die Überschneidungen hervorrufen, lassen sich nur schwer erklären. Das entscheidende Problem wird bei dem folgenden Experiment deutlich. Man braucht

dazu ein Stück Karton, aus dem ein Rechteck und ein Kreis ausgeschnitten werden müssen. Wenn man nun ein rechtwinkliges Segment aus dem Kreis herausschneidet, läßt sich die Scheibe auf dem Experimentiertisch so vor das Rechteck stellen, daß sie beim einäugigen Sehen dahinter erscheint. Aus der richtigen Entfernung betrachtet, kann diese Anordnung den Eindruck erwecken, als werde ein Kreis von einem Rechteck teilweise verdeckt. Allerdings ist das Netzhautbild in diesem Fall mehrdeutig: Genausogut kann die Anordnung

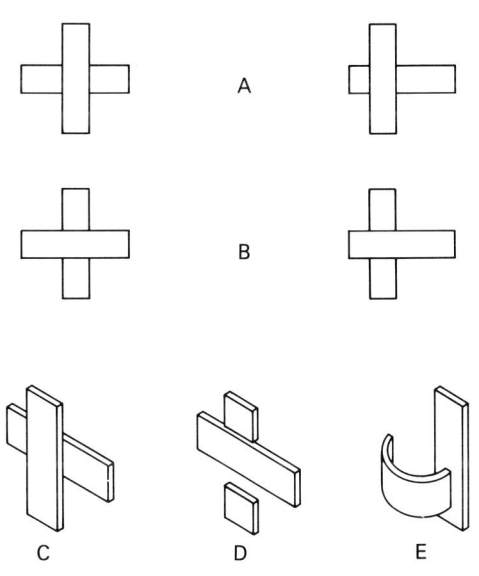

Wahrnehmungskonflikt zwischen Disparität und Überschneidung. Bei dem Stereogramm A sieht man einen senkrechten Balken vor einem waagerechten – Disparität und Verdeckung passen hier zusammen. Das Bildpaar B weist zwar die gleiche Disparität auf, aber die Verdeckung suggeriert nun, daß der Querbalken näher sein muß. Normalerweise überwiegt bei einem solchen Konflikt die Verdeckung (C), oder es kommt zu Kompromißlösungen wie D (Balkenfragmente *vor* einem waagerechten Balken) und E (gekrümmter waagerechter Balken).

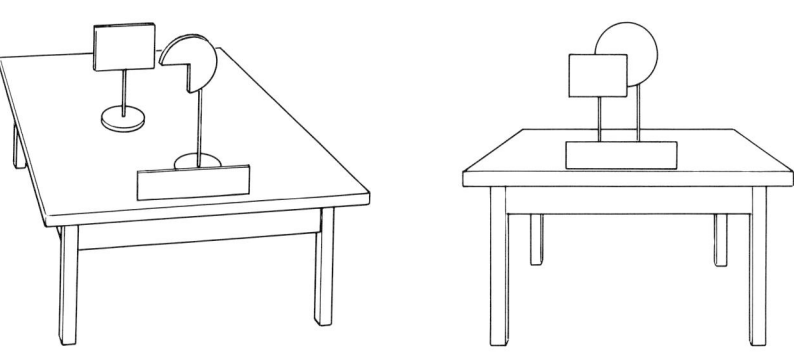

Mit dieser Versuchsanordnung läßt sich eine Verdeckung vortäuschen, so daß das Rechteck vor dem (unvollständigen) Kreis erscheint. Diese Täuschung kommt allerdings nur zustande, wenn Blickwinkel und Abstand richtig aufeinander abgestimmt sind.

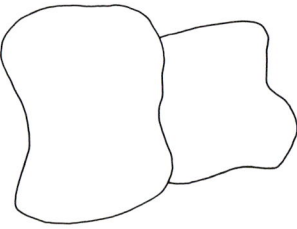

Die Präsidentenbüsten am Mount Rushmore wirken durch die natürliche Schattenbildung (Chiaroscuro) auch in großen Entfernungen noch räumlich. Wird der Hell-Dunkel-Kontrast künstlich abgeschwächt, so erscheinen die Gesichter flach und undeutlich.

Die Zeichnung links deuten wir als überlagerte Figuren, obwohl nichts darauf hinweist, daß eine von ihnen unvollständig ist. Möglicherweise spielt dabei die gemeinsame Grenzlinie eine Rolle.

Der Schatten bestimmt, ob wir eine Struktur als Erhebung oder Vertiefung wahrnehmen. Beide Bilder zeigen dieselbe babylonische Keilschrifttafel. Das Originalphoto ist oben einfach auf den Kopf gestellt, wie man durch Drehen des Buchs leicht sieht.

wirklichkeitsgetreu oder aber als eine Art Puzzle aus zwei Figuren in derselben Ebene gesehen werden. Tatsächlich wird jedoch überwiegend auf Überschneidungen durch Verdeckung und Tiefe geschlossen.

Wie kommt das Gehirn zu dieser räumlichen Interpretation? Offenbar wissen wir, wie Rechtecke und Kreise aussehen, und versuchen deshalb, die Figuren zu vervollständigen. Aber das ist sicher nicht die ganze Antwort. Denn auch in einigen völlig unbekannten Mustern sehen wir eine räumliche Anordnung. Woher können wir wissen, daß eine Figur unvollständig abgebildet ist? Diese Frage wird noch diskutiert, scheint aber eng mit den Prinzipien der Formerkennung zusammenzuhängen, die wir in einem eigenen Kapitel genauer untersuchen werden.

Schattenbildung. Tiefenwahrnehmung beruht oft auf Schatten − ob sie nun auf Bildern dargestellt sind oder im täglichen Leben. Zum Beispiel wirken aufgemalte Vorhänge in einem Bühnenbild oft täuschend echt.

Das Spiel von Licht und Schatten läßt sich auch gut bei Skulpturen aus einfarbigem Material beobachten, etwa an den berühmten Präsidentenbüsten am Mount Rushmore bei Rapid City in Süddakota. Die Gesichter wirken auch aus großen Entfernungen räumlich, obwohl dann bis auf den Schatten Anhaltspunkte auf Tiefe wertlos sind. Dabei sorgt vor allem das Hell-Dunkel-Muster oder Chiaroscuro für einen wirklichkeitsgetreuen Eindruck − das sind Schatten, die durch räumliche Strukturen auf einer Skulptur entstehen. Zusätzlich könnte auch der Schlagschatten eine Rolle spielen, den ein Objekt auf seine Umgebung wirft.

Das Chiaroscuro ist gleichsam mit den räumlichen Strukturen innerhalb eines Objektes verwachsen und spielt für die Tiefenwahrnehmung eine bedeutendere Rolle als die Schlagschatten, die wir weit öfter bewußt registrieren. Nach den bisherigen Befunden sieht es so aus, als wären Schlagschatten als Anhaltspunkte für Tiefe nur dann wichtig, wenn wir Flächen konstruieren.

Die Wirkung von Licht und Schatten kann man sich leicht klarmachen, wenn man seine Umgebung oder die Abbildungen unseres Buches einmal unter diesem Gesichtspunkt anschaut. Schatten oder Schattierungen sind auf merkwürdige Weise zweideutig: Vertiefungen und Erhebungen erzeugen nämlich beide in der Regel auf einer Seite einen Schatten, weil das Licht meistens aus einer bestimmten Richtung einfällt. Bei einem Hügel, einer Beule oder einem Flachrelief entsteht der Schatten auf der Seite, die dem Licht abgewandt ist; ein Loch, eine Mulde oder eine Gravur liegt auf der lichtzugewandten Seite. Wenn wir die Beleuchtungsverhältnisse kennen, können wir im Prinzip schließen, ob wir eine Erhebung oder Vertiefung vor uns haben. Aber häufig wissen wir eben nicht, woher das Licht kommt, zum Beispiel, wenn wir Bilder betrachten. Wie können wir dann anhand des zweideutigen Netzhautbildes zwischen Vertiefung und Erhebung unterscheiden?

In jedem Falle kommt es zu einer räumlichen Wahrnehmung. Das kann man leicht nachvollziehen, indem man die Abbildung der babylonischen Keilschrifttafel auf der vorangehenden Seite betrachtet. Im oberen Bild scheinen die Schriftzeichen aus der Tafel hervorzuspringen; unten wirken sie dagegen wie Vertiefungen der Oberfläche. Tatsächlich handelt es sich hier um ein und dasselbe Photo, das einmal aufrecht und einmal auf den Kopf gestellt abgebildet ist. Dreht man das Buch um 180 Grad, so kehrt sich der Eindruck um. (Auch wenn wir jetzt wissen, warum, bleibt dieser Eindruck bestehen − ein weiteres Beispiel für die Autonomie der Wahrnehmung gegenüber Denken und Wissen.) Anscheinend setzt das Sehsystem voraus, daß das Licht von oben einfällt, solange es keine gegenteiligen Anhaltspunkte gibt. Fällt der Schatten nach unten, so unterstellen wir eine Erhebung, fällt er nach oben, nehmen wir eine Vertiefung wahr. Nun hat sich die Evolution von *Homo sapiens* in einer Umgebung abgespielt, in der das Licht − von Sonne und Mond − praktisch immer von oben kam. Deshalb wäre denkbar, daß diese „Vermutung" im Wahrnehmungssystem

63

Der Schlagschatten von Tang auf einem dunklen Strand.

spektive werden üblicherweise nicht als eigene Formen der Perspektive verwendet und sind hier nur zur einfacheren Benennung eingeführt.) Gibson definierte als weiteren Aspekt dieser Größenänderung den *Gradienten der Strukturierung.* Dieser Gradient gibt an, wie sich eine gleichförmige Struktur des Untergrundes mit der Tiefe verkleinert. Die *perspektivische Verkürzung* schließlich ist jedem bekannt, der einmal bei Eisenbahnschienen bemerkt hat, daß die Schwellen in der Ferne immer näher zusammenrücken − Abstände verringern sich mit zunehmender Tiefe.

Leonardo da Vinci und andere Renaissancemaler nutzten aber noch weitere Möglichkeiten der Perspektive: So stellten sie Details bei fernen Gegenständen gröber dar als bei nahen − entsprechend der abnehmenden Sehschärfe. Außerdem unterstrichen sie den Eindruck von Ferne und Tiefe mit einem zunehmenden Blaustich im Hintergrund, wie er durch Lichtstreuung an Luftmolekülen entsteht. Beide, Blaustich und verschwommene Details im Hintergrund, machen ein Gemälde zwar wirklichkeitsnah, aber daß sie auch als isolierter Reiz zur Distanzwahrnehmung beitragen könnten, hat meines Wissens noch niemand experimentell nachgewiesen.

Wie stark die Perspektive die Tiefenwahrnehmung beherrscht, zeigt sich besonders, wenn sie anderen Anhaltspunkten widerspricht. Ein leuchtendes Trapezoid in einem dunklen Raum erscheint nicht nur dann als geneigtes Rechteck, wenn man senkrecht mit nur einem Auge darauf blickt, sondern auch wenn man mit beiden Augen hinschaut und es räumlich sehen kann, bleibt der Einfluß der Perspektive bestehen. Das haben Barbara Gillam und William Epstein experimentell gezeigt. Wenn das Trapezoid länger betrachtet wird, kann der Wahrnehmungskonflikt zwischen Perspektive und Disparität sogar bewirken, daß die Netzhautbilder neu geeicht werden. Gewöhnlich ergeben Perspektive und Disparität übereinstimmende Informationen − beispielsweise wenn wir auf ein Rechteck blicken, das um 30 Grad aus der Frontalebene gedreht ist. Bei den Experimenten waren diese Informationen jedoch

verankert, das heißt angeboren ist. Man könnte aber mit dem gleichen Recht argumentieren, daß auch bei künstlicher Beleuchtung das Licht meist von oben einfällt und wir gelernt haben, im Zweifelsfall diese Richtung anzunehmen, wenn wir auf Vertiefungen oder Erhebungen schließen. Wie man diese Frage experimentell untersucht hat, werde ich noch genauer diskutieren. Zuerst aber müssen wir mehr über Perspektive und Größe wissen.

Perspektive. Der wohl bekannteste Abbildungsfaktor ist die Perspektive, die auf der Projektion der dreidimensionalen Umwelt auf die Netzhaut oder eine andere zweidimensionale Fläche beruht. Perspektive beschränkt sich nicht nur auf die bekannte Tatsache, daß parallele Linien wie Straßenränder scheinbar in einem fernen Punkt zusammenlaufen − wir wollen das im folgenden als *Linearperspektive* bezeichnen. Bei gleichen Objekten nimmt darüber hinaus die Größe scheinbar mit der Tiefe ab, weil der Sehwinkel umgekehrt proportional der Entfernung ist − hier werden wir von *Größenperspektive* sprechen. (Die Begriffe Linear- und Größenper-

widersprüchlich, weil das Sehsystem die Form des Trapezoids als Hinweis auf Tiefe interpretiert. Die Versuchspersonen stellten sich offenbar unbewußt auf diese Situation ein, indem sie die Disparität auf eine neue Tiefe eichten − eben die perspektivisch suggerierte. Denn in einem nächsten Durchgang des Versuchs wurden einige einfache geometrische Figuren räumlich gesehen, obwohl die Disparität Null war, während umgekehrt in anderen Fällen keine Tiefenwahrnehmung zustande kam, obwohl die Netzhautbilder unterschiedlich waren. Bemerkenswert an diesem Versuch ist, daß die irreführende Perspektive innerhalb weniger Minuten die „Meinung" des Sehsystems ändern konnte.

Trotz ihres großen Einflusses ist die richtige Perspektive keine notwendige Voraussetzung für Tiefenwahrnehmung: Die Zeichnung eines Würfels erscheint auch dann noch räumlich, wenn die Seitenkanten parallel sind und nicht perspektivisch aufeinander zulaufen. Einige Theoretiker und insbesondere Gibson haben behauptet, daß vor allem Flächen wie Untergrund oder Boden und weniger einzelne Objekte im Raum den Schlüssel zur Tiefen-

wahrnehmung liefern. Als Anhaltspunkt für Ebenen und ihre Orientierung käme dann eigentlich nur die Perspektive in Betracht. Da wir Ebenen wie die Grundfläche unabhängig von irgendwelchen Bewegungen wirklichkeitsnah wahrnehmen, kann die Bewegungsperspektive kein entscheidender Faktor sein − welchen Einfluß sie auch immer haben mag. Auch Linearperspektive und Verkürzung können keine notwendigen Voraussetzungen sein, weil sie nur bei regelmäßigen Objekten wie Eisenbahngeleisen, Straßen, Gebäuden und dergleichen auftreten. Natürlich ist das Netzhautbild einer Fläche, die sich wie der Boden oder eine Mauer in den Raum erstreckt, perspektivisch verkürzt, aber das allein ist noch kein Anhaltspunkt für Tiefe. Bleiben also nur Größenperspektive und Strukturgradient.

Reichen Strukturgradienten aus, um den Eindruck einer in die Tiefe führenden Fläche zu erwecken? Man kann es mit gutem Grund bezweifeln. Denn räumliche Tiefe läßt sich oft erst wahrnehmen, wenn man weiß, was man vor Augen hat: Die Photographie auf der folgenden Seite wirkt − ähnlich wie eine

Canaletto nutzt im Gemälde *Campo San Zanipolo in Venedig* (um 1740) alle Abbildungsfaktoren zur Tiefenwahrnehmung: perspektivische Verkürzung, Schatten und Überschneidung.

65

abstrakte Zeichnung — zweidimensional. Tatsächlich zeigt sie eine Grasfläche, ist aber um 90 Grad gedreht abgebildet. Solange man nicht durchschaut, daß dieses Photo falsch orientiert ist, kommt keine Tiefenwahrnehmung zustande — das haben verschiedene Experimente immer wieder gezeigt. Wenn der Strukturgradient ein *direkter* Anhaltspunkt für Tiefe wäre, dürfte es keine Rolle spielen, was man auf einem Bild erkennt!

Außerdem kann man mitunter auch ohne Strukturgradienten wahrnehmen, daß sich eine Fläche in die Tiefe fortsetzt. Manchmal sehen wir strukturlose Flächen wie ein verschneites Feld oder eine Ebene in einer Wüste

In diesem Bild nimmt man keine Tiefenstruktur wahr — die rechten Halme wirken länger als die am linken Bildrand. Dreht man das Photo jedoch um 90 Grad im Uhrzeigersinn, so erkennt man eine Grasfläche, die in die Tiefe führt — jetzt erst wird die Größe mit der Perspektive verknüpft.

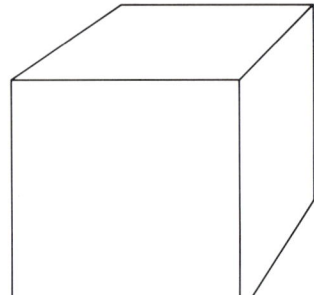

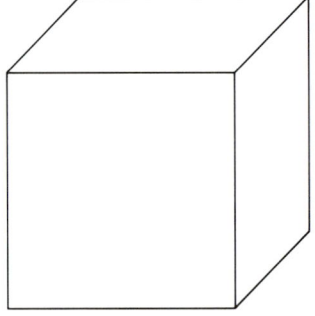

Bei diesem Meerespanorama, das ohne Perspektive oder andere Abbildungsfaktoren gemalt wurde, nehmen wir die Wasserfläche gleichwohl als Ebene in der dritten Dimension wahr.

In beiden Zeichnungen sehen wir einen Würfel, obwohl nur die obere perspektivisch „stimmt".

räumlich, obwohl wir keine Strukturen auflösen können und keine Objekte als Anhaltspunkte für Größenverhältnisse dienen. Daß die Tiefenwahrnehmung auch bei strukturlosen Flächen funktioniert, haben wir experimentell nachgewiesen: Wir zeigten den Versuchspersonen eine weiße Fläche, auf der drei gleich große Würfel mit ihren Schlagschatten und eine horizontale Linie zu sehen waren (siehe Abbildung ganz rechts). Das genügte, um den Eindruck hervorzurufen, die Würfel seien in verschiedenen Entfernungen auf einer Tischfläche angeordnet; folgerichtig wurde der scheinbar am weitesten „entfernte" Würfel auch als größter eingeschätzt. Umgekehrt kann eine gleichmäßige Struktur wie etwa die Wellen auf dem Meeresbild links nicht verhindern, daß wir — trotz Null-Gradient — eine Fläche wahrnehmen, die sich in weite Ferne fortsetzt.

Nach alledem scheint der Eindruck räumlicher Tiefe — insbesondere auch bei Flächen — eine Konstruktion der Wahrnehmung zu sein und weniger eine direkte Antwort auf einen definierten Reiz. Schlagschatten oder Gegenstände lassen auf eine Ebene schließen, auf der sie ruhen – ein Versuch des Wahrnehmungssystems, Objekte in einen sinnvollen Zusammenhang zu bringen; Hinweise wie Größen- und Linearperspektive unterstützen diese Konstruktion eines lebensnahen Eindrucks.

Größe. Wenn wir die Größe eines Gegenstandes kennen, dann können wir meistens auch seine Entfernung einschätzen, weil wir den Zusammenhang von Sehwinkel und Entfernung berücksichtigen. Das verdeutlicht ein klassisches Experiment von William Ittelson. Die Versuchspersonen saßen in einem dunklen Raum und sollten mit einem Auge leuchtende Spielkarten betrachten; wurde eine Karte gezeigt, die doppelt so groß war wie die vorangehende, schien den Beobachtern die zugehörige Entfernung nur halb so groß, wie sie tatsächlich war; entsprechend verdoppelte sich die wahrgenommene Entfernung für eine auf die halbe Größe verkleinerte Karte. In einem ähnlichen Experiment wurde eine weiße Kugel benutzt, deren Größe für die Versuchspersonen nicht so eindeutig war wie das Spielkartenformat. Wenn man ihnen sagte, sie hätten einen Tischtennisball vor sich, schätzten sie den Kugelabstand geringer ein, als wenn sie glaubten, einen Tennisball zu sehen. Offensichtlich spielt hier die Erfahrung mit verschieden großen Objekten und unterschiedlichen Entfernungen eine entscheidende Rolle. Das Wahrnehmungssystem „weiß", daß beispielsweise ein zehn Zentimeter großes Objekt in einer Entfernung von zehn Zentimetern unter einem Sehwinkel von 45 Grad erscheint. Diese experimentellen Ergebnisse schließen allerdings nicht die Möglichkeit aus, daß Größe bewußt als Anhaltspunkt für Entfernung herangezogen wird und nicht unmittelbar eine Tiefenwahrnehmung auslöst. Schließlich wissen wir ja, wie nah eine Spielkarte einer bestimmten Größe sein muß. Eine entsprechende Entfernungsangabe besagt daher nicht, daß die Karte auch als nah wahrgenommen wurde. Wahrscheinlich spielt es im täglichen Leben auch keine wichtige Rolle, ob wir Objekte bekannter Größe sehen, solange andere Anhaltspunkte für die Ent-

fernung vorhanden sind. Wenn wir einen Gegenstand ungewöhnlicher Größe in einer vertrauten Umgebung vor uns haben, etwa ein Puppenhaus in einer Reihe mit Wohnhäusern, dann bemerken wir das sofort, auch ohne seine Entfernung oder diejenige der echten Häuser bestimmen zu müssen. Die Experimente lassen hier noch keine klaren Rückschlüsse auf den Einfluß der Größenkenntnis bei der Tiefenwahrnehmung zu.

In manchen Lehrbüchern wird noch ein weiterer Abbildungsfaktor genannt: die „Höhe im Blickfeld". Die Begründung erweist sich aber als Zirkelschluß. Normalerweise befindet sich ein Gegenstand in der perspektivischen Projektion auf einem Bild um so näher an der Oberkante, je weiter er entfernt ist; und entsprechendes gilt für das Netzhautbild. Das trifft aber nur für Objekte auf derselben Grundfläche zu; die „Höhe", in der ein Objekt abgebildet wird, kann also für die Tiefenwahrnehmung nur genutzt werden, wenn die Tiefe der Grundfläche als Anhaltspunkt feststeht. Zudem kann man Entfernung und „Höhe" keineswegs in jedem Fall gleichsetzen: Eine Wolke über der Grundebene muß beispielsweise in der Projektion um so tiefer erscheinen, je weiter sie entfernt ist – und dasselbe gilt für alle Objekte, die in einer Ebene oberhalb der Grundfläche liegen.

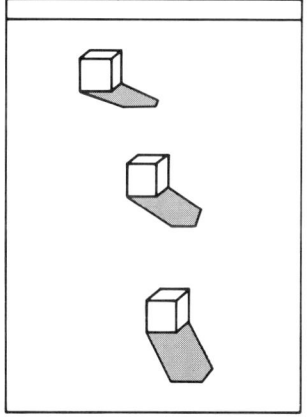

Diese Zeichnung erweckt den Eindruck einer Grundfläche, die in die Tiefe führt, obwohl es keine Flächenstruktur gibt. Der oberste Würfel wird größer wahrgenommen als der unterste.

Die Kombination sämtlicher Faktoren für Tiefe

Die Frage, wie alle Anhaltspunkte für Tiefe zusammenwirken, wenn wir die dritte Dimension wahrnehmen, ist noch offen. Wir sind hier auf Vermutungen angewiesen, die sich aus logischen Schlußfolgerungen und allgemein bekannten Beobachtungen ergeben. So ist es vernünftig anzunehmen, daß mehrere Anhaltspunkte gemeinsam eine genauere und verläßlichere Tiefenwahrnehmung ermöglichen als einer allein. Wahrscheinlich wirken zum Beispiel okulomotorische Faktoren und Stereopsis bei kleinen Distanzen gemeinsam wesentlich effektiver. Wenn alle Abbildungsfaktoren in einem Bild zusammenkommen, etwa bei Stereogrammen aus Photos, entsteht ein stärkerer Tiefeneindruck, als wenn bestimmte Anhaltspunkte fehlen, wie bei Stereogrammen aus geometrischen Figuren. Und bei Filmen wird der Tiefeneindruck sicherlich zusätzlich durch den kinetischen Tiefeneffekt und durch Bewegungsperspektive verstärkt; dabei dürften Stereofilme den natürlichen Sehbedingungen sehr nahe kommen.

Besonders interessant ist hier die Frage, ob sich die Wirkungen der einzelnen Faktoren nur aufsummieren oder ob sie im Sinne einer echten Wechselbeziehung, das heißt einer *Interaktion*, stehen. In der Wissenschaft meint man mit Interaktion, daß die Kombination verschiedener Faktoren ein Ergebnis hervorbringt, das mehr ist als die Summe der Einzelwirkungen und etwas qualitativ anderes darstellt, das keiner der Faktoren allein hervorrufen kann. Wie schon erwähnt, läßt sich die Information über die Entfernung von Objekten in zwei Kategorien einteilen, je nachdem, ob sie etwas über absolute oder relative Abstände aussagt. Nur wenige Faktoren „informieren" über absolute Entfernungen: Konvergenz und möglicherweise auch Akkommodation und Größenkenntnis. Aus verschiedenen Gründen, die wir bereits diskutiert haben, ist der Einfluß der beiden letzten Faktoren fraglich, so daß als gesicherter Anhaltspunkt nur noch die Konvergenz übrigbleibt. Aber dann stellt sich folgendes Problem: Wenn wir unsere Umgebung betrachten, gewinnen wir in der Regel doch bei allen Objekten in unserem Blickfeld einen Eindruck von ihren absoluten Entfernungen − fixieren können wir jedoch immer nur *ein*

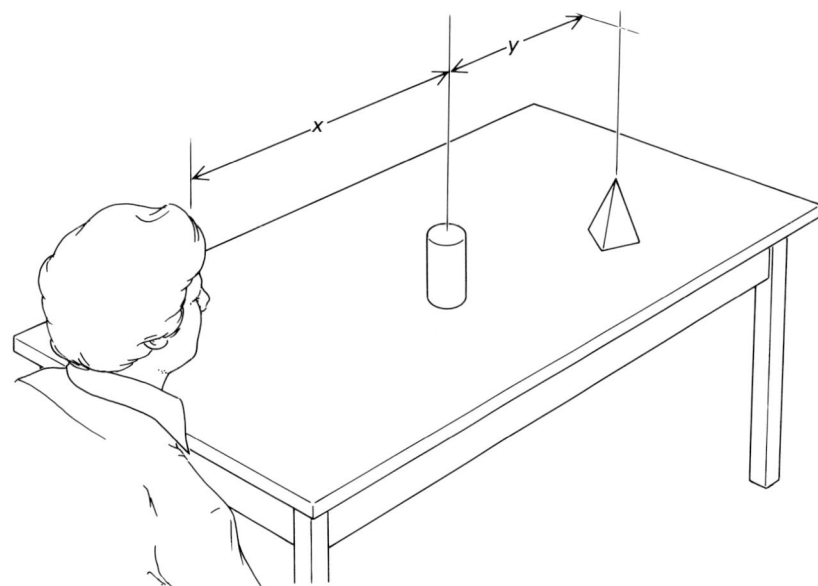

Zusammenwirken von Konvergenz und Disparität. Der Abstand x des Zylinders ergibt sich aus dem Konvergenzwinkel, der relative Abstand y zwischen beiden Figuren aus der Disparität. Durch Interaktion beider Faktoren wird auch der absolute Abstand der Pyramide $(x + y)$ wahrgenommen.

Objekt, und nur dessen Entfernung läßt sich dann – im Umkreis von etwa zwei Metern – aus dem Konvergenzwinkel ableiten. Gemeinsam mit Stereopsis oder Abbildungsfaktoren könnte Konvergenz durchaus bewirken, daß die Entfernungen *aller* betrachteten Objekte wahrgenommen werden. Begründen läßt sich das anhand der links gezeigten Versuchsanordnung: Ein Zylinder im Abstand x wird fixiert, so daß der Konvergenzwinkel seine Entfernung angibt; für eine Pyramide hinter dem Zylinder ergibt die Stereopsis den relativen Abstand y, so daß die absolute Entfernung $x + y$ sein muß. Ähnliche Wechselbeziehungen zwischen Konvergenz und Abbildungsfaktoren könnten bewirken, daß ein räumlicher Eindruck durch Abbildungsfaktoren mit einer absoluten Entfernung eines bestimmten Punktes verknüpft wird; auf diese Weise ließen sich die absoluten Distanzen innerhalb der gesamten Szene erfassen – das Bild wird realistisch.

Verschiedene Ursprünge der Tiefenwahrnehmung

Angenommen, die Wahrnehmung der dritten Dimension beruht auf einem Zusammenwirken aller Anhaltspunkte für Entfernung und Tiefe, dann kann man sich fragen, ob diese Indikatoren angeboren sind oder erlernt werden. Können wir davon ausgehen, daß der Mensch und eine Reihe von Tieren die Tiefenwahrnehmung im Laufe der Evolution erworben haben? Schließlich ist es für viele Organismen lebensnotwendig, Entfernungen richtig wahrzunehmen. Die Fähigkeit zum räumlichen Sehen brachte während der Evolution sicherlich Überlebensvorteile.

Aber vielleicht müssen wir in der Kindheit erst lernen, Hinweise auf Entfernung und Tiefe richtig zu erfassen. Unmittelbar nach der Geburt ist es für uns auch gar nicht lebenswichtig, Entfernungen richtig einzuschätzen, weil wir ohnehin hilflos sind und von den Eltern beschützt und ernährt werden müssen. So gesehen könnte die enorme Lernfähigkeit bei *Homo sapiens* und anderen Primaten auch ein Mittel der Natur sein, um das Überleben der Art zu erleichtern. Lange bevor sich die Psychologie als Wissenschaft etablierte, haben sich Philosophen mit dieser Frage beschäftigt. Wie wir bereits früher erwähnt haben, bestritt zum Beispiel Berkeley, daß das zweidimensionale Netzhautbild unmittelbar einen dreidimensionalen Eindruck hervorrufen kann. Seiner Meinung nach müssen wir lernen, Entfernungen durch Assoziationen zu bestimmen. Akkommodation und Konvergenz sind dabei Anhaltspunkte, die schließlich zu verläßlichen Maßstäben werden, weil wir uns im Raum bewegen und den Dingen wortwörtlich nachgehen können, so daß wir assoziativ lernen, diese Anhaltspunkte korrekt zu nutzen. Andere Philosophen beriefen sich auf eine Fähigkeit des Geistes, Gegenstände im dreidimensionalen Raum richtig einzuordnen. Wie sonst – so ihr Argument – sollten wir jemals lernen, Tiefe einzuschätzen.

Die moderne Psychologie steht hier vor ähnlichen experimentellen Problemen wie bei dem Versuch, die Entstehung der Konstanzmechanismen zu klären. Neugeborene, ob Mensch oder Tier, können nur durch Verhalten ausdrücken, was sie wahrnehmen – indem sie bei Experimenten mit einer erlernten Reaktion antworten; aber für einige Tests reicht die Lernfähigkeit einfach noch nicht aus. Und wenn man Versuchstiere im Dunkeln aufzieht, bis sie für die Testaufgaben lernfähig genug sind, kann sich das Sehsystem ja nicht normal entwickeln und wird durch zu lange Dunkelheit für immer geschädigt.

Eleanor Gibson und Richard Walk haben diese Probleme elegant umgangen, indem sie die angeborene Furcht vor steil abfallenden Kanten als Indikator für Tiefenwahrnehmung nutzten. Denn auch ein Neugeborenes sollte Angst zeigen, wenn es die Tiefe eines nahen Abgrundes wahrnimmt. Um das zu testen, wurde als Versuchsanordnung eine „optische Stufe" entworfen, die einen senkrecht abfallenden Abgrund vortäuschte: Das Versuchstier wurde auf eine Glasplatte mit einem gemusterten Mittelstreifen gesetzt, der auf der einen Seite scheinbar steil zu einer viel

69

Die „optische Stufe" zum Test der Tiefenwahrnehmung bei neugeborenen Tieren und Säuglingen.

tieferen Ebene abfiel. Tatsächlich befand sich unter der Glasscheibe eine senkrecht abfallende Wand, die mit einem gleichmäßigen Schachbrettmuster versehen war, um die Tiefenwahrnehmung durch perspektivische Verkürzung zu verstärken. Auf der anderen Seite des Streifens war durch das Glas eine ungefährliche Stufe zu sehen. Die Glasplatte hatte überall die gleiche Oberflächenstruktur und Festigkeit. Wenn sehr junge Tiere vor dem Abgrund immer wieder zurückweichen, statt sich gleich häufig nach beiden Seiten vorzutasten, dann bedeutet das, daß sie die Tiefe wahrnehmen.

Das Experiment wurde mit vielen verschiedenen Tieren — frisch geschlüpften Küken, jungen Ratten, Hunden, Lämmern, Ziegen, Schweinen, Schneeleoparden und Affen — durchgeführt und schließlich auch mit Säuglingen. Alle zeigten eine deutliche Vorliebe für die „flache" Seite; der Steilwand näherten sie sich dagegen nur äußerst zögernd. Drei Tage alte Äffchen und Säuglinge reagierten zudem mit großem Unbehagen, wenn man sie über der tieferliegenden Schachbrett-Ebene auf das Glas legte. Die alte Streitfrage ist damit geklärt: Entfernungen werden von Anfang an wahrgenommen.

Aber welche Anhaltspunkte ermöglichten es den Versuchstieren, die Tiefe festzustellen? Vermutlich sind hier Bewegungsparallaxen ausschlaggebend — das jedenfalls ergaben weitere Versuche, bei denen die in Frage kommenden Anhaltspunkte nach und nach eliminiert wurden. Da Bewegungsparallaxen jedoch bei Erwachsenen keinen großen Einfluß auf die Tiefenwahrnehmung haben — wie wir bereits feststellen konnten —, sollte man noch keine endgültigen Schlüsse ziehen. Klarheit können nur Experimente zur Parallaxe an der optischen Stufe schaffen.

Eine ganz andere Bewegung scheint bei der Tiefenwahrnehmung schon früh eine wichtige Rolle zu spielen; das hat sich bei vielen Experimenten bestätigt. Der Looming-Effekt, den wir im letzten Kapitel besprochen haben, löst schon von Geburt an eine Alarmreaktion aus. Offenbar gibt es eine angeborene Vorliebe des Wahrnehmungssystems, das Schrumpfen oder Anwachsen eines Netzhautbildes als Anwachsen oder Schrumpfen der Entfernung zu interpretieren.

All das zeigt, daß die Fähigkeit zur Tiefenwahrnehmung angeboren ist, aber das heißt keineswegs, daß Lernen keine Rolle spielt. Wir haben schon an einigen Beispielen verfolgt, wie sich das Sehsystem durch Erfahrungen umstellen kann. Ein Trapezoid, das wie ein zur Seite gedrehtes Rechteck aussieht, bringt beim Betrachter häufig die „Eichung" von Disparität und Tiefe durcheinander. Auch Prismenbrillen erzeugten nach längerem Tragen ähnliche Wahrnehmungskonflikte. Arien Mack und Deanna Chitayat haben das bei entsprechenden Experimenten beobachtet. Dabei trugen die Versuchspersonen Prismenbrillen, die das Netzhautbild drehten, und zwar in jedem Auge in umgekehrter Richtung. Dadurch schien zum Beispiel ein senkrechter Stab schräg zum Beobachter hin gekippt. Nach einiger Zeit stellten sich die Versuchspersonen jedoch auf die Prismen ein, und dieser Effekt verschwand. Nahmen sie die Brillen jedoch wieder ab, sahen senkrechte Linien erneut schief aus – diesmal schienen sie in die Tiefe geneigt. Offenbar kann Disparität durch Lernprozesse uminterpretiert werden, obwohl sie anscheinend auf angeborenen Mechanismen beruht.

Viele Wahrnehmungsforscher vermuten, daß Erfahrung vor allem beim Verwerten der Abbildungsfaktoren eine große Rolle spielt. So betrifft die perspektivische Verkürzung überwiegend Strukturen wie Straßen, Häuserzeilen, Eisenbahnschienen und dergleichen, die der Mensch künstlich geschaffen hat, und ist in der natürlichen Umwelt, in der sich *Homo sapiens* entwickelt, erheblich seltener. Von daher scheint es wenig wahrscheinlich, daß die perspektivische Verkürzung ein angeborener Faktor der Tiefenwahrnehmung ist.

Aber wie könnte ein Lernprozeß aussehen, durch den wir Perspektive in die räumliche Wahrnehmung einbeziehen? Genügt es vielleicht schon, daß wir in unserer Umgebung einfach festgestellt haben, daß zusammenlaufende Linien in der Frontalebene auch parallele Linien sein können, die in die Tiefe führen? Dann wäre unsere Wahrnehmung aber indirekt durch Wissen beeinflußt, was wir bereits verworfen hatten. Eine bessere Erklärung ist wohl ein assoziatives Lernen: Wenn wir als Kinder parallele Linien sehen, die in die Ferne laufen und im Netzhautbild linearperspektivisch abgebildet werden, erhalten wir gleichzeitig andere Sinnesinformationen über Tiefe: durch Disparität, Konvergenz und Akkommodation. Daher können wir die parallelen Linien wirklichkeitsgetreu wahrnehmen, auch wenn die Perspektive nicht als Hinweis auf Tiefe verarbeitet wird. Wenn wir nun unbewußt das Netzhautbild der Linien mit den wirklichen Verhältnissen verknüpfen, kann diese Assoziation schließlich auch dann eine Tiefenwahrnehmung hervorrufen, wenn die anderen Anhaltspunkte wegfallen. Linearperspektive könnte so zu einem erlernten Abbildungsfaktor werden.

Diese Figur wird zweidimensional gesehen, solange man nicht weiß, daß sie der Schatten einer dreidimensionalen Drahtfigur ist; ein räumlicher Eindruck entsteht in solchen Fällen erst, wenn der Betrachter die Struktur der Figur kennt.

Einen ähnlichen Lernprozeß haben Hans Wallach und seine Mitarbeiter vor kurzem für die Tiefenwahrnehmung nachgewiesen. Bei einem Versuch projizierten sie zunächst eine einfache Drahtfigur auf einen Beobachtungsschirm, so daß das Schattenbild bei den Versuchspersonen keinerlei räumlichen Eindruck hervorrief – das geometrische Muster auf dem Schirm ist rechts auf dieser Seite abgebildet. Sobald die Figur rotierte, führte der kinetische Tiefeneffekt zur dreidimensionalen Wahrnehmung. Wenn in einem dritten Versuchsteil wieder das ursprüngliche Schattenbild gezeigt wurde, schien es den Beobachtern dreidimensional. Nachdem sie die räumlichen Beziehungen innerhalb der Figur gelernt hatten, konnten sie auch in der zweidimensionalen Projektion Tiefe wahrnehmen.

Obwohl die meisten Abbildungsfaktoren vermutlich erlernt sind, scheint die Deutung

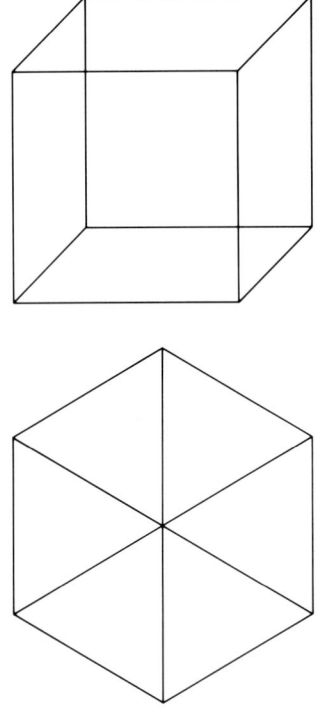

Der Necker-Würfel wirkt räumlich, während die Projektion eines Würfels, der auf einer Ecke steht, zunächst als symmetrische Figur in einer Ebene wahrgenommen wird.

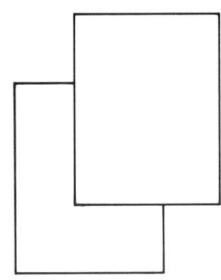

In dieser Figur sehen wir zwei Rechtecke, von denen das hintere teilweise verdeckt ist, obwohl es genausogut *ein* Rechteck mit einem L-förmigen Anhängsel in derselben Ebene sein könnte.

von Schatten angeboren. Wayne Hershberger dressierte zwei Gruppen von Küken darauf, nach Erhebungen beziehungsweise Vertiefungen zu picken, indem er jeweils die richtige Wahl mit Futter belohnte. In der Trainingssituation wurde jede Schattenbildung vermieden, so daß die räumlichen Strukturen allein durch beidäugiges Sehen oder Bewegungsfaktoren erkennbar waren. Schließlich wurden den Küken Photos von Erhebungen und Vertiefungen gezeigt, bei denen nur Schatten als Anhaltspunkt für Tiefe zu sehen waren. Ein Küken, das auf eine Mulde dressiert wurde, wird auch bei dem Photo auf die „Mulde" picken — wenn es einen oberen Schatten als Hinweis auf Tiefe wahrnehmen kann. Sofern keine Tiefenwahrnehmung zustande kommt, sollten die Küken entweder wahllos auf die Bilder picken oder sie erst gar nicht beachten.

Tatsächlich reagierten die Küken genauso auf die Schatten wie wir. Waren sie auf Erhebungen trainiert, pickten sie auf Bilder mit dem Schatten unterhalb der räumlichen Struktur; die andere Gruppe sprach auf obere Schatten an. Offenbar ist zumindest ein Abbildungsfaktor auch bei Tieren wirksam, selbst wenn sie — mit Ausnahme der Primaten — kaum auf Bilder reagieren. Wahrscheinlich können sie die Bedeutung der Konturen nicht erkennen, weil sie die Bilder zweidimensional wahrnehmen. Aber nicht nur deshalb ist der Versuch mit den Küken bemerkenswert; noch erstaunlicher ist das Verhalten der Küken, wenn man bedenkt, daß sie nach dem Schlüpfen in Käfigen gehalten wurden, die von unten beleuchtet waren. Sie konnten also nicht gelernt haben, wie Schatten bei Mulden und Erhebungen aussehen, wenn das Licht von oben kommt. Da die Wahrnehmungsleistung bei den Küken gleich war, unabhängig davon, ob sie unter natürlichen Beleuchtungsverhältnissen aufgewachsen waren oder nicht, muß man schließen, daß Schattenbildung als Hinweis auf Tiefe angeboren ist.

Abbildungsfaktoren lassen sich aber nicht nur als angeborenes Reizmuster oder erlernter Anhaltspunkt deuten; eine dritte Erklärungs-

möglichkeit haben die Gestaltpsychologen vorgeschlagen: das sogenannte *Prägnanzprinzip*. Danach bevorzugt das Sehsystem die Tiefenwahrnehmung immer dann gegenüber einer zweidimensionalen „Lösung", wenn sie einfacher ist. Das läßt sich anhand der beiden Figuren auf dieser Seite illustrieren: Den Necker-Würfel (oben) nehmen wir räumlich wahr, während eine andere Projektion desselben Würfels (unten) auf den ersten Blick zweidimensional wirkt. Warum sehen wir nicht auch die obere Figur zweidimensional? Die Gestaltpsychologen sagen, daß hier eine flächige Struktur sehr viel komplizierter wäre als die tatsächlich wahrgenommene.

Ein Würfel ist ja etwas sehr Einfaches: Alle Seiten und Winkel sind gleich, gegenüberliegende Seiten sind parallel und so weiter. Betrachten wir dagegen die untere Abbildung, so ist die dreidimensionale Lösung — ein Würfel, der auf einer Ecke steht — nicht mehr einfacher; man kann die Figur zwar räumlich sehen, aber das ist nicht mehr besonders vorteilhaft.

Diese dritte, gestaltpsychologische Deutung ist noch umstritten und scheint vielleicht weit hergeholt, aber sie kann viele Beobachtungen erklären oder richtig voraussagen. Das gilt zum Beispiel für Überschneidungen. In der Figur links auf dieser Seite sehen wir zwei Rechtecke und nicht etwa ein Rechteck, an das sich (in derselben Ebene) ein „L" anschließt, weil die identischen Rechtecke die einfachere „Beschreibung" sind. Analog ermöglicht die Größenperspektive bei räumlicher Interpretation, gleich große Objekte wahrzunehmen und nicht viele verschiedene; beim kinetischen Tiefeneffekt wird offenbar ein rotierendes starres Objekt gegenüber einer komplizierteren zweidimensionalen Figur mit wechselnder Länge und Orientierung bevorzugt. Natürlich hat dieses gestaltpsychologische Prägnanzprinzip seine Schwächen, denn wie soll man eindeutig definieren, was für das Wahrnehmungssystem einfach ist? „Zwei Rechtecke" finden wir zwar intuitiv einfacher als „ein Rechteck und eine L-förmige Figur", aber genausogut könnte man behaupten, daß die Vorstellung von zwei

Ebenen (bei den Rechtecken) komplizierter
ist. Um diesem Einwand zu begegnen, haben
Julian Hochberg und andere versucht, „Einfachheit" objektiv zu definieren, und zwar
mit Begriffen der modernen Informations-
theorie. Nach dieser Definition ist eine
Wahrnehmung einfach, wenn sie mit einem
Minimum an Information beschrieben oder
codiert werden kann. Mehrdeutige Muster
werden wir demnach bevorzugt gerade so
wahrnehmen, daß wir mit wenig Information
auskommen. Bei regelmäßigen und symme-
trischen Mustern wiederholt sich oft eine
einfache Grundstruktur, so daß sie sich effizient in kurzen Codes verschlüsseln lassen.
Man kann also durchaus objektive Kriterien
für die Entscheidung zwischen alternativen
Wahrnehmungen angeben.

Eine weitere Schwäche des Prägnanzprinzips
besteht darin, daß es in manchen Fällen zu
falschen Voraussagen führt, zum Beispiel bei
Überschneidungen zwischen ungewohnten
Konturen wie in der Zeichnung links unten.
Hier kann man nicht mehr behaupten, daß
die bevorzugte räumliche Interpretation
einfacher wäre als die eindimensionale Lösung. Andere Figurenbeispiele, bei denen
dieses Prinzip scheitert, hat Gaetano Kanizsa
veröffentlicht – sie sind in der unteren
Reihe der Abbildungen auf dieser Seite zusammengestellt.

Das Prägnanzprinzip der Gestaltpsychologie besagt,
daß das Sehsystem bei geometrischen Figuren stets
die einfachste Interpretation wählt. Das gilt zwar bei
der Figurenreihe A, nicht aber bei den Figuren B.

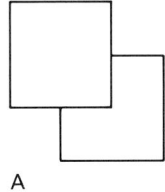 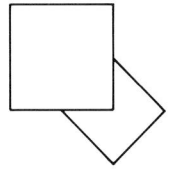 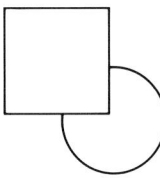 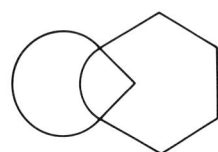 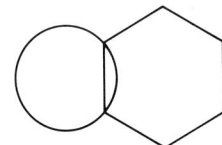

A

B

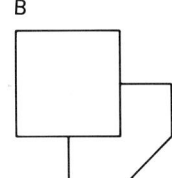 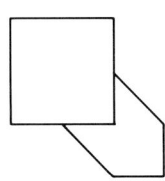 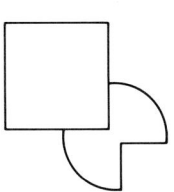 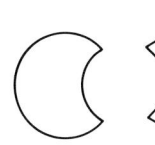 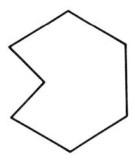  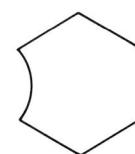

Das Prägnanzprinzip setzt natürlich voraus, daß die Fähigkeit zur Tiefenwahrnehmung im Sehsystem verankert ist und nicht erst durch Erfahrung möglich wird. Vermutlich dürfte die Evolution in der Tat ein Gehirn begünstigen, das für einfache Lösungen organisiert ist. Aber dann wäre zu fragen, worin der Anpassungsvorteil besteht: Ist es der einfachere Codierungsvorgang selbst oder entsprechen die effizienter codierbaren Wahrnehmungen eher der Realität als die aufwendigeren? Wie dem auch sei, das Prägnanzprinzip setzt in jedem Fall ein angeborenes Grundmuster der Wahrnehmung voraus, und das ist etwas ganz anderes als die weit schwächere Behauptung, daß dieser oder jener Abbildungsfaktor angeboren sei.

Was können wir nun definitiv zur Entstehung der räumlichen Wahrnehmung sagen? Es sieht so aus, als „wüßten" wir von Geburt an, daß die Welt dreidimensional ist: Jedenfalls nehmen wir von Anfang an Entfernungen von und zwischen Objekten wahr. Dazu befähigen uns angeborene Faktoren, die später durch erlernte ergänzt werden. Außerdem können wir all diese Anhaltspunkte mit zunehmender Erfahrung immer präziser auswerten. Lernvorgänge lassen sich bei diesem theoretischen Standpunkt berücksichtigen, aber das Problem, wie sich eine räumliche Vorstellung aus dem Nichts allein durch Lernen entwickeln soll, wird umgangen. Außerdem läßt sich so verstehen, wie die neuen Faktoren erworben werden: indem sie durch Assoziation mit den angeborenen verknüpft werden.

Die Wahrnehmungsforschung ist von der Alternative Nativismus oder Empirismus mit Ausschließlichkeitsansprüchen auf beiden Seiten abgekommen. Anstatt global zu fragen, ob räumliche Wahrnehmung insgesamt erlernt oder aber gänzlich angeboren ist, untersucht man heute, ob dieser oder jener einzelne Mechanismus erlernt oder angeboren ist. Dabei können sich unterschiedliche Antworten bei den einzelnen Faktoren ergeben, wobei die angeborenen beim Erlernen zusätzlicher Anhaltspunkte mitwirken, wenn beide in einem bestimmten Reiz zusammen

auftreten. Demnach kann sich das Wahrnehmungssystem wesentlich flexibler ändern, als es die Nativisten vermutet hatten; auf der anderen Seite ist das Problem der Empiristen gelöst, den Lernvorgang zu erklären — sie mußten dazu noch andere Sinne einbeziehen.

Ein interessanter Aspekt der Abbildungsfaktoren — und der Konstanz — ist die Frage, wie Bilder wahrgenommen werden und wie die Maler sich das zunutze machen. Das führt uns zum Thema des nächsten Kapitels: Wahrnehmung und Kunst.

Die Verklärung des Heiligen Ignatius, Trompe-l'oeil-Gemälde im Deckengewölbe der Kirche Sant' Ignazio in Rom, gemalt von Fra Andrea Pozzo zwischen 1691 und 1694.

Wahrnehmung und Kunst

Im Deckengewölbe der Kirche Sant' Ignazio in Rom kann man ein Panorama betrachten, das sich über Säulen und Bogenkonstruktionen zum freien Himmel zu öffnen scheint – im Fußboden markiert ein gelber Kreis aus Marmor die Stelle, an der man zur Decke schauen muß, um die Illusion unbegrenzter Tiefe zu erzielen. Man erkennt natürlich, daß die vielen Figuren in dieser Szene gemalt sind, aber Säulen und Bögen sind so realistisch dargestellt, daß man kaum sagen kann, wo die Architektur der Kirche endet und das Gemälde beginnt. Dieses Deckengemälde aus dem ausgehenden 17. Jahrhundert stammt von Fra Andrea Pozzo und ist das wohl bekannteste Beispiel einer Trompe-l'oeil-Darstellung. Besonders eindrucksvoll ist die Tiefen-Illusion, wenn man bedenkt, daß die Szene nicht auf eine flache Decke, sondern auf eine halbzylindrische Wölbung aufgemalt wurde.

Angesichts der Abbildungsfaktoren überrascht es nicht, daß dieses Deckengemälde oder eine Photographie davon eine räumliche Realität vortäuscht. Aber diese Täuschung kommt nur zustande, wenn der Betrachter an einem bestimmten Punkt in Sant' Ignazio steht, den der Maler festgelegt hat; von diesem Punkt aus wurde auch das Photo rechts gemacht. Er entspricht dem Projektionszentrum, in dem sich alle Projektionslinien der dargestellten Szene schneiden. Von dort aus sieht man die gemalten Figuren unter dem Winkel, unter dem sie auch in der echten dreidimensionalen Szene erscheinen würden – Lichtstrahlen von realen Objekten würden unter diesen Beobachtungsbedingungen sozusagen das gemalte Bild als Projektion auf die Decke der Kirche werfen. Das gilt aber natürlich nur für einen einzigen Beobachtungsstandpunkt – was wir ja schon bei Disparität und Stereopsis festgestellt haben. Entfernt man sich vom Projektionszentrum, so verschwindet die räumliche Illusion und das Gemälde wirkt nicht mehr realistisch.

Auch andere Faktoren können die eindrucksvolle Wirkung solcher Trompe-l'oeil-Darstellungen abschwächen oder sogar aufheben: Wenn man die Oberflächenstruktur der bemalten Fläche erkennt oder ein Photo auf einer Buchseite betrachtet, überwiegt der Eindruck, nur ein Bild vor sich zu haben. Das gilt insbesondere dann, wenn man ein Gemälde aus der Nähe sieht und durch Augenbewegungen und Disparität, aber auch durch Anhaltspunkte wie etwa den Rahmen sofort den zweidimensionalen Charakter des Bildes wahrnimmt. Pozzo brauchte sich um all dies jedoch nicht zu kümmern, weil sich das Deckengewölbe etwa 30 Meter über dem Betrachter befindet – auch mit beiden Augen läßt sich die Oberflächenstruktur der Decke nicht mehr erkennen.

Gemälde, die nicht wie Bilder wirken, sind nicht nur erstaunliche Leistungen, was Können und Wissen des Malers betrifft, sondern sie beweisen den enormen Einfluß von Abbildungsfaktoren. Andere Anhaltspunkte des räumlichen Sehens sind ja hier entweder

Eine Teilansicht von Pozzos Gemälde, aus unterschiedlichen Blickrichtungen aufgenommen. Vom Projektionszentrum aus sind die gemalten Fenster und Bögen kaum von den wirklichen zu unterscheiden. Die Täuschung wird in der rechten Aufnahme sichtbar, bei der die Kamera nicht im Projektionszentrum stand.

ganz ausgeschaltet oder sie wirken sogar entgegengesetzt. Trompe-l'oeil-Darstellungen sind aber insofern nicht typisch, als Gemälde normalerweise auch als Kunstwerke gesehen werden sollen: Das Bild zeigt etwas, ist aber zugleich selbst Gegenstand der Betrachtung.

Damit sind wir an einem wesentlichen Punkt: dem ambivalenten Eindruck beim Betrachten eines Kunstwerks. In gegenständlich gemalten Bildern sehen wir sofort die abgebildete Szene – meistens räumlich; gleichzeitig erkennen wir Linien, Muster und Farbflächen oder auch Pinselstriche auf einer Leinwand. Der Philosoph Michael Polanyi bezeichnete das Erfassen der Bildhaftigkeit als „sekundäre

Wahrnehmungsebene", im Gegensatz zu den Bildinhalten, die wir auf der „primären Wahrnehmungsebene" erkennen. Allerdings läßt sich die Rangfolge umkehren, indem man sich gezielt auf Pinselstriche und Oberflächenstrukturen konzentriert. In jedem Fall müssen wir uns diese verschiedenen Ebenen immer wieder in Erinnerung rufen, wenn wir uns mit der Bildwahrnehmung beschäftigen. Im folgenden möchte ich einige Aspekte des Wahrnehmens und Zeichnens gegenständlicher Bilder diskutieren: Warum erscheinen uns manche verzerrt, andere nicht? Warum wirken gegenständliche Bilder ähnlich wie die realen Strukturen? Warum fällt es den meisten von uns so schwer, etwas naturgetreu

Vincent van Gogh malte den Blick von Arles 1890 mit einer Strichtechnik, die beim Betrachten des Bildes sofort als Struktur der Bildfläche wahrgenommen wird.

zu zeichnen? All diese Fragen möchte ich am Beispiel der gegenständlichen Malerei aufzeigen, wobei ich mich auf den westlichen Kulturkreis beschränke.

Verzerrung

Die beiden Wahrnehmungsebenen beim Betrachten von Bildern spiegeln sich darin wider, daß wir sowohl die künstlerische Qualität als auch die dargestellte Szene nahezu unabhängig vom Blickwinkel erkennen können. Wir müssen ja nicht mühsam nach einem geeigneten Standpunkt suchen, um den Bildinhalt zu erfassen – wie man es bei der Decke in Sant' Ignazio tun muß, um den räumlichen Eindruck zu bekommen. Natürlich ist das Netzhautbild eines Gemäldes verzerrt, sobald wir nicht senkrecht darauf blicken, aber wir korrigieren diese Verzerrung.

Angenommen, eine Kugel ist durch eine Kreisfläche wiedergegeben und wir betrachten das Bild von der Seite, dann entsteht auf der Netzhaut eine Ellipse. Das Sehsystem berücksichtigt diese seitliche Perspektive und deutet die Ellipse richtig als verzerrten Kreis. Unbewußt wird dabei vorausgesetzt, daß das Bild „normalerweise" in der Frontalebene gesehen wird. Dadurch kann es zur Formkonstanz kommen, und zwar noch bevor wir uns darüber klar werden, was die Umrisse auf der Leinwand bedeuten. Den wahrgenommenen Kreis deuten wir schließlich als abgebildete Kugel.

Diese beiden Verarbeitungsschritte lassen sich an einem etwas komplizierteren Beispiel noch deutlicher verfolgen. Betrachten wir dazu die Tasse im Stilleben von Henri Fantin-Latour etwas genauer. Die Kreisformen von Tasse und Untertasse auf dem Tablett sind auf der Leinwand perspektivisch exakt als Ellipsen gemalt. Wenn wir das Bild unter einem kleinen Winkel von der Seite sehen, kann als Netzhautbild einer solchen Ellipse ein Kreis entstehen oder sogar eine Ellipse, bei der die senkrechte Achse länger ist als die waagerechte – also genau umgekehrt wie auf der Leinwand. Um zu erkennen, welche

Form die Figur auf der Leinwand darstellt, ist erst einmal Konstanz für die Ellipsenform nötig: Aus dem „Zerrbild" auf der Netzhaut müssen wir die gemalte Ellipse (mit längerer waagerechter Achse) erschließen; erst danach läßt sich ihre Bedeutung – etwa als runder Tassenrand – erkennen. Formkonstanz setzt dabei freilich Anhaltspunkte für Tiefe voraus. Der Tassenrand allein würde ohne Bezug auf die anderen Bildelemente einfach wie eine Ellipse in einer senkrechten Ebene aussehen.

Ich kann es dem Leser nicht verdenken, wenn er jetzt verwirrt ist. Erst habe ich gesagt, daß man Trompe-l'oeil-Malereien nur vom Projektionszentrum aus räumlich sieht, nun

Die Tasse in Henri Fantin-Latours Stilleben von 1866 erscheint uns immer gleich, egal aus welcher Richtung wir das Bild betrachten. Tatsächlich werden die elliptischen Konturen der Tasse im Netzhautbild „gestaucht", wenn wir sie von der Seite sehen – das illustriert die Zeichnung.

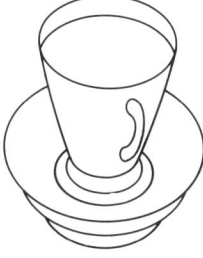

Ein Photo von einem Photo. Das Nixon-Plakat erscheint verzerrt, weil es schräg von der Seite aufgenommen wurde.

Man kann sich das an einem Kreis auf einem Trompe-l'oeil-Gemälde verdeutlichen, der eine Kugel darstellt. Wenn man ihn von der Seite betrachtet, wird der Kreis wie bei jedem Bild auf der Netzhaut als Ellipse abgebildet. Weil wir aber nicht das Gemälde als Objekt und die Umrisse als Umrisse erkennen, kommt die Formkonstanz nicht zum Zuge und die Verzerrung wird nicht korrigiert.

Wie wichtig es ist, die Orientierung einer Bildfläche zu kennen, zeigen Photos von Photos. Wenn etwa ein Plakat von der Seite aufgenommen wird, bleibt das beim Betrachten des Photos unberücksichtigt. Zwar entsteht nahezu das gleiche Netzhautbild von dem Plakat, wie es sich bei einem Beobachter dicht neben der Kamera ergeben würde, aber es wird anders verarbeitet. Den Unterschied kann man besonders schön an einem Photo von M. H. Pirenne sehen, das Richard Nixon vor einem Wahlplakat zeigt. Das Plakat hätten wir bei der Veranstaltung nicht verzerrt wahrgenommen, weil wir verschiedene Wahrnehmungsebenen berücksichtigt hätten. Das Plakatphoto demonstriert darüber hinaus indirekt auch, wie groß die Verzerrung durch einen „falschen" Blickwinkel tatsächlich ausfallen würde, wenn die Konstanz als Korrektur wegfiele.

Verzerrung und Korrekturmechanismen führen auch zu einigen auffallenden Effekten beim Betrachten von Bildern. So vermitteln manche Portraits den Eindruck, daß uns die Augen folgen, wenn wir zur Seite gehen und das Bild aus wechselnden Positionen anschauen. Dieser bekannte Effekt kommt natürlich nur zustande, sofern die portraitierte Person zum Maler blickend dargestellt wurde − so wie Pissarro seine Tochter gemalt hat. Bei solchen Portraits oder auch bei Portraitphotos von Menschen, die zur Kamera blicken, nehmen die Pupillen eine bestimmte, der Blickrichtung entsprechende Position im Auge ein. Im Atelier würden wir unabhängig von unserem Standpunkt feststellen, daß das Modell auf den Maler blickt, weil wir Augen und Pupillen unter einem anderen Blickwinkel sehen. Beim Portrait scheinen uns die Augen meines Erachtens deshalb zu folgen, weil die

behaupte ich, daß man gewöhnliche Bilder aus wechselnden Positionen richtig wahrnimmt, weil Verzerrungen des Netzhautbildes automatisch zu einer Korrektur führen. Aber das ist keineswegs ein Widerspruch. Egal, ob wir uns der Tatsache bewußt sind, daß wir ein Bild vor uns haben, oder nicht, auf der Netzhaut ändert sich ein Umriß mit dem Blickwinkel. Bei Trompe-l'oeil-Gemälden sehen wir eine Szene nicht als Darstellung, sondern wie eine wirkliche Umgebung. Damit fehlt der Anstoß, der sonst bei Bildern zur Konstanz führt.

relative Position der Pupillen gleich bleibt. Zwar verändert sich auch beim Gemälde die Projektion der Augenumrisse durch unseren Blickwinkel, aber diese Verzerrung wird vom Wahrnehmungssystem korrigiert, so daß wir die Form der Augen wirklichkeitsgetreu wahrnehmen. Zweifellos trägt diese Korrektur

Seite oder von vorn betrachten, die Wirkung ist dieselbe: Die Arme öffnen sich stets zum Betrachter hin. Auch hier würde die Frau selbst in einer Alltagsszene einen anderen Eindruck erwecken. Nur das *Bild* der ausgestreckten Arme bleibt von der Art der Perspektive unberührt.

dazu bei, daß wir die gemalten Augen auf uns gerichtet sehen, aber sie ist dafür nicht unbedingt notwendig. Auch wenn die Augen im portraitierten Gesicht aus einem seitlichen Blickwinkel betrachtet deutlich verzerrt werden, die Position der Pupillen bleibt innerhalb der (verzerrten) Augenumrisse annähernd gleich.

Auf ähnliche Weise läßt sich der Eindruck erklären, daß etwas im Bild auf den Betrachter hin gerichtet ist — etwa die Arme der Frau auf dem Plakat; egal, ob wir es von der

Camille Pissarros Portrait seiner Tochter Jeanne, gemalt 1872. Das Mädchen blickt immer zum Betrachter, egal wo er steht. Bei der Frau auf dem Plakat scheinen die Arme immer zum Betrachter gerichtet, unabhängig von seiner Position.

Wie wir Bilder sehen

Warum können wir zumindest in gegenständlichen Bildern eine Ähnlichkeit zur Realität wiedererkennen, indem wir Tiefe und räumliche Strukturen mit Hilfe bestimmter Konstanzleistungen wahrnehmen? Auch wenn wir die Verzerrungen durch unseren Blickwinkel korrigiert haben, bleibt das Bild selbst ja zweidimensional: eine Fläche mit Linien, Mustern und Farben. Wie kann die Wahrnehmung daraus eine räumliche Szene konstruieren?

Eine einleuchtende Antwort – die ich voll unterschreiben würde – wäre die Ähnlichkeit zwischen den Netzhautbildern, die durch eine reale Szene und deren Bild entstehen. Vieles stimmt dann überein: Formen, Größenverhältnisse, räumliche Tiefe, Helligkeit und Farbe. Dazu kommt, daß viele Bilder perspektivisch gemalt oder gezeichnet sind: Strecken, die in die Tiefe führen, verkürzen sich so, daß gleich große Gegenstände im Hintergrund entsprechend verkleinert auf der Leinwand erscheinen, parallele Geraden laufen in der Tiefe scheinbar zusammen und so weiter. All das gilt auch für die Abbildung einer Szene auf der Netzhaut, wie wir im vorigen Kapitel gesehen haben. Ein Gemälde bewirkt also einen ähnlichen Netzhautreiz. Natürlich muß das Sehsystem diesen Reiz mit den Mechanismen der räumlichen Wahrnehmung und der Konstanz verarbeiten – genau wie das Netzhautbild einer realen Umgebung.

Diese Parallele betrifft Verhältnisse und Beziehungen innerhalb eines Bildes – ob Gemälde oder Netzhautbild der wirklichen Szene – und gilt nicht etwa für absolute Eigenschaften. Zum Beispiel hat die Größe eines Gemäldes und aller Einzelheiten darauf keinen wesentlichen Einfluß, solange es maßstäblich und perspektivisch exakt ist. Eine naturgetreue Farbgebung verstärkt den Eindruck von Wirklichkeitsnähe, ist aber keineswegs notwendig, um die dargestellte Szene zu erkennen – wie Zeichnungen, Holzschnitte und Schwarzweiß-Photographien belegen.

Aber ganz so einfach sind die Dinge nun auch wieder nicht: Das Netzhautbild einer Photographie kommt dem der wirklichen Szene zwar sehr nahe, aber man muß doch einige Abstriche machen – und das gilt erst recht für Gemälde und Zeichnungen. Die hellsten und dunkelsten Bereiche auf dem Photo können sich in ihren Grauwerten höchstens um einen Faktor 30 unterscheiden – während in der Wirklichkeit Werte über 100 000 auftreten können. Licht und Schatten auch bei starkem Helligkeitskontrast wirklichkeitsgetreu darzustellen, war zu allen Zeiten eine große Herausforderung für den Maler.

Ganz abgesehen davon, daß jeder Maler dieselbe Szene anders darstellen wird, können auch Zeichnungen, die enorm vom Netzhautbild abweichen, realistisch wirken. Ein Beispiel dafür ist die Strichzeichnung, die John M. Kennedy in einem Buch über Bildwahr-

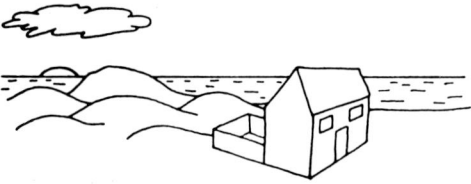

Linien werden bei einer Strichzeichnung wie Kanten zwischen verschiedenen Objekten oder entsprechend Teilen von Objekten wahrgenommen.

nehmung veröffentlicht hat. Wir haben keine Schwierigkeiten, Haus, Hügel, Wasser und Wolke zu erkennen, obwohl alles nur mit Strichen angedeutet ist. Der Unterschied zwischen dieser Zeichnung und der wirklichen

Landschaft spiegelt sich vor allem in dem wider, was bei den weißen Flächen weggelassen ist. Konturen von Gegenständen ergeben sich ja im allgemeinen nicht aus Linien, sondern anhand der Kanten zwischen Teiloberflächen einzelner Objekte oder Grenzen von Flächen, die sich vom Hintergrund abheben.

Konturen entstehen dann durch Farb- oder Helligkeitsgrenzen oder durch abrupte Änderungen in der Musterung. Bei vielen Bildern werden solche Kanten mit den gleichen Mitteln dargestellt, aber das ist, wie die Zeichnung zeigt, gar nicht nötig: Alle Kanten lassen sich ebenso deutlich durch Striche — genaugenommen äußerst schmale Streifen in einer bestimmten Farbe oder Helligkeit — wiedergeben, und zwar unabhängig von der jeweiligen Bedeutung. Eine Linie kann die Silhouette eines Hügels darstellen, der dahinterliegende Objekte verdeckt; andere Linien, die unter einem Winkel zusammenlaufen, stehen für die Ecke eines Hauses.

Wie ausgezogene Konturen auf Bildern wahrgenommen werden, führt zu einer Grundsatzfrage, die unter Kunsthistorikern und Psychologen umstritten ist: Sehen wir Bilder einfach aufgrund von Konventionen so, wie wir sie wahrnehmen, oder ist die Ähnlichkeit von Bild und Netzhautbild das Entscheidende?

Bildwahrnehmung und Konvention

Wenn wir Linien in einem Bild als Kanten und Konturen erkennen, dann vielleicht einfach deshalb, weil wir gelernt haben, bestimmte Konventionen in der Kunst richtig zu interpretieren. Möglicherweise hat sich diese Art der Darstellung in der Kunst über Jahrhunderte hinweg eingebürgert, und jede neue Generation wird von Kindheit an damit vertraut gemacht. Das würde auch erklären, warum Tiere bestimmte Strichdarstellungen nicht interpretieren können; und interessanterweise nehmen auch Menschen aus anderen Kulturen solche Zeichnungen anders wahr

als wir — beides spricht dafür, daß hier eine Konvention erlernt werden muß. In die gleiche Richtung scheint die kunstgeschichtliche Entwicklung zu weisen: Die Darstellungsmittel haben sich im Laufe der Zeit immer wieder einschneidend verändert. Und insbesondere die Tatsache, daß Perspektive erst so spät zum Allgemeingut wurde, spricht für die Konventionstheorie.

Tatsächlich spielen Konventionen bei Kunstwerken und in vielen Karikaturen eine wichtige Rolle — selbst wenn man sich dessen nicht bewußt wird oder sich nicht vorstellen kann, daß auch eine andere Art der Darstel-

Das Halbprofil ist charakteristisch für die altägyptische Kunst.

Madonna mit Kind in einer Darstellung des Lebens von Johannes dem Täufer aus der Zeit um 1330 oder 1340. Das Gesicht des Jesuskindes ist wie ein verkleinertes Erwachsenengesicht gemalt.

83

lung das gleiche aussagen könnte. Ob die alten Ägypter wohl gewußt haben, daß sie nur einer von vielen möglichen Konventionen gefolgt sind, wenn sie Menschen halb im Profil und halb frontal abgebildet haben? Und vielleicht glaubten die Griechen (um 600 vor Christus), in ihren Statuen und Malereien könnten sie Menschen nur auf eine Art richtig darstellen. Oder wenn vor der Renaissance (und in einigen Fällen auch danach) viele Maler die Gesichter von Kindern wie verkleinerte Gesichter von Erwachsenen abgebildet haben – waren sie sich dabei darüber im klaren, daß sie einer Konvention folgten? Vielleicht haben beide, Künstler und Betrachter es bereits vage als Mangel empfunden, daß die Darstellung in einigen Punkten von der Wirklichkeit abwich.

Ein modernes Beispiel für Konventionen liefern stereotype Darstellungsmittel in Comics – etwa wenn Striche benutzt werden, um den Eindruck von Geschwindigkeit zu erwecken. Wahrscheinlich ist das den verwischten Streifen auf Photos von schnell bewegten Objekten nachempfunden. Bei Karikaturen und Zeichnungen werden die Umrisse von verschiedenfarbigen Flächen oft durch Linien angedeutet, etwa die Flecken einer Giraffe. Den Sinn dieser geschlossenen Linien können Angehörige des Songe-Stammes auf Neuguinea allerdings nicht verstehen – wie Kennedy berichtet.

Wenn einige Darstellungsmittel offenbar auf Konvention beruhen, gilt das dann auch für Striche und Konturen schlechthin? Vielleicht akzeptieren wir die scharfe, geschlossene Linie in der Zeichnung auf Seite 82 nur aufgrund einer Konvention als Darstellung einer Wolke, die ja normalerweise weichere Formen hat; unter Umständen gilt das auch für die Striche im Wasser. Bei diesen speziellen Beispielen wäre eine solche Deutung sicher möglich. Gleichwohl läßt sich die Konventionstheorie im Sinne einer allgemein gültigen Erklärung logisch und empirisch widerlegen – darauf hat auch Kennedy hingewiesen.

Der logische Einwand stützt sich darauf, daß bei Kanten zwischen unterschiedlich gefärbten oder gemusterten Flächen die entscheidende Information in den Konturen enthalten ist.

Konventionen in Comics: Linien deuten Bewegung, Aufprall oder Schwindel an. Aus Herges „Im Reich des schwarzen Goldes".

Das gilt ebenso für Objekte in unserer Umgebung wie für Strichzeichnungen, bei denen Linien die gleiche Information enthalten wie Kanten. Deshalb können wir in gewisser Hinsicht auf der Zeichnung eines Hauses ebensoviel erkennen wie beim Betrachten des Hauses selbst.

Überdies neigt das Sehsystem dazu, anhand der Konturen des Netzhautbildes Figur und Hintergrund zu trennen – ein Phänomen, das wir im nächsten Kapitel besprechen. Vermutlich besteht eine allgemeine und möglicherweise sogar angeborene Tendenz, Flächen innerhalb bestimmter Konturen als abgegrenzte Objekte vor einem Hintergrund wahrzunehmen. So empfinden wir etwa einen Kreis auf einer weißen Fläche nicht als Linie, sondern als Scheibe. Um den Eindruck einer einzelnen Kreislinie zu erwecken, müßte man für zusätzliche Information sorgen, indem man einen zweiten Kreis innerhalb des ersten einzeichnet oder den Hintergrund schraffiert. Wenn aber eine in sich geschlossene Linie spontan als Fläche oder Objekt wahrgenommen wird, weil das Sehsystem die Netzhautreize so organisiert, dann erübrigen sich die Erklärungsversuche der Konventionstheorie.

Man kann beim Vergleich von Netzhautbild und Strichzeichnung noch viel weiter gehen. Strichzeichnungen gelten zwar meist als stark vereinfachte Wiedergabe der realen Objekte, weil Oberflächenstrukturen, Farbe, Schattierungen und viele Details fehlen, aber bisweilen lassen sich Gegenstände gerade wegen der reduzierten Information auf Zeichnungen oder stilisierten Gemälden tatsächlich leichter erkennen als auf detailgetreuen Photos. Strichzeichnungen fangen oft die wichtigsten Merkmale ein, statt sich mit unübersichtlichen Einzelheiten abzugeben, und sogar Karikaturen treffen mit ihrer Verzeichnung den Kern der Sache oft genauer als eine exakte Darstellung der Wirklichkeit. Jedenfalls zeigen die Experimente, daß Karikaturen oft schneller erkannt werden als naturgetreue Bilder desselben Inhalts.

Empirisch läßt sich die Konventionstheorie aus mehreren Gründen widerlegen. Dazu

Karikaturen sind bisweilen leichter zu durchschauen als Photos. Bei der Strichzeichnung der Giraffe sind die Flecken durch geschlossene Umrisse wiedergegeben.

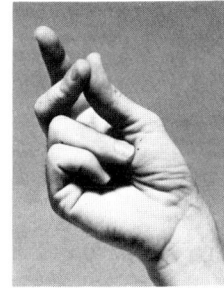

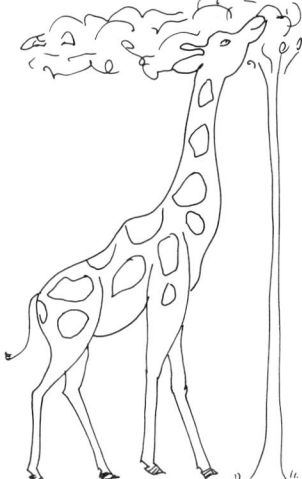

haben Julian Hochberg und Virginia Brooks ein Experiment gemacht, das freilich die Grenzen der üblichen Wahrnehmungsforschung überschreitet: Sie hielten ihren Sohn in seinen ersten beiden Lebensjahren von jeglichen Bildern fern – einschließlich der Abbildungen auf Lebensmittelpackungen oder Anzeigetafeln. Wenn das Kind versehentlich doch einmal mit Bildern in Berührung kam, gaben die Eltern dazu nie einen erläuternden Kommentar und nannten erst recht keine Bezeichnungen. Mit zwei Jahren wurde das Kind schließlich getestet; es sollte verschiedene Gegenstände auf Abbildungen identifizieren, insbesondere auch Strichzeichnungen von Schuhen und anderen vertrauten Dingen. Es konnte alles mühelos erkennen. Wenn sich dieses Ergebnis verallgemeinern läßt, kann man wohl nicht mehr behaupten, daß Strichzeichnungen aufgrund der erworbenen Konventionen erkannt werden.

Wie soll man aber dann die Befunde erklären, die Anthropologen und Psychologen zur Bildwahrnehmung bei Menschen aus anderen Kulturen beobachtet haben? Menschen, die zuvor nie mit bildlichen Darstellungen konfrontiert waren, konnten mit Bildern, die man ihnen zeigte, anscheinend nichts oder nur wenig anfangen. Vermutlich hat man daraus jedoch voreilige Schlüsse gezogen. Ist es denn wirklich überraschend, daß jemand,

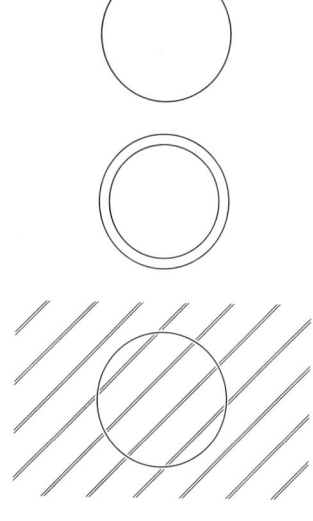

Ein Kreis allein wird als Scheibe wahrgenommen; es bedarf zusätzlicher Information, um ihn als Kreis auf einem Hintergrund zu kennzeichnen – etwa durch einen zweiten Kreis oder eine Schraffur.

der noch nie ein Photo gesehen hat, verwirrt ist? Ein Bild ist ja auch ein Gegenstand, eine zweidimensionale Fläche mit bestimmten Mustern darauf. Um darin eine abgebildete Szene zu erkennen, muß man mit zwei Wahrnehmungsebenen vertraut sein. Wir sind darauf eingestellt, daß wir nach der Szene gefragt sind, die Eingeborenen waren das bei diesen Versuchen offensichtlich nicht. Aber erst wenn der Betrachter versteht, daß er die Darstellung − und nicht das Bild als Gegenstand − beschreiben soll, kann er seine Wahrnehmung angemessen wiedergeben. Und dann bekommt man auch eindeutige Ergebnisse: Vertraute Gegenstände wie Tiere und Menschen werden auf Photos und Zeichnungen problemlos erkannt. Die Deutung der Szene ist freilich bisweilen ambivalent − etwa wenn unklar ist, ob die abgebildeten Menschen gerade tanzen oder kämpfen. Auch das sollte uns jedoch nicht überraschen: Auf dieser Ebene der Interpretation ist nachgerade zu erwarten, daß sich kulturelle Unterschiede bemerkbar machen.

Hudsons Testbild zur Bildwahrnehmung bei unterschiedlichen afrikanischen Stämmen.

Wie steht es aber mit den Befunden, daß perspektivische Darstellungen nicht in allen Kulturen zu einer räumlichen Interpretation führen, auch wenn die Objekte erkannt werden? Das würde in der Tat nahelegen, daß die Testpersonen die Konventionen der perspektivischen Darstellung nicht erlernt haben. Betrachten wir dazu jedoch etwas genauer die Zeichnung, die William Hudson bei einer Untersuchung in Südafrika benutzt hat. Die Versuchspersonen wurden gefragt, ob der Speer auf den Elefanten oder die Antilope gerichtet sei. Dabei wird vorausgesetzt, daß die Abbildungsfaktoren − Verdeckung, Perspektive und die natürlichen Größen von Antilope und Elefant − eine eindeutige Antwort nahelegen. Tatsächlich sind sie aber in dieser Zeichnung so schwach ausgeprägt, daß das Bild auch für uns nicht ganz klar ist. Wenn auf die Testfrage oft „Elefant" geantwortet wurde, sollte das also nicht allzusehr überraschen.

Außerdem muß man sich davor hüten, Größen- oder Formwahrnehmung als Hinweis für die Tiefenwahrnehmung bei Bildern überzubewerten. Denn die Tendenz zur Konstanz ist hier längst nicht so stark ausgeprägt wie beim Betrachten einer realen Szene. Diese Differenz macht sich schon bei Bildern bemerkbar, in denen zahlreiche und zuverlässige Abbildungsfaktoren auf Tiefe hinweisen, und wirkt sich natürlich erst recht dort aus, wo es nur spärliche Hinweise auf die Tiefe gibt. Man darf sich also nicht wundern, wenn der Elefant in der Beispielzeichnung fast nur nach dem kleinen Sehwinkel beurteilt wird; und wenn Angehörige eines afrikanischen Stammes angeben, daß ein Tier am Horizont viel kleiner aussieht als im Vordergrund, so ist keineswegs zwingend, daß sie anders wahrnehmen als wir.

Aus einer völlig anderen Richtung kommt ein weiteres Argument gegen die Konventionstheorie. Menschen, die blind geboren wurden oder innerhalb weniger Monate nach der Geburt erblindeten, können „Strichzeichnungen" aus erhabenen Linien auf einer Fläche beim Ertasten richtig wahrnehmen. Das ergaben Untersuchungen, die Kennedy und seine Mitarbeiter mit Blinden gemacht haben, die nie zuvor Gelegenheit hatten, Bilder irgendwelcher Art zu sehen. Sie kannten weder das Aussehen der Objekte, die sie ertasten mußten, noch waren sie geübt im Umgang mit taktilen „Reliefbildern". Darum sind die Resultate beeindruckend. Sie bestätigen einmal mehr, daß wir den – visuell oder durch Tasten – wahrgenommenen Umriß einer Figur als Gegenstand und nicht als bloße Linien interpretieren, ohne daß wir dies erlernen müßten.

Schließlich wollen wir noch anmerken, daß auch viele prähistorische Höhlenbilder Umrißzeichnungen sind, wobei der ästhetische Reiz der Höhlenmalerei in nichts hinter dem moderner Kunstwerke zurücksteht. Kennedy und seine Mitarbeiter haben darauf hingewiesen, daß solche Umrißzeichnungen fast überall auf der Welt in Höhlenbildern zu finden sind. Offenbar handelt es sich auch hier nicht um eine Konvention, die nur innerhalb bestimmter Gruppen weitergegeben wurde.

Nach alldem können wir also feststellen, daß man Bilder auch ohne einschlägige Erfahrung erkennen kann. Diese Fähigkeit beruht eben nicht bloß auf Konventionen, sondern wir entdecken die grundlegende Übereinstimmung zwischen dem Bild und seiner Entsprechung in der Umwelt. Dadurch kommt es zum Erkennen, und erst jetzt stellen sich Mechanismen wie Tiefenwahrnehmung ein. Etwas ähnliches passiert, wenn wir ein Bild aus scheinbar willkürlichen Fragmenten betrachten und die Wahrnehmung in Erkennen umschlägt: Zunächst sehen wir nur eine beliebige Ansammlung von weißen Flecken auf schwarzem Grund; wenn wir sie dann plötzlich als Mann auf einer Bank interpretieren, erscheint uns das Bild gleichzeitig dreidimensional. Dieses Beispiel zeigt, daß auch Erfahrung im Spiel ist, allerdings nicht unbedingt die Erfahrung mit Bildern, sondern mit vertrauten Gegenständen. Wenn wir in einer Umwelt ohne Bilder leben würden, ähnlich wie der Sohn von Virginia Brooks in seinen ersten beiden Lebensjahren, dann würden wir Bilder von Häusern, Hügeln,

Erst wenn man in den weißen Flecken eine Figur erkennt, nimmt man Tiefe wahr.

Prähistorische Bilder in der Santamanin-Höhle im spanischen Sagna.

Wasser oder die Abbildung eines Schuhs vielleicht tatsächlich anders sehen, sofern wir nie zuvor Erfahrungen mit all diesen Dingen unserer gewohnten alltäglichen Umgebung gemacht hätten.

Nachdem ich nun einige Aspekte der Bildwahrnehmung untersucht habe, möchte ich auf Probleme beim Gestalten solcher Bilder hinweisen. Es wäre völlig falsch zu meinen, Zeichnen und Malen sei nur eine Frage der Motorik oder ein Thema für sich, das weit von der Wahrnehmung wegführt. Aber was wir zeichnen und wie wir es darstellen, hängt natürlich unmittelbar mit unseren Wahrnehmungen zusammen. Übrigens gilt das auch für andere Bereiche der Motorik: Viele Körperbewegungen werden durch Wahrnehmungen ausgelöst, etwa wenn wir einen Gegenstand von einem Tisch nehmen. Natürlich kommen geistige Vorgänge hinzu — wir richten uns im Verhalten zum Beispiel auch nach unserem Gedächtnis und beziehen Wissen mit ein. Das gilt genauso für das spezielle Verhalten, das wir Zeichnen und Malen nennen.

Bei Bildern wird die Größe ferner Objekte oft unrealistisch eingeschätzt, weil die Entfernungsverhältnisse nicht klar sind. In seinem Gemälde *O Lune!... inspire-moi ce soir* (1844) malte Honoré Daumier den Mond vergrößert, um die Grenzen der Wahrnehmung zu kompensieren. Eine Kopie mit einem kleineren Mond, bei dem der Sehwinkel an die tatsächlichen Verhältnisse angepaßt ist, vermittelt einen falschen Eindruck.

Zeichnen

Psychologen haben immer wieder vermutet, daß sich in den Zeichnungen eines Menschen seine Wahrnehmungen widerspiegeln. Nun zeichnen Kinder im Vorschulalter Buchstaben oft seitenverkehrt nach. Heißt das nun, daß sie diese Buchstaben auch spiegelbildlich sehen, also etwa ein *S* als *Ƨ*? Wäre es so, müßten sie das *S* richtig zeichnen, denn nur dann entspricht es dem betrachteten Vorbild, wie immer das wahrgenommen wird. Wenn man annimmt, daß Wahrnehmung und Zeichnung übereinstimmen, können Vorbild und Kopie jedenfalls nicht verschieden aussehen. Ein ähnliches Problem stellt sich, wenn manche Kunsthistoriker El Grecos Darstellungen von unnatürlich großen Menschen mit einem Sehfehler erklären: Er habe an Astigmatismus gelitten, und dadurch sei das Netzhautbild in die Länge „gestreckt" worden. Das ist ein klassischer Denkfehler, der unter dem Namen El Greco-Trugschluß in die Literatur eingegangen ist: Hätte der Maler Menschen wirk-

lich so verzerrt gesehen, dann müßte er dieselbe Verzerrung auch bei seinen Bildern
von Menschen wahrgenommen haben. Die
gestreckten Figuren seiner Gemälde wären
ihm aufgrund eines solchen Sehfehlers noch
weit länger erschienen als die Originale. Um
sie auf den Bildern so zu sehen wie im Alltag,
hätte El Greco die Menschen also auch bei
einem Sehfehler korrekt malen müssen.

Es gibt viele andere Beispiele dafür, daß
Zeichnungen nicht notwendig das wiedergeben, was wahrgenommen wird. Klinische
Psychologen und Psychiater benutzen für
diagnostische Zwecke den Benderschen Ge-
stalt-Test: Dabei wird die Aufgabe gestellt,
verschiedene geometrische Figuren nachzuzeichnen. Fehler, die die Testpersonen beim
Abzeichnen machen, werden vielfach auf
Fehler der Wahrnehmung zurückgeführt.
Auch dieser Rückschluß scheint mir höchst
fragwürdig. Viel eher ist anzunehmen, daß
man aus unbekannten Gründen nicht das
zeichnet, was man sieht. In der Geschichte
der Psychologie sind solche Fehlschlüsse des
öfteren vorgekommen, wenn es um Gedächtnis und Zeichnen ging. Um zu prüfen, wie
eine Figur im Gedächtnis behalten wurde,
ließ man sie aus der Erinnerung nachzeichnen.
Aber es gibt wohl geeignetere Testmethoden.

Angesichts all dieser Irrtümer ist es schon
wichtig, sich einmal die Bedeutung der
Wahrnehmung für Zeichnen und Malen klar-
zumachen. Wie sich zeigen wird, kann das,
was wir zeichnen, in einigen Fällen durchaus
widerspiegeln, wie wir wahrnehmen, aber es
gibt auch andere Einflußfaktoren.

Was macht es für die meisten von uns so
schwer, etwas naturgetreu zu zeichnen? Warum malen Kinder in ihrer charakteristischen
Art? Und warum hat sich die exakt perspektivische Darstellung in der Malerei erst relativ
spät entwickelt? Endgültige Antworten können wir hier nicht anbieten, aber die Wahr-
nehmungspsychologie kann doch etwas Licht
in die Sache bringen.

Die Schwierigkeiten beim Zeichnen beruhen
nicht in erster Linie auf einer mangelnden

motorischen Fertigkeit. Schließlich können
die meisten von uns geometrische Figuren
wie Dreiecke, Rechtecke oder auch ein nicht
allzu kompliziertes zweidimensionales Muster
ganz brauchbar darstellen. Das Problem liegt
meines Erachtens in der Wahrnehmung und
ihrer kognitiven Verarbeitung. Die Ursachen
sind darin zu suchen, wie wir Gegenstände
wahrnehmen und wiedergeben, was wir über
sie wissen und wie genau wir uns jeweils
daran erinnern.

Zeichnen und Konstanz. Um einen Gegenstand oder die Umgebung naturgetreu zu
zeichnen, müssen wir es fertigbringen, daß
unsere Zeichnung schließlich dem Netzhautbild des Gegenstandes beziehungsweise der
betrachteten Szene ähnelt. Leider können
wir unsere Netzhautbilder nicht unmittelbar
sehen, und was wir wahrnehmen – Objekte
und Flächen in bestimmten Größen- und
Formverhältnissen – weicht deutlich vom
Netzhautbild ab. Wenn wir zeichnen würden,
was wir wahrnehmen, käme sicher keine
perspektivische Darstellung heraus.

El Greco (Domeniko Theotoko-
poulos) stellte Menschen unverhältnismäßig groß dar – in diesem
Bild von 1608 den Heiligen
Andreas und den Heiligen Franz.

89

Kinderzeichnungen sind nicht perspektivisch, sondern zeigen Form und Größe, wie wir sie – etwa beim Tisch – aufgrund von Konstanzmechanismen wahrnehmen.

Die Hauptschwierigkeit ergibt sich hier aus der Fähigkeit unseres Sehsystems, die wesentlichen Eigenschaften der Objekte wahrzunehmen – und eben nicht nur das Bild auf der Netzhaut zu registrieren. Das kann man besonders gut bei Kinderzeichnungen feststellen: Wenn man ein Kind bittet, einen Tisch zu zeichnen, den es vor sich sieht, dann stellt es häufig dar, was es wahrnimmt: nämlich eine rechteckige Fläche, bei der die Hinterkante genauso lang ist wie die vordere und die linke Seite exakt parallel zur rechten verläuft. Teller werden höchstwahrscheinlich als Kreise und nicht als Ellipsen auf diesen Tisch gemalt.

Wie schaffen es dann geübte Künstler, so perfekt zu zeichnen? Die einfachste Antwort wäre natürlich, daß es ihnen beigebracht wurde oder sie von allein darauf kamen – und da ist sicher etwas Wahres daran. Leonardo da Vinci lehrte seine Schüler die perspektivischen Gesetze und ihre praktische Anwendung, und noch heute lernt man das im Kunstunterricht. Außerdem entdecken wir manchmal durch Zufall einen Zusammenhang zwischen Geometrie und Perspektive, vielleicht durch Versuch und Irrtum oder einfach durch Betrachten von Bildern.

Aber viel wichtiger könnte etwas ganz anderes sein: Es gibt eine Art des Wahrnehmens, die sich eng an das zweidimensionale Netzhautbild anlehnt – ich habe das schon früher erwähnt: Eisenbahngeleise und Straßenränder zum Beispiel sehen wir einerseits konvergieren, andererseits zugleich aber auch parallel; Teller auf einem Tisch nehmen wir gleichzeitig elliptisch und kreisförmig wahr. Obwohl der Hauptmodus mit seinen Konstanzfunktionen meist überwiegt, bleibt der Zusatzmodus latent wirksam – und er könnte beim Zeichnen eine entscheidende Rolle spielen, wenn wir uns nur darauf konzentrieren. Angenommen, wir wollen eine Straße zeichnen, dann ermöglicht uns dieser zweite Modus, die Ränder zusammenlaufend darzustellen und nicht parallel, wie es unserem üblichen Wahrnehmungsmodus entspricht.

In manchen Situationen macht es keine Mühe, auf den Zusatzmodus „umzuschalten"; wenn man zum Beispiel Eisenbahngeleise betrachtet, dann kann man sich leicht klarmachen, daß die Schwellen in der Ferne „kürzer" werden – und ähnliches gilt für parallele Strukturen überhaupt. Wenn die Objekte allerdings weit voneinander entfernt sind und unter ganz verschiedenen Blickrichtungen gesehen werden müssen, kommt dieser Eindruck nur mit Mühe zustande. Möglicherweise benutzen Maler aus diesem Grund oft ihren Daumen oder einen Bleistift, um die Sehwinkel verschiedener Objekte zu vergleichen.

Vielleicht können manche Menschen den Zusatzmodus besser in die bewußte Wahrnehmung einbeziehen – in der Literatur wurde des öfteren über solche individuellen Unterschiede spekuliert und versucht, Kriterien für den jeweiligen „Wahrnehmungsstil" anzugeben – etwa integrativ im Gegensatz zu analytisch oder feldunabhängig und feldabhängig. Menschen, die einen direkteren Zugang zum Zusatzmodus haben, sind vielleicht besonders künstlerisch begabt – wenngleich das als einzige Fähigkeit sicher noch keinen Künstler macht. Und wieder kann man fragen, ob dieses künstlerische Umschalten auf den Zusatzmodus angeboren oder erlernt ist. In der Psychologie streitet man immer noch darum, ob man als Künstler geboren oder dazu gemacht wird.

Ähnlich kann man sich anhand des Zusatzmodus überlegen, warum die perspektivische Darstellung erst so spät in der Kunstgeschichte „entdeckt" wurde. Vor der Renaissance hatten die Maler auch das Problem, ihre Konstanzwahrnehmung „abzuschalten", zumal sie ja noch nicht an vielen Beispielen perspektivischer Malerei geschweige denn Photos lernen konnten. Außerdem dürften Konventionen eine Rolle gespielt haben. Vielleicht erkannten einige Maler bereits vor der Renaissance die Möglichkeit der Perspektive, ohne sich weiter darum zu bemühen. Jedenfalls findet man in vielen − wenn nicht den meisten − ihrer Bilder eine perspektivisch richtige Verkürzung, und auch die Größenverhältnisse zwischen Objekten entsprechen den Entfernungen. Dieses kunsthistorische Problem geht freilich über die Kompetenz eines Wahrnehmungsforschers hinaus, und ich möchte dazu nur noch anmerken, daß Konstanzphänomene hier möglicherweise eine Rolle spielen.

Zeichnen komplizierter Formen. Wer einmal versucht hat, ein Pferd zu zeichnen, weiß, welche Schwierigkeiten es macht, selbst mit Hilfe einer guten Vorlage solche komplizierten Formen auf Papier zu bringen. Als künstlerische Laien müssen wir in der Regel feststellen, daß unsere Darstellung nicht stimmt, aber oft wissen wir nicht, warum. Wenn wir die Zeichnung nun immer wieder verändern, sehen wir natürlich am Ergebnis, ob wir sie verbessert haben. Ein Maler geht umgekehrt vor: Er sucht erst den Fehler, um dann gezielt zu korrigieren − aber nur wenige Laien nehmen diese Mühe auf sich.

Warum sich solche Formen so schwer zeichnen lassen, ist wahrnehmungstheoretisch noch unklar − und meines Wissens auch kaum untersucht. Die Schwierigkeit hängt wohl damit zusammen, daß die Formwahrnehmung unbewußt abläuft. Um eine Figur naturgetreu darzustellen, müssen wir zunächst eine passende Beschreibung dafür finden; erst dann haben wir sozusagen das Grundge-

rüst, um die Figur auf dem Papier zu rekonstruieren. Einfache geometrische Figuren können wir bewußt beschreiben, etwa wenn wir ein Viereck als „Rechteck, zweimal so lang wie breit" charakterisieren. Beim Pferd ist das erheblich schwieriger − Maler halten sich hier an Skelettbau, Proportionen und einfache Strukturmodelle.

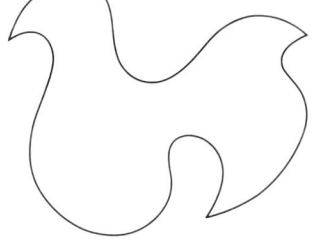

Diese Figur läßt sich wegen ihrer eigenwilligen Form nur relativ schwer nachzeichnen.

Auch bei fremdartigen Formen fällt uns die Beschreibung schwer − wie die unregelmäßige Figur illustriert. Wenn unser Argument richtig ist, müssen wir uns jedoch fragen, warum manche Menschen − und besonders Künstler − diese Probleme leichter meistern als andere. Übung allein macht es wohl nicht; damit würde man ja unterstellen, daß alle künstlerischen Fähigkeiten erlernt wären − aber zweifellos gibt es Kinder, deren Begabung schon sehr früh zutage tritt.

Die Schwierigkeit, mit der ich hier argumentiere, betrifft *nicht* die Wahrnehmung der Formen, sondern einen Vorgang, der auf „unbewußter Beschreibung" beruht. Beim Zeichnen müssen wir uns solche Vorgänge bewußt machen oder wenigstens wesentliche Anhaltspunkte daraus entnehmen, an denen wir uns beim Rekonstruieren einer Form orientieren können.

Zeichnen aus dem Gedächtnis. Noch schwieriger als das Zeichnen nach einer Vorlage ist es, eine Szene aus dem Gedächtnis naturgetreu darzustellen. Hier dürfte wieder die Konstanz eine wichtige Rolle spielen − eine wichtigere sogar als beim Kopieren eines Bildes, denn wir können ja nicht mehr auf

Ein Kinderbild, bei dem die Nachbarschaft des Elternhauses aus dem Gedächtnis gemalt wurde.

den Zusatzmodus zurückgreifen. Zumindest erinnern wir uns wahrscheinlich eher an das „wirkliche" Aussehen der Gegenstände als an ihre perspektivisch verzerrten Formen, wie wir sie mit dem Zusatzmodus erkennen. In jedem Fall müssen wir auf ein erinnertes Bild vom Objekt oder der Szene zurückgreifen und dabei die perspektivischen Gesetze anwenden.

Wahrscheinlich gilt hier, was der Kunsthistoriker E. H. Gombrich und andere vermutet haben: Wir neigen dazu, zu zeichnen, was wir wissen. Das gilt ganz besonders für Kinderbilder. Ein Kind malt Häuser, Gärten und die übrigen Dinge der Nachbarschaft so, wie es sie in der Regel sieht: ohne jede Perspektive. Vielleicht sollte man das als intelligente Lösung und weniger als Mangel betrachten. Bis zu einem gewissen Grade behalten Kinder diesen nicht-perspektivischen Stil auch dann bei, wenn sie nach einer Vorlage zeichnen.

Die Vorstellung, daß wir auf Papier bringen, was wir wissen, ähnelt meinem Argument, daß wir bevorzugt das zeichnen, was wir wahrnehmen. Als Beispiel sei hier noch einmal auf die Konstanz hingewiesen. Manche Kunsttheoretiker nehmen möglicherweise an,

daß perspektivische Darstellungen bei Laien oft deshalb mißlingen, weil die Größen und Formen der Gegenstände unserer Umgebung bekannt sind. Wenn man von den Konstanzmechanismen der Wahrnehmung absieht, liegt diese Erklärung nahe, weil wir in der Regel ja bekannte Dinge zeichnen. Aber man braucht meines Erachtens gar nicht mit diesem Wissen zu argumentieren, weil die Fehler, die Kinder und Erwachsene dabei machen, mit Eigenschaften unserer Wahrnehmung zu erklären sind. Dessen ungeachtet gibt es Fälle, in denen Verzerrungen durch Wissen und nicht durch Wahrnehmungsmechanismen zustande kommen – etwa wenn Kinder aus dem Gedächtnis malen. Ein Beispiel dafür ist die Straßenszene von oben; ähnlich würde ein Zimmer mit seinen vier Wänden in einer Kinderzeichnung aussehen: Obwohl es die Wände nie gleichzeitig sehen kann, versucht das Kind, sie alle auf der Zeichnung unterzubringen. Oder es malt ein Tier von oben gesehen dann oft so, als wären die Beine zur Seite gestreckt – das Kind zeichnet hier etwas, das keiner Erinnerung und keiner Wahrnehmung entsprechen kann.

Abgesehen von der Schwierigkeit, uns von Konstanzmechanismen und unserem Wissen freizumachen, gibt es noch ein weiteres Problem: Wenn wir etwas aus dem Gedächtnis zeichnen wollen, müssen wir eine einigermaßen klare Vorstellung davon haben, so daß wir gleichsam ein Bild vor unserem geistigen Auge abzeichnen können. Wie schwierig das ist, läßt sich leicht feststellen, wenn man die Grenzen der Vereinigten Staaten aus dem Gedächtnis zeichnet. Einige typische Versuche von Erwachsenen illustrieren, daß wir bei solchen Aufgaben schlecht abschneiden. Bei diesem Test lag das freilich nicht daran, daß der Umriß nicht genau genug im Gedächtnis gespeichert war; das zeigt der folgende Kontrolltest: Unter ähnlichen Umrissen konnten die meisten Versuchspersonen die richtige Lösung herausfinden, obwohl die schlechteste angebotene Variante immer noch besser war als der größte Teil ihrer Zeichnungen. Offenbar hatten alle ein recht zuverlässiges Bild im Gedächtnis gespeichert, vermochten es aber ohne einen zusätzlichen Reiz als auslösendes Moment nicht zu verwerten.

Wir könnten hier von einem Problem der Bildvorstellung sprechen, ohne deren Natur näher zu spezifizieren. Es genügt festzustellen, daß sich sehr viele Menschen in ihrer Vorstellung kein so klares Bild machen können, um danach naturgetreu zu zeichnen. Auch wer imstande ist, ein Modell, ein Stilleben oder Landschaften gut nachzuzeichnen, scheitert bisweilen, wenn er dasselbe aus dem Gedächtnis darstellen soll. Warum manche Künstler hier keine Probleme haben, ist noch ein wahrnehmungstheoretisches Rätsel.

Vermutlich hängen die Schwierigkeiten beim Zeichnen auch damit zusammen, daß wir gewisse Objekte und Vorgänge nach bestimmten Schemata einordnen, die wir durch Erfahrung erworben und verinnerlicht haben. Das kann dann in die Irre führen, etwa wenn wir ein Gesicht aus dem Gedächtnis zeichnen. Häufig wird dabei der Fehler gemacht, die Augen zu nah am Haaransatz darzustellen — tatsächlich sitzen sie ungefähr auf halber Höhe. Dieser Irrtum ist unter Laien weit verbreitet und beruht wohl auf einem falschen Schema unserer Bildvorstellung, das vielleicht einfach sagt: „Die Augen sitzen oben im Gesicht, dicht unter der Stirn."

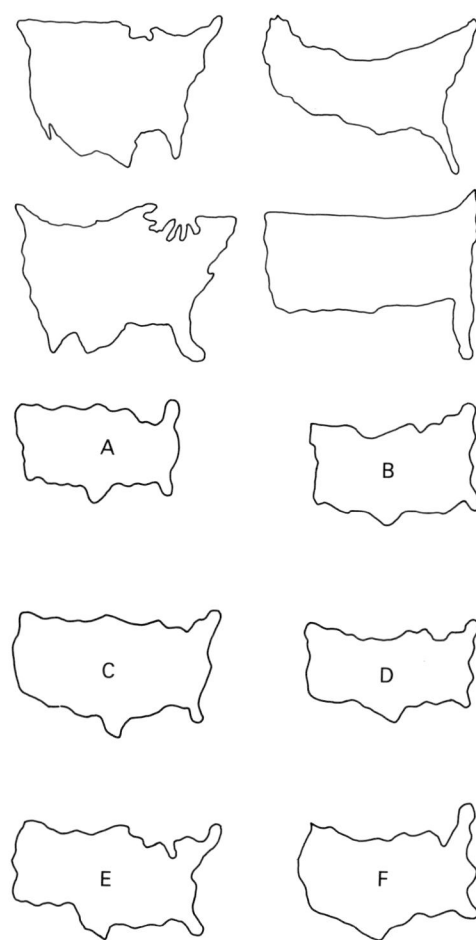

Umrißzeichnungen aus dem Gedächtnis vermitteln meist nur ein unzulängliches Bild von den tatsächlichen Verhältnissen — hier von den Grenzen der Vereinigten Staaten von Amerika.

Bei diesen Figuren wurde C als Umriß der USA meist richtig erkannt.

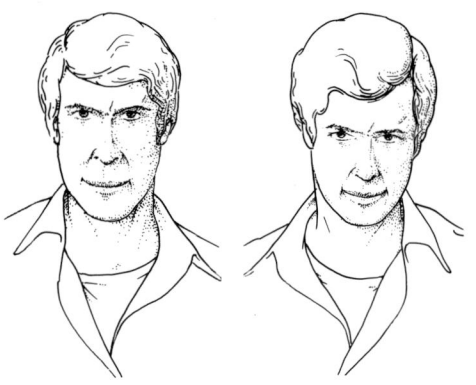

Ein häufiger Fehler bei Portrait-
zeichnungen ist die falsche
Augenhöhe. Tatsächlich liegen
die Augen ungefähr in der Mitte
zwischen Kinn und Haaransatz.

Ob solche falschen Schemata eine Rolle
spielen oder nicht, unstrittig ist, daß wir aus
dem Gedächtnis nur unzulängliche bildhafte
Vorstellungen von Objekten entwickeln können — jedenfalls fällt es uns schwer, sie richtig
zu zeichnen. Das gilt vor allem für komplizierte Formen, die auch beim einfacheren
Abzeichnen Schwierigkeiten bereiten: der
menschliche Körper, ein Hund oder irgendein
anderes Tier, ein geographischer Umriß, ein
Fahrrad oder ein Auto. An einfache Formen
— ein Buch, einen schlichten Stuhl, den Umriß
eines Hauses, eine Treppe, eine Lampe und
ähnliches — können wir uns dagegen leichter
erinnern. Natürlich wird auch unsere eigene
Zeichnung schließlich Teil unserer Erinnerung
— und das spielt insbesondere beim weiteren
Zeichnen nach dem Gedächtnis eine Rolle.
Auch wenn sich ein entsprechendes Schema
vielfach nicht ohne einen auslösenden Reiz
abrufen läßt, könnte es als „Vergleichsstan-
dard" für unsere Zeichnung genutzt werden:
Wir prüfen vielleicht, ob sie mit dem im
Gedächtnis gespeicherten Bild übereinstimmt.
Eine Abweichung besagt aber dann nicht
notwendigerweise, wo die Fehler stecken.
Theoretisch müßten wir durch geduldiges
Verbessern und Vergleichen eine naturge-
treue Zeichnung erreichen können — aber
wer macht sich schon diese Mühe?

Ich habe hier einige Gründe für Schwierigkeiten beim Zeichnen diskutiert und dabei
Bilder von Kindern und Kunstwerke aus der
Zeit vor der Renaissance als Beispiele herangezogen. Was die Kunst betrifft, so möchte
ich keine Mißverständnisse aufkommen lassen: Wenn Zeichnungen und Gemälde die
Gegenstände nicht realistisch wie etwa ein
Photo wiedergeben, dann ist das nicht etwa
als Fehler anzukreiden, der auf Einschränkungen des Wahrnehmens oder Erkennens
beruht. Dahinter kann sich eine Absicht oder
eine Konvention verbergen. Vielleicht waren
die alten Ägypter der Meinung, daß ein Gesicht im Profil, Füße und der übrige Körper
aber am besten in der frontalen Darstellung
zum Ausdruck kommen. Und wenn ein Bild
ohne Perspektive gestaltet ist, wäre es falsch,
allein daraus zu schließen, daß der Maler
nicht perspektivisch darstellen konnte. Realismus ist ja keineswegs das entscheidende
Kriterium in der Kunst — und er wird auch
nicht immer in allen Kulturen angestrebt.
Auch Kinder haben oft eine ganz andere
Absicht, als die Dinge exakt wiederzugeben:
Sie wollen sich einfach durch Farbe und
Form ausdrücken. Geradezu absurd wäre es,
aus Picassos abstrakten Bildern zu schließen,
er habe nicht realistisch malen können. Tatsächlich war Picasso ein Meister des realistischen Portraits — wenn er wollte. Freilich,
die Laien mögen mit seinen abstrakten Bildern Schwierigkeiten haben.

In den bisherigen Kapiteln habe ich davon
gesprochen, daß Objekte und Formen wahrgenommen werden. Daraus ist aber nicht zu
schließen, daß diese Wahrnehmung einfach
durch die Konturen auf der Netzhaut entsteht.
Wie kompliziert es ist, selbst eine einzelne
zweidimensionale Figur im Geiste zu rekonstruieren, das wollen wir im nächsten Kapitel
diskutieren.

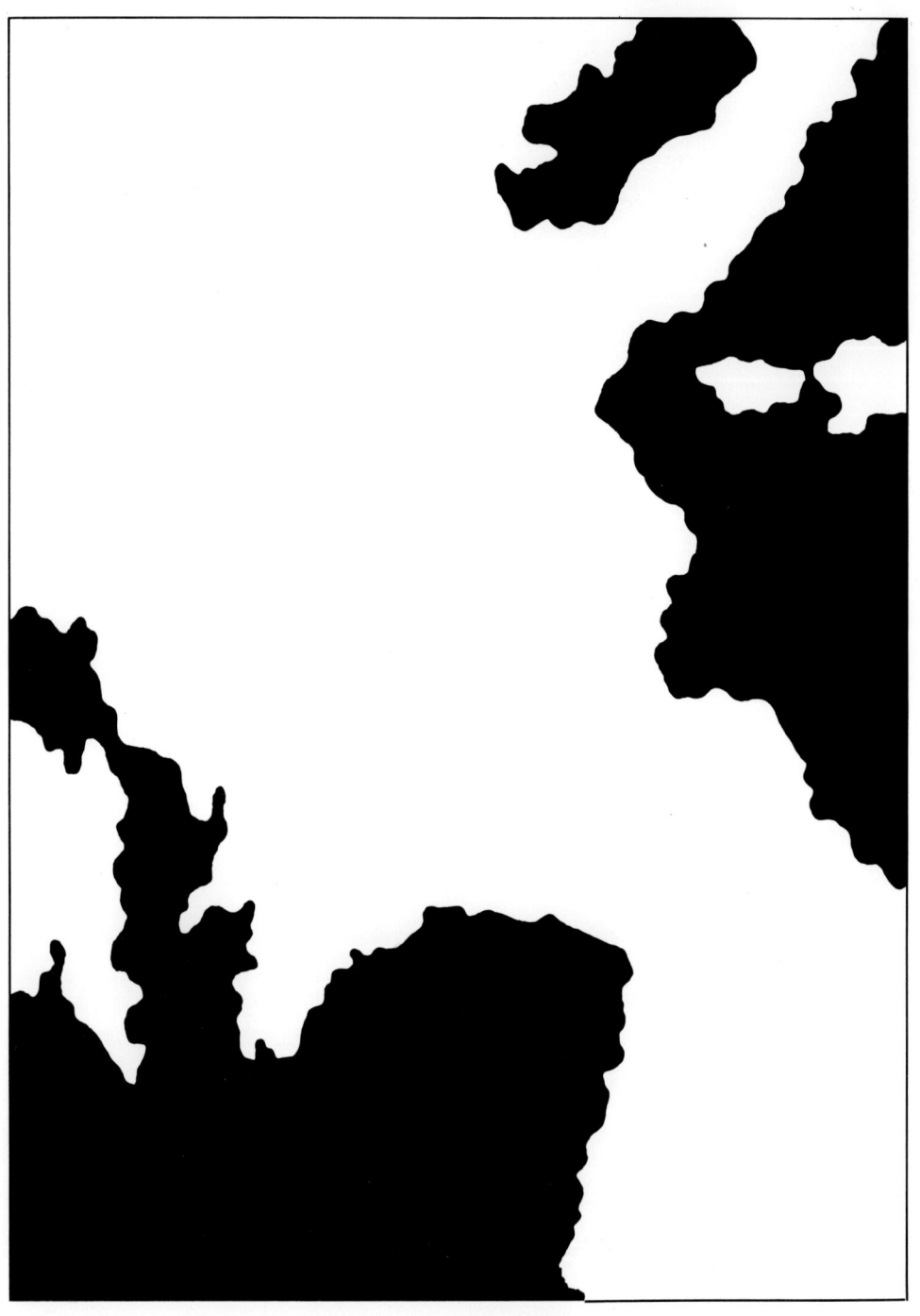

Dieses Schwarzweiß-Muster ist auf den ersten Blick wohl kaum zu erkennen, es sei denn, man dreht es um 90 Grad im Uhrzeigersinn.

Form und Organisation

Das Bild auf der linken Seite wirkt auf den ersten Blick wie ein Muster aus eigenartigen schwarzen Flächen oder bestenfalls wie die Landkarte einer unbekannten Gegend. Tatsächlich ist der größte Teil Europas abgebildet. Aber selbst wenn man das weiß, wird man es nicht ohne weiteres erkennen – es sei denn, man dreht die Karte um 90 Grad im Uhrzeigersinn und konzentriert sich auf die weiße Fläche.

Es leuchtet intuitiv ein, daß hier die ungewohnte Orientierung und das Vertauschen von Schwarz und Weiß ein spontanes Erkennen verhindern, aber warum das so ist, läßt sich keineswegs leicht erklären. Auf der Netzhaut wird der vertraute Umriß Europas schließlich richtig abgebildet, wenn wir das Schwarzweiß-Muster in der Frontalebene sehen, und doch wird er anfangs offenbar überhaupt nicht als solcher wahrgenommen und deshalb auch nicht erkannt.

Das Muster auf der Netzhaut ist zunächst nicht mehr als eine Sache der optischen Abbildung. Es steht am Beginn einer Kette von Verarbeitungsschritten, die zum Wahrnehmen und Erkennen eines Objektes führen. Um verschiedene Formen zu unterscheiden, müssen sie erst einmal aus der Aktivität von Millionen Stäbchen und Zapfen in der Netzhaut rekonstruiert werden, nachdem die Information über Millionen Fasern des Sehnervs übertragen wurde. Nach welchen Prinzipien organisiert das Gehirn dieses Mosaik aus Signalen, und welche Rolle spielt dabei die Erfahrung? Das ist die Grundfrage, um die es in diesem Kapitel geht.

Unterscheiden zwischen Figur und Grund

Beim ersten Blick auf die verfremdete Europakarte konzentrieren wir uns auf die schwarzen Regionen, weil sie kleiner sind als die weißen und teilweise von einer weißen Fläche eingeschlossen werden. Außerdem heben sich die schwarzen Bereiche deutlich von der weißen Buchseite ab, und schließlich werden Gegenstände in unserem Kulturkreis in der Regel Schwarz auf Weiß dargestellt und nicht umgekehrt. Deshalb interpretieren wir unbewußt die schwarzen Bereiche als Gegenstände und die weißen als Hintergrund. Dabei ordnen wir die Umrißlinien jeweils den schwarzen Flächen zu, so daß automatisch auch eine Form ausgezeichnet wird.

Das Muster wird also vom Gehirn in einer ganz speziellen Weise organisiert – man spricht hier von *Figur-Grund-Unterscheidung*. Dieser mentale Prozeß, den der dänische Psychologe Edgar Rubin 1921 beschrieben hat, ist fundamental für jedwede Wahrnehmung von Gegenständen. Die Begriffe *Figur* und *Grund* in ihrer umgangssprachlichen Bedeutung drücken nur einen Teilaspekt dieses Organisationsprozesses aus.

Die Grenzlinie zwischen der weißen und schwarzen Fläche erscheint als Wölbung, wenn man den weißen Teil als Figur zuordnet; organisiert man sie zusammen mit der schwarzen Fläche, nimmt man eine konkave Krümmung wahr.

Tatsächlich muß man einen weiteren wichtigen Punkt berücksichtigen: die Grenzlinien zwischen Flächen. Sie sind ausschlaggebend für die Formwahrnehmung. Immer wenn wir eine solche Grenze vor uns haben, müssen wir entscheiden, wie wir sie zuordnen – erst dadurch entsteht die eigentliche Form des Objektes. Ändert sich die Zuordnung, so ändert sich auch die wahrgenommene Form, und zwar erheblich. Betrachten wir beispielsweise die gekrümmte Grenzlinie zwischen der schwarzen und der weißen Fläche in dem Quadrat auf dieser Seite. Wenn wir sie der weißen Hälfte zuordnen, nehmen wir eine konvexe Fläche wahr; zusammen mit dem schwarzen Bereich wirkt sie dagegen wie eine konkave Fläche. Die Kontur selbst ist

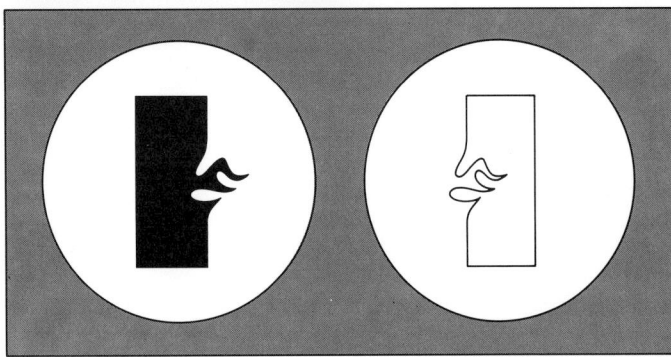

In der zusammengesetzten Figur kann man eine schwarze oder eine weiße Fläche als Objekt wahrnehmen, aber nicht beide Alternativen zugleich.

Organisationsprinzipien bei zweideutigen Mustern: Die kleineren Flächen, symmetrische Konturen oder senkrecht und waagerecht orientierte Flächen werden bevorzugt als Objekt wahrgenommen.

als eine gedachte Linie allerdings weder konvex noch konkav.

Wie eine Grenzlinie verschiedene Figuren entstehen läßt, illustriert das Beispiel oben links auf dieser Seite. Betrachten wir die schwarze Fläche als Figur, dann sehen wir in dem Muster eine scharf vorspringende Klaue; bei der weißen „Figur" ragen dagegen nur abgerundete „Nasen" nach vorn. Beide Eindrücke sind so verschieden, daß ein Beobachter das Muster als Ganzes nicht wiedererkennt, wenn er es bei einem späteren Versuch anders organisiert hat als beim ersten Mal. Das hat Rubin bei entsprechenden Experimenten festgestellt.

Bei dem Muster, das wir gerade besprochen haben, entscheidet größtenteils der Zufall, welche Region der Beobachter als Figur wahrnimmt — insbesondere dann, wenn die Umgebung wie in der Abbildung grau ist. Die schwarze Fläche wird dadurch weniger stark bevorzugt als bei weißem Hintergrund und entsprechend stärkerem Kontrast. Bei anderen Mustern tragen bestimmte Eigenschaften dazu bei, daß wir eine Fläche als Figur deuten. Begünstigt wird dieser Eindruck etwa durch geschlossene Grenzlinien, vor allem bei auffallend kleinen Flächen. Auch Symmetrie und Orientierung spielen dabei eine Rolle; senkrecht und waagerecht werden bevorzugt. All das verdeutlicht, warum die Karte von Europa nicht auf den ersten Blick zu erkennen ist: Wir interpretieren die schwarzen Bereiche unbewußt als Land und können dann natürlich keinerlei Ähnlichkeit mit geographischen Umrissen mehr feststel-

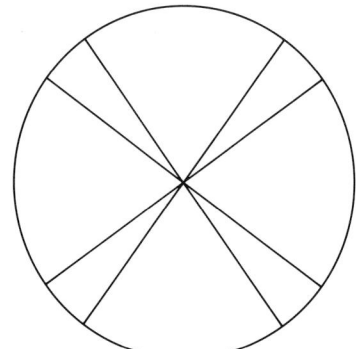

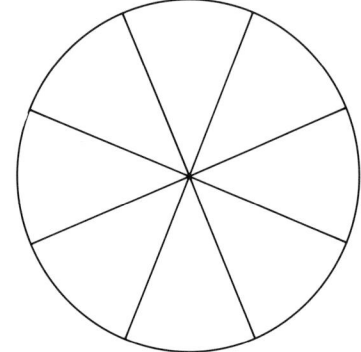

len, die in unserem Gedächtnis als abrufbare Information „gespeichert" sind.

Gruppierung

Die Figur-Grund-Unterscheidung ist vielleicht das wichtigste, aber keineswegs das einzige Organisationsprinzip, um visuelle Reizmuster zu einem erkennbaren Bild zu verarbeiten. Die Gestaltpsychologen haben noch andere Prinzipien entdeckt, die eine spontane Zuordnung von Bildelementen oder Reizkomponenten ermöglichen. Wie wichtig solche geistigen Organisationsprozesse sind, wird deutlich, wenn man bedenkt, daß es ja zunächst keinen logischen Grund gibt, bestimmte Bereiche des Netzhautbildes als Teile ein und derselben Struktur aufzufassen.

Bei benachbarten Oberflächenstrukturen eines Objektes, die auf benachbarten Netzhautbereichen abgebildet werden, besteht zwischen diesen Regionen der Netzhaut kein physikalischer Zusammenhang, der auf eine Verbindung zwischen den beiden abgebildeten Strukturen hinweisen könnte. Wenn wir sie gleichwohl als Teile derselben Oberfläche empfinden, dann nur, weil wir diese Organisation unterstellen. Dabei entdecken wir zugleich die Beziehungen, die einen Gegenstand innerhalb eines Musters auszeichnen.

Natürlich kann es dabei auch passieren, daß der Wahrnehmungsapparat bei seinem Versuch der Organisation eine falsche Beziehung herstellt oder eine wirklich vorhandene übersieht. Die Zeichnung eines Baumstammes, hinter dem Äste sichtbar werden, ist keineswegs eindeutig: Gewöhnlich geht man davon aus, daß zwei Äste dargestellt sind, die sich hinter dem Baumstamm kreuzen. Genausogut könnte man vier getrennte Äste sehen, die teilweise verdeckt sind. (Bei dieser Deutung zeigt sich auch, daß der Abbildungsfaktor „Überlagerung" das Produkt einer spezifischen Organisation der Wahrnehmung ist.) Schließlich gibt es keinen logischen Grund, der zwei übereinanderliegende abgeknickte Äste ausschließt. Diese Möglichkeit ist gar nicht so unwahrscheinlich, aber sie liegt uns

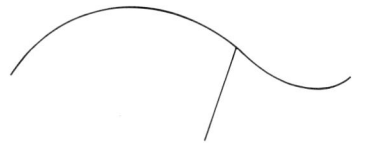

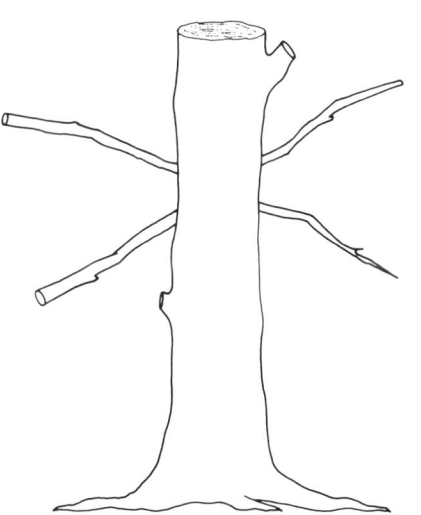

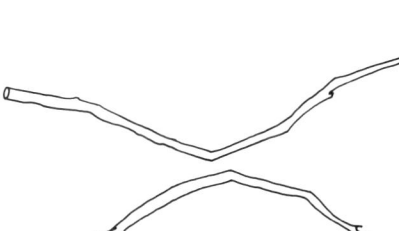

Wenn man die Äste hinter dem Baumstamm nach dem Prinzip der guten Gestalt gruppiert, kann man sich täuschen: Sie könnten ja auch abgeknickt sein, ohne sich zu schneiden.

offenbar recht fern; wir ziehen es jedenfalls vor, zwei gekreuzte Äste wahrzunehmen.

Diese Präferenz läßt sich mit einem Prinzip erklären, das Max Wertheimer 1923 aufgestellt hat: mit einer Gruppierung nach dem *Prinzip der guten Gestalt*. Das heißt, wir fassen diejenigen Teile oder Einheiten eines Musters zusammen, bei denen wir eine stetige Fortsetzung unterstellen, weil sie auf einer Linie liegen oder ihre Richtungen nur um kleine Winkel voneinander abweichen. Konturen mit abrupten Richtungsänderungen betrachten wir dagegen nicht als zusammengehörig. Da wir beim Wahrnehmen unserer Umgebung offenkundig erfolgreich sind, darf man wohl schließen, daß wir so im visuellen Reizmuster objektive Strukturen und Gruppierungen unserer Umwelt aufdecken. Jedenfalls sind die Übergänge innerhalb eines Objektes meist fließend, und die entsprechenden Linien schließen glatt aneinander an. Es wäre ein Zufall, wenn solche stetigen Konturen innerhalb des Netzhautbildes einmal durch Objekte entstünden, die keinerlei Verbindung haben. Wenn wir ein solches zufälliges Zusammentreffen bei der unteren

Abstände und Ähnlichkeit entscheiden, wie diese Punktmuster organisiert werden: Dichter beieinander liegende Elemente werden als Einheit zusammengefaßt; liegen alle Punkte gleich weit entfernt, wird nach der Ähnlichkeit gruppiert.

Zeichnung auf der vorangehenden Seite unterstellen, werden wir nicht mehr die gleichgerichteten Astteile verbinden, sondern zwei getrennte Äste wahrnehmen. Bei wirklichen Szenen könnte das Prinzip der guten Gestalt die tatsächlichen Verhältnisse auf diese Weise auch verschleiern. In der Tat beruht Tarnung in der Natur und durch Menschenhand vielfach darauf, daß durch Organisation in unserer Wahrnehmung Objekte erzeugt werden, die gar nicht oder nicht in der wahrgenommenen Form vorhanden sind. Umgekehrt kann die Organisation auch Objekte verschwinden lassen.

Als weitere Organisationsprinzipien spielen *Nähe* und *Ähnlichkeit* eine wichtige Rolle. Bei gleichen Objekten werden diejenigen als Einheit gesehen, die am dichtesten benachbart sind. Dabei ist *Nähe* natürlich etwas Relatives, das immer nur den kleineren Abstand innerhalb eines Musters auszeichnet. Die Punktmuster auf dieser Seite illustrieren, wie die Gruppierung mit den Abständen zusammenhängt und welche Rolle die Ähnlichkeit bei der Organisation spielt.

Ähnlichkeit kann sich auf verschiedene Merkmale beziehen: Farbe, Helligkeit oder Größe; allerdings wird es problematisch zu definieren, was bei Formen unter ähnlich zu verstehen ist. Als Beispiel für die Wirkung verschiedener Arten von Ähnlichkeit mögen die Muster auf der nächsten Seite dienen. Offenbar werden hier immer wiederkehrende Elemente als Gruppe vom Rest des Bildes

getrennt, der seinerseits aufgrund der ähnlichen Grundstrukturen als Einheit zusammengefaßt wird. Deshalb nehmen wir einen Quadranten in einem „Dreiviertelkreis" wahr. Die Gruppierung durch Farbe wird bei einem Standardtest benutzt, mit dem man Farbenblindheit feststellen kann. Bei Rot-Grün-Blindheit wird die *74* in dem Farbmuster nicht erkannt. Während die Ähnlichkeit von Farbe und Orientierung die Elemente als gemeinsame Einheit erscheinen läßt, reicht die Ähnlichkeit der Form allein dazu nicht aus — wie man bei dem Kreis mit *L* und *T* als Grundelementen leicht feststellt.

Das Prinzip der Ähnlichkeit spielt eine große Rolle, zum Beispiel bei der Farbanpassung von Fischen; normalerweise hat ein Fisch einen dunkel gefärbten Rücken, so daß er von oben gesehen kaum vom Dunkel in der Tiefe zu unterscheiden ist. Die helle Bauchseite ist dagegen an die hell erleuchtete Wasseroberfläche angepaßt. Schließlich trägt die Musterung eines Fisches häufig dazu bei, daß er sich kaum von seiner natürlichen Umgebung abhebt.

Zu den Organisationsprinzipien, die Wertheimer aufgeführt hat, gehören schließlich auch das *gemeinsame Schicksal* und die *Geschlossenheit*. Unter *gemeinsames Schicksal* versteht man die Tendenz, Elemente zusammenzufassen, die der gleichen Bewegung unterworfen sind und sich daher mit derselben Geschwindigkeit in die gleiche Richtung verschieben. Zum Beispiel bleibt ein getarntes Tier oft unentdeckt, solange es sich völlig ruhig verhält, aber sobald es sich bewegt, löst es sich aus der Gruppierung und wird plötzlich wahrgenommen. Oft erscheinen uns auch Wolken als Einheit, bis wir bemerken, daß sie sich relativ zueinander bewegen.

Als *Geschlossenheit* bezeichnet man die Tendenz, bevorzugt solche Elemente als Einheit zu gruppieren, die eine geschlossene Form bilden. Der Begriff wird in der Gestaltpsychologie jedoch häufiger in einem anderen Sinne gebraucht: für die Neigung, Formen zu ergänzen, etwa wenn Figuren nur teilweise sichtbar sind. Welche Rolle es dabei spielen kann, daß man die Verdeckung wahrnimmt, zeigen die Buchstaben unter einem dunklen Muster − die gleichen Flächen auf weißem Grund werden nicht mehr als geschlossene *B*'s organisiert.

Testbild zum Farbensehen. Die grünen Punkte auf der pseudoisochromatischen Farbtafel werden als *74* organisiert, sofern keine Rot-Grün-Blindheit vorliegt.

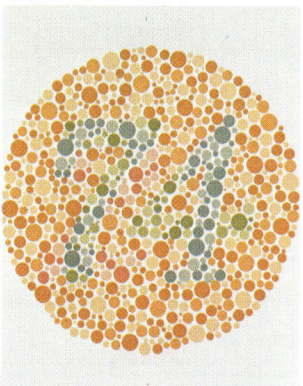

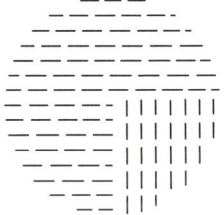 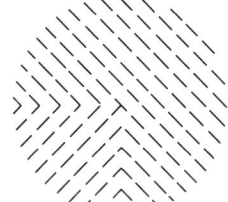 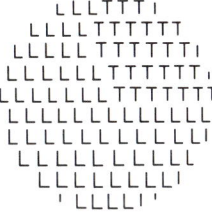

Gruppierung nach Orientierung bei ähnlichen Elementen und als Gegenbeispiel ein Muster aus unterschiedlichen Formelementen gleicher Orientierung: Die *L*- und *T*-Strukturen nehmen wir nicht als getrennte Flächen wahr.

Getarnter Fisch.

Organisation und Erkennen bei unvollständigen Figuren. Die grauen Flächen werden auf weißem Hintergrund nicht als *B*'s erkannt. Hier liefert offenbar die Verdeckung den entscheidenden Hinweis.

 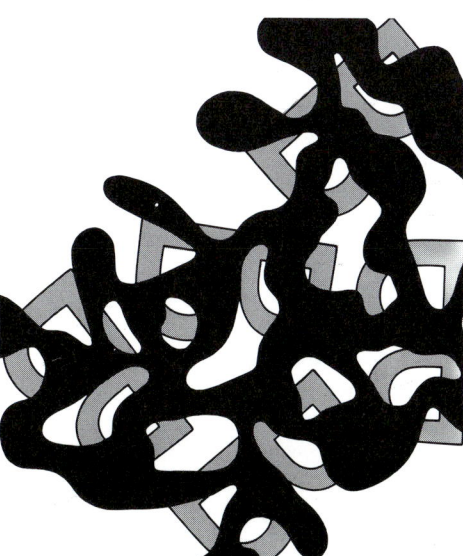

Die Prinzipien, die die Gestaltpsychologen postuliert haben, sind seither in der Wahrnehmungsforschung weithin akzeptiert, denn sie könnten erklären, wie die wahrgenommene Welt organisiert wird. Einige wenige Wissenschaftler haben jedoch noch nicht erkannt, daß man um solche Hypothesen nicht herumkommt. Weil wir die Welt wirklichkeitsgetreu sehen, also einzelne unterscheidbare Objekte abgehoben von einem Hintergrund wahrnehmen, liegt es scheinbar nahe zu meinen, daß wir nur die Organisation zu verarbeiten brauchen, wie sie schon im Eingangsreiz vorliegt, der sich im Netzhautbild manifestiert. Tatsächlich erfordern Gruppierungen und Figur-Grund-Unterscheidungen geistige – oder eben mentale – Wahrnehmungsprozesse.

Umkehr der Wahrnehmung

Die letzten Beispiele haben bereits gezeigt, daß ein Muster auf verschiedene Weise organisiert werden kann. Der Reiz auf der Netzhaut ist offensichtlich mehrdeutig – und das ist ein wichtiger Punkt. Auch im Zusammenhang mit Größen- und Formkonstanz haben wir das feststellen können: Ein bestimmter Sehwinkel eines Netzhautbildes kann Objekte aller möglichen Größen widerspiegeln, solange die Entfernung nicht feststeht. Erst wenn das Wahrnehmungssystem Sehwinkel und Entfernung miteinander verrechnet, kann es die Größe des Objektes eindeutig bestimmen. Die verschiedenen Eindrücke, die ein bestimmter Reiz hervorrufen kann, weichen *qualitativ* im Hinblick auf die Organisationsprinzipien voneinander ab. Welche der möglichen Wahrnehmungen schließlich zustande kommt, hängt davon ab, wie das Sehsystem Organisation und Gruppierung anwendet. Die grüne Fläche auf schwarzem Grund in der oberen Abbildung auf der nächsten Seite sehen wir gewöhnlich als Figur, obwohl sie auch eine Öffnung in einer schwarzen Fläche darstellen kann. In diesem Fall entsteht auch kein Konflikt zwischen verschiedenen Organisationsprinzipien: Da die grüne Fläche von der schwarzen völlig eingeschlossen ist, nehmen wir sie bevorzugt als Figur wahr, wenn-

gleich sich der Eindruck umkehren läßt, wenn wir uns darauf konzentrieren, eine grüne Öffnung zu sehen.

In anderen Fällen wird keine der möglichen Wahrnehmungen durch ein Organisationsprinzip besonders begünstigt. Wir haben schon solche Muster kennengelernt. Manchmal kann der Eindruck, den ein Bild beim Betrachter hervorruft, von einem Moment zum nächsten wechseln – das ist bei sogenannten Umkehr- oder Vexierbildern der Fall. Hier werden nicht Figur und Grund umgekehrt, sondern es ändert sich die Bedeutung des Bildes. Bei den vier Beispielen auf der rechten Seite sieht man: eine junge oder alte Frau; eine Ratte oder den Kopf eines Mannes; eine Ente oder einen Hasen; ein Profil mit Kochmütze oder einen kopfstehenden Hund. Hier kann man nicht ohne weiteres angeben, was für ein Organisationsprinzip am Werk ist. Bei anderen Umkehrbildern wie dem Necker-Würfel oder der Albersschen Treppe läßt sich die Wirkung dagegen mit einer Umkehr der Perspektive erklären.

Braucht man überhaupt eine spezielle Erklärung oder genügt die Feststellung, daß der Reiz eben verschiedene Möglichkeiten einschließt, so daß die Wahrnehmung von Zeit zu Zeit wechselt. Die meisten Psychologen sind sich darin einig, daß solche Umkehrungen erklärt werden müssen, denn das Sehsystem „entscheidet" sich ja wohl für eine der Bedeutungen. Offenbar gibt es Vorgänge, durch die die Wahrnehmung spontan umspringt. Dazu findet man in der psychologischen Literatur der letzten 50 Jahre eigentlich nur einen einzigen wichtigen Erklärungsansatz: die „Sättigungs-" oder „Ermüdungstheorie". Sie wurde vor allem von Wolfgang Köhler im Rahmen der Gestaltpsychologie überzeugend weiterentwickelt und besagt im wesentlichen folgendes: Für jede der beiden Wahrnehmungsmöglichkeiten ist ein spezifischer Vorgang im Nervensystem „zuständig", der aber nur für eine begrenzte Zeit abläuft, weil Ermüdung einsetzt und das Gehirn schließlich auf den alternativen Wahrnehmungsprozeß umschaltet. Nun weiß man, daß die Nervenaktivität durch Sättigung und Ermüdung eingeschränkt wird: Eine Nervenzelle kann nach einiger Zeit keine Signale mehr aussenden, und das gilt entsprechend für ganze Zellverbände und auch für umfangreiche Funktionen wie das Farbensehen. Wenn die Aktivität soweit nachgelassen hat, daß der neuronale Vorgang für die eine Wahrnehmungsalternative völlig zum Erliegen kommt, ist der Boden für die andere Wahrnehmung bereitet. Den Augenblick des Umspringens bemerken wir dann als Umkehrung der Bedeutung.

Für einen solchen Mechanismus sprechen einige experimentelle Befunde und insbesondere die Versuche von Julian Hochberg und Virgil R. Carlson. Den Probanden wurde zunächst eine eindeutige Figur gezeigt, und zwar 15 Sekunden – so lange, daß mit einem Nachlassen der Nervenaktivität zu rechnen war; unmittelbar danach wurde eine zweideutige Variante der ersten Figur gezeigt. Wenn das Betrachten der ersten Figur wirklich durch Sättigung dazu führt, daß diese Wahrnehmungsalternative immer schwächer zum Zuge kommt, sollte bei der zweideutigen Figur die andere Möglichkeit gesehen werden. Und genau das war bei den Versuchen auch der Fall.

Eine weitere Bestätigung ergibt sich aus indirekten Hinweisen. Wenn beim nächsten Umspringen der Wahrnehmung noch keine vollständige Erholung eingetreten ist, müßte sich die Ermüdung aufaddieren, so daß die Umkehrung in immer kürzeren Abständen erfolgt. Wenn eine Figur in zwei Bedeutungen, A und B, wahrgenommen werden kann, sollte demnach der Wechsel zwischen A und B immer schneller werden. Und eine solche Beschleunigung haben viele Wissenschaftler auch festgestellt.

Es gibt trotzdem gute Gründe, der Sättigungstheorie gegenüber skeptisch zu bleiben. So haben wir bei unseren Versuchen herausgefunden, daß gar keine Umkehr zustande kommt, wenn der Proband nicht bemerkt, daß das Bild zweideutig ist. Aber meist wird ja bei solchen Experimenten darauf hinge-

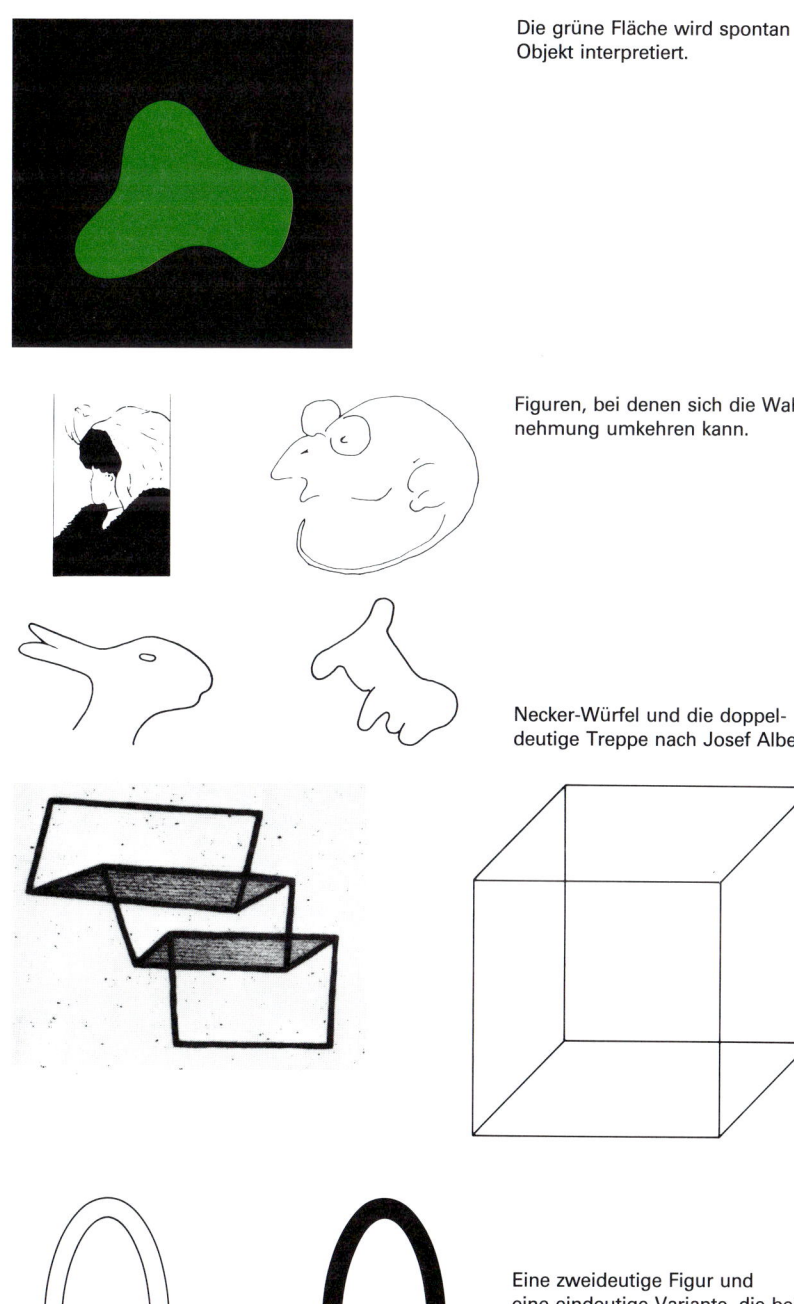

Die grüne Fläche wird spontan als Objekt interpretiert.

Figuren, bei denen sich die Wahrnehmung umkehren kann.

Necker-Würfel und die doppeldeutige Treppe nach Josef Albers.

Eine zweideutige Figur und eine eindeutige Variante, die bei Versuchen zur Sättigungs-Hypothese verwendet wurden. Auch nachdem man die räumliche Zeichnung gesehen hat, kann die ambivalente Figur die Wahrnehmung umkehren.

103

Rubinsche Vase.

Mehrdeutige Perspektive: Pyramide oder Kasten?

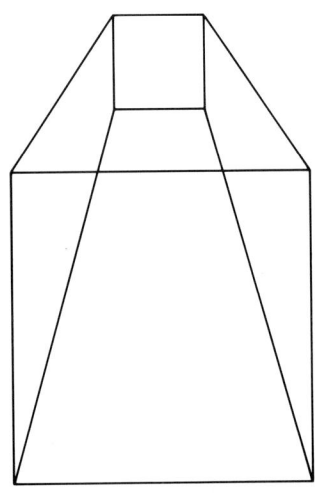

wiesen, wie man das gezeigte Bild deuten kann, und die Aufgabe besteht dann nur darin, beim Betrachten das Umspringen zu registrieren und anzuzeigen. Wenn man die Umkehrhäufigkeit untersucht, muß man schließlich sicherstellen, daß die Alternativen bekannt sind. Aber solche Anweisungen machen nicht nur die verschiedenen Wahrnehmungsmöglichkeiten bewußt, sondern die Versuchspersonen können auch unter einen „Erwartungsdruck" geraten, weil sie glauben, es werde von ihnen erwartet, daß die Wahrnehmung umspringt.

Diese Einflüsse fielen bei unseren Experimenten weg, weil wir nichts über die möglichen Wahrnehmungen gesagt hatten. Wir zeigten entweder die Rubinsche Vase oder eine gezeichnete Figur, die man als Korridor, Kasten oder als Pyramidenstumpf deuten kann, und wir fragten Studenten − zum Teil während des Versuchs, zum Teil danach −, was sie beim Betrachten der Figuren wahrgenommen hatten. Mehr als die Hälfte von ihnen sahen immer dasselbe; und bei den übrigen wechselte der Eindruck einmal oder allenfalls wenige Male in der Minute, in der sie das Bild sahen. Die Wahrnehmung sprang also erheblich langsamer um als bei der traditionellen Methode (mit Hinweis auf beide Wahrnehmungsmöglichkeiten), die bei den gleichen Figuren Zeiten von nur fünf bis zehn Sekunden ergab.

Diese Ergebnisse lassen vermuten, daß die Sättigungstheorie falsch ist. Denn eine Ermüdung sollte bei einem bestimmten Reiz zwangsläufig eintreten, egal, ob die Versuchsperson von beiden Möglichkeiten weiß oder nicht. Unsere Ergebnisse deuten auch auf eine andere Erklärung hin. Solange wir nicht wissen, daß ein Muster auf verschiedene Weise gesehen werden kann, organisieren wir es nach bestimmten Prinzipien. Bei der Rubinschen Vase interpretieren wir die weiße Fläche als Figur vor einem schwarzen Hintergrund; beim Necker-Würfel bevorzugen wir die räumliche Organisation, durch die ein Würfel zustande kommt, der auf einer seiner Flächen und nicht schräggestellt auf einer Kante liegt. In anderen Fällen waren bei unseren Experimenten keine Prinzipien der Organisation festzustellen, die eine bestimmte Wahrnehmung begünstigen. Zum Beispiel ist die Deutung der Figur oben links auf Seite 98 eine Frage des Zufalls, die sich vielleicht einfach danach entscheidet, welcher Punkt des Musters zufällig als erster fixiert wird. Hat sich damit eine bestimmte Organisation ergeben, so mag der unvoreingenommene Beobachter zunächst dabei bleiben − denn warum sollte er versuchen, seinen Eindruck zu ändern? Nach einiger Zeit beginnt er vielleicht, sich zu langweilen, weil er das Bild so lange betrachten soll. Um es psychologisch auszudrücken, er ist „gesättigt". Möglicherweise fragt er sich aber doch, was das Experiment soll, und in diesem Moment kann sich natürlich einiges ändern. Und schließlich könnte die Aufmerksamkeit nachlassen, so daß die Wahrnehmung verblaßt und die Alternative begünstigt wird. Jedenfalls sollte Umspringen auch bei völlig unbefangener Betrachtung entstehen, denn sonst wären die Umkehrbilder ja nie entdeckt worden.

Wenn die zweite Möglichkeit erst einmal bewußt ist, entsteht eine ganz neue psychologische Situation. Jetzt genügt es mitunter, an die andere mögliche Bedeutung zu denken, um die Wahrnehmung umspringen zu lassen. Man muß daher beim informiertem Beobachter überlegen, ob man es hier nicht mit wechselnden Gedächtnisassoziationen zu tun hat statt mit Ermüdungserscheinungen.

Erkennen und Identifizieren

Im Zusammenhang mit der Schwarzweiß-Karte von Europa habe ich von „Erkennen" gesprochen, das auf der adäquaten Wahrnehmung des Musters beruht. Man kann hier zwischen einem bloßen Wahrnehmen einer Form (oder Tiefe, Größe und sonstiger Eigenschaften) und einem darüber hinausgehenden Erkennen und Identifizieren unterscheiden. Erst müssen wir das Muster richtig organisieren, also die weißen Regionen als Objekt wahrnehmen. Dann gilt es, das Gesehene in die richtige Orientierung bringen, um es als vertraute Struktur zu erkennen. Und erst jetzt können wir es als Europa identifzieren. Normalerweise erkennen wir die gewohnten Objekte, unmittelbar nachdem wir die Form richtig wahrgenommen haben.

Diese Trennung wird uns nicht bewußt, weil wir mit dem Wahrnehmen meist auch erkennen. Aber logischerweise ist etwas natürlich erst zu erkennen, wenn es bereits wahrgenommen wurde – wie winzig der Zeitunterschied zwischen beidem auch sein mag. Und unbekannte Formen nehmen wir wahr, ohne sie identifizieren zu können. Denn das setzt voraus, daß Erfahrungen mit ähnlichen Formen herangezogen werden. Für die Wahrnehmung selbst spielt es keine Rolle, ob wir das Gesehene auch identifizieren.

Wenn frühere Erfahrungen zum Erkennen beitragen, dann werden sie offenbar im Moment des Wahrnehmens „erinnert". Psychologen sprechen in diesem Fall von einer *Gedächtnisspur*. Möglicherweise hinterläßt jede Wahrnehmung (wie auch jeder Gedanke, jedes Gefühl oder andere bewußte geistige Vorgänge) eine solche Spur. Und zu ihr könnte beim Wahrnehmen immer dann eine Verbindung hergestellt werden, wenn Ähnlichkeiten vorhanden sind. Beim Sehen müßte demnach eine Suchaktion ausgelöst werden, bei der mit ungeheuerer Geschwindigkeit alle Gedächtnisspuren überprüft werden oder, genauer: vielleicht nur alle, die einer bestimmten Kategorie zugeordnet sind. Sobald eine passende gefunden ist, wird die Suche beendet. Erkennen hieße demnach, daß dieser unbewußte Suchvorgang erfolgreich abgeschlossen wurde.

Inwieweit diese Mustererkennung auf paralleler oder serieller Verarbeitung beruht, ist noch umstritten. Seriell bedeutet dabei, daß ein Merkmal nach dem anderen verarbeitet wird; parallel könnten dagegen alle gleichzeitig verrechnet weden. Beide theoretischen Möglichkeiten werfen Probleme auf. Ein seriell durchgeführter Vergleich der Wahrnehmung mit einer Gedächtnisspur dauert lange – sicher einige Millisekunden –, weil es praktisch unendlich viele Gedächtnisspuren gibt. Für das Erkennen brauchen wir aber in der Regel nur Bruchteile einer Sekunde. Es gibt aber andererseits ein Experiment, das für serielle Verarbeitung spricht: Saul Sternberg ließ dabei eine Liste verschiedener Wörter auswendig lernen und konfrontierte die Versuchspersonen dann mit einzelnen Wörtern, darunter auch neuen. Die Aufgabe war, zu entscheiden, ob das Wort auf der Liste gestanden hatte. Sternberg stellte fest, daß die Versuchspersonen für die Antwort um so mehr Zeit benötigten, je länger die Liste war. Da die Zeit bei jedem weiteren Wort um einen konstanten Betrag zunahm, wurde die Liste offenbar Wort für Wort, also seriell, abgefragt. Parallele Verarbeitung wäre schneller, aber was für ein Mechanismus könnte eine Wahrnehmung gleichzeitig mit allen Gedächtnisspuren vergleichen?

Welche Eigenschaften sind überhaupt dafür verantwortlich, daß eine bestimmte Form ähnlich aussieht wie andere Formen? Wenn wir das beantworten könnten, wären wir der Erklärung von Erkennen und Formwahrnehmung ein gutes Stück näher. Diese Eigenschaften sind ja die Kriterien, nach denen die Gedächtnisspuren abgesucht werden müßten.

Das gleiche Problem stellt sich, wenn man Computersysteme entwickelt, die Muster erkennen und sogar lesen können. Dazu muß man wissen, welche Eigenschaften des Musters für die Suche nach ähnlichen Gedächtnisinhalten oder abgespeicherten Prototypen wichtig sind.

Als naheliegendstes Kriterium für die Ähnlichkeit von Mustern scheinen sich Übereinstimmungen zwischen bestimmten Teilen oder charakteristischen Merkmalen anzubieten. So haben manche Buchstaben des Alphabets gemeinsame Merkmale: *O* und *Q* enthalten ein Oval, *M* und *W* haben vier vertikale oder fast vertikale Linien, ein *E* ist

gleichsam ein *F* mit zusätzlicher Querlinie, und so geht es weiter im Alphabet.

Die Geometrie einer Figur − und das heißt: ihre Form − läßt sich aber nicht ohne weiteres auf die Summe ihrer Teile reduzieren. Man kann beispielsweise die Elemente eines *E* mühelos so zusammenfügen, daß jede Ähnlichkeit mit einem *E* verlorengeht − weil eben auch die Lage der Teile zueinander eine Rolle spielt. Läßt man diese Lagebeziehungen unverändert, dann bleibt der Eindruck eines *E* vielleicht aufrechterhalten, obwohl die einzelnen Elemente stark verfremdet sind. Das ist ein Lieblingsthema der Gestalttheoretiker: Beim Sehen oder Hören nehmen wir vom Reizmuster im wesentlichen Beziehungen auf, und solange sie erhalten bleiben, erscheint uns der Eindruck oft ähnlich, auch wenn das Muster auf alle möglichen Arten verändert wurde. In der Musik kann man eine Melodie eine Oktave höher oder tiefer spielen oder auch in eine andere Tonart transponieren, sie bleibt als dieselbe Melodie erkennbar. Zwar ist jedes einzelne Element

Die Teile des Buchstaben *E* sind hier zu einer völlig neuen Figur zusammengesetzt

Ein als Initial umgestaltetes *E*. Änderungen bei einzelnen Elementen müssen nicht immer auch die Beziehungen ändern, nach denen wir ein Muster beim Wahrnehmen organisieren.

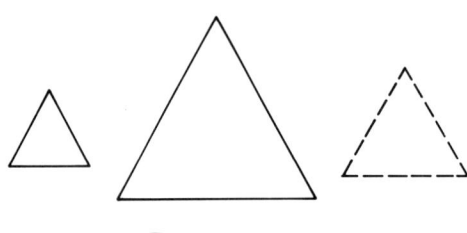

Größe, Stand und Ausgestaltung der Kontur beeinträchtigen den Eindruck der Ähnlichkeit nur ganz geringfügig, wenn überhaupt. Entsprechendes gilt für ähnliche Unterschiede beim Netzhautbild.

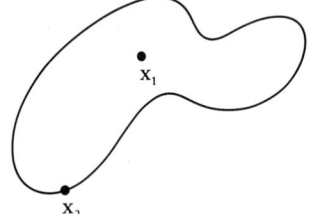

Diese Kontur wird auf verschiedenen Stellen der Netzhaut abgebildet, wenn man die Punkte x_1 oder x_2 fixiert. An der Formwahrnehmung ändert das nichts oder allenfalls wenig.

– sprich: jeder Ton – jetzt anders, aber die Intervalle und der Rhythmus haben sich ja nicht geändert. Ganz analog kann man ein optisches Muster vergrößern oder verkleinern, die Konturen anders darstellen oder es auf der Netzhaut verschieben, ohne daß sich der Eindruck dadurch wesentlich ändert – wenn überhaupt.

Als weitere Erklärung für die wahrgenommene Ähnlichkeit wurde ein neuraler Prozeß vorgeschlagen, der die Bilder auf der Netzhaut sozusagen abgleicht und zur Deckung bringt. Wenn wir zwei Figuren betrachten, werden sie jedoch so gut wie nie auf genau dieselbe Stelle der Netzhaut abgebildet; das gilt auch für die Figur unten auf der linken Seite, wenn erst der Punkt x_1 und anschließend x_2 fixiert wird. Aus dem, was man über die Anatomie der Sehbahnen und die Verarbeitung der Sehreize weiß, ergibt sich aber, daß die Netzhautsignale aus verschiedenen Bereichen auch an unterschiedliche Stellen der Sehrinde weitergeleitet werden. Sofern man also kein übergeordnetes Zentrum annimmt, wo die „neurale Projektion" der Netzhautbilder Punkt für Punkt verglichen wird, scheidet ein neuraler Prozeß als Ursache für das Wiedererkennen von Mustern oder Figuren aus. Ein solches übergeordnetes Zentrum erscheint ziemlich unwahrscheinlich und mit ihm der neurale Abgleich, der bisweilen in der Literatur als *Schablonenvergleich* aufgeführt wird. Tatsächlich benutzt man solche Vergleichsoperationen bei Computern zur Mustererkennung, etwa wenn Schecks anhand der aufgedruckten Nummer automatisch identifiziert werden. Dabei setzt man in der einfachsten Verarbeitungssituation allerdings voraus, daß das untersuchte Muster in eine bestimmte Position gebracht und auch Größe und Orientierung standardisiert werden. Wie das im einzelnen zu bewerkstelligen ist, kann die Maschine aber nur anhand des Musters selbst feststellen – und dazu muß sie es zumindest teilweise „erkennen".

Orientierung und Form

Nach unseren bisherigen Überlegungen zur Formwahrnehmung könnte man vermuten, daß die innere Geometrie der Figuren festlegt, ob wir eine Ähnlichkeit wahrnehmen oder nicht. Dabei wären unter *innerer Geometrie* die räumlichen Beziehungen der Einzelelemente eines Musters zu verstehen. Dagegen spricht aber, daß ein und dieselbe Figur – etwa ein Quadrat – einen ganz anderen Eindruck hervorruft, wenn sie um 45 Grad gedreht ist; schon der berühmte Physiker Ernst Mach hat sich um die Jahrhundertwende

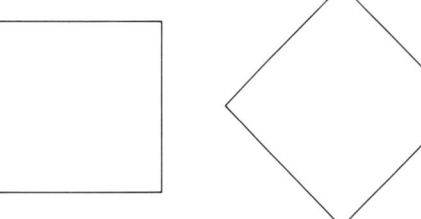

Die Orientierung bestimmt hier den Eindruck: Das Quadrat erscheint, auf die Spitze gestellt, als Rhombus.

mit dem Problem beschäftigt, warum wir identische Figuren aufgrund unterschiedlicher Orientierungen völlig anders wahrnehmen. Das dürfte ja gar nicht vorkommen, wenn die Formwahrnehmung ausschließlich durch die innere Geometrie festgelegt wäre.

Rhombus
auf der Netzhaut

Quadrat
auf der Netzhaut

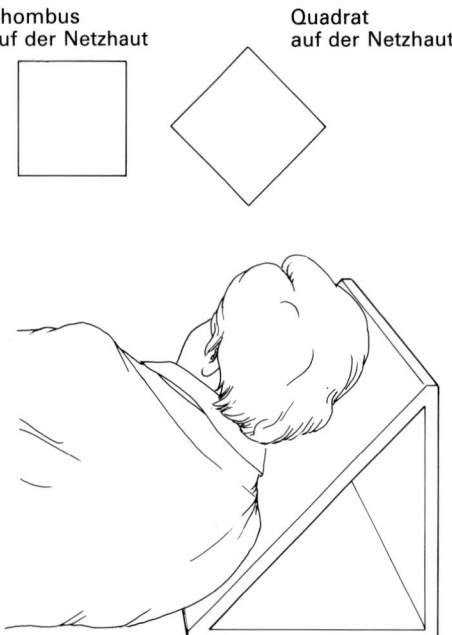

sieht auch die Form anders aus. Die Europakarte ist nicht zu erkennen, solange man nicht weiß, daß sie gedreht wurde und deshalb die Umrisse oben, unten und seitlich nicht mehr die Himmelsrichtungen repräsentieren; sobald wir ihre Orientierung durchschauen, können wir sie in der Vorstellung in die vertraute Position zurückdrehen. Deshalb muß man bei Experimenten unbedingt darauf achten, daß die Änderung der Orientierung nicht von vornherein bekannt ist.

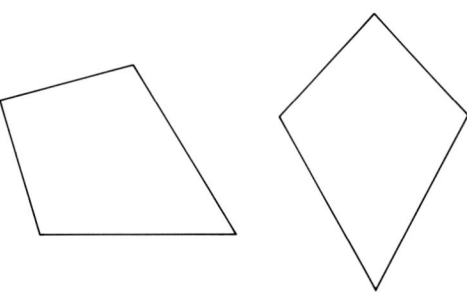

Experiment zum Einfluß der Orientierung des Netzhautbildes. Obwohl das Quadrat auf der Netzhaut wie der „Rhombus" erscheint, wird es als Quadrat gesehen. Entsprechendes gilt natürlich für den Rhombus.

Warum kann die Orientierung unsere Eindrücke so stark beeinflussen, wie wir es im Extrem bei der Europakarte gesehen haben? Einige Wissenschaftler haben argumentiert, durch die veränderte Lage des Bildes auf der Netzhaut werde auch ein anderes Signalmuster zum Gehirn weitergeleitet. Das läßt sich leicht testen: Wenn man Quadrat und Rhombus auf dieser Seite unter einem anderen Winkel betrachtet — indem man das Buch senkrecht hinstellt und den Kopf um 45 Grad zur Seite neigt — dann sehen beide Figuren aus wie zuvor. Aber als Netzhautbild ergibt sich für das Quadrat ein Rhombus und umgekehrt. Entsprechend müßte sich unser Eindruck der Figuren ändern, sofern die Orientierung den Ausschlag gibt.

Warum nehmen wir in beiden Fällen die gleichen Formen wahr? Weil sich für uns die Orientierung der Figuren nicht dadurch ändert, daß wir den Kopf neigen. Hier schaltet sich ein Konstanzmechanismus ein, so daß zum Beispiel die Seiten des Quadrats waagerecht oder senkrecht erscheinen, egal wie das Netzhautbild orientiert ist. Nur wenn eine andere Orientierung *wahrgenommen* wird,

Unregelmäßiges Viereck und Drachen, so erscheint es auf den ersten Blick. Tatsächlich sind die Figuren geometrisch identisch; wegen der unterschiedlichen Orientierung werden sie vom Wahrnehmungssystem anders „beschrieben".

Warum sollte es die Formwahrnehmung beeinflussen, wenn wir Figuren in unterschiedlichen Orientierungen sehen? Dieses grundlegende Problem ist noch umstritten; meiner Meinung nach beruhen die Auswirkungen der wahrgenommenen Orientierung auf einem speziellen Prozeß der Formbeschreibung. Von den beiden Figuren rechts oben auf dieser Seite sieht die linke auf den ersten Blick wie ein unregelmäßiges Viereck aus, das auf einer Seite liegt; die rechte wirkt symmetrisch, wie ein auf die Spitze gestellter Drachen. Tatsächlich sind beide geometrisch identisch. Daß sie verschieden aussehen, muß auf unbewußten Prozessen beruhen, durch die der Wahrnehmungsapparat die eine als „unregelmäßig" und die andere als „symmetrisch" beschreibt. Allerdings wird diese „Beschreibung" nicht in unserer gewöhnlichen Sprache formuliert, sondern in jener Art von nicht-verbaler Sprache, in der

Die bisherige Argumentation scheint aber doch eine Schwäche zu haben. Denn Experimente, bei denen man einfache Figuren mit zur Seite geneigtem Kopf unter einem 45-Grad-Winkel sieht, führen zu anderen Resultaten, als wenn man Portraitphotos oder Schrift um 90 oder gar 180 Grad gedreht sieht. Es ist leichter, einen Text zu lesen oder ein Gesicht wiederzuerkennen, wenn man für die vertraute Orientierung des Netzhautbildes sorgt. In der Karikatur wird das etwas drastisch, aber richtig illustriert.

Wie ist dieser Widerspruch zu erklären? Wenn wir den Kopf auf die Seite legen, ändert sich die wahrgenommene Orientierung der Figur im Grunde nie: Nach wie vor sehen wir genau, was bei einem Gesicht oder einem Schriftzug oben und unten ist. Bei komplizierteren Mustern, die aufrecht bleiben, während wir unsere Orientierung ändern, fällt es jedoch nicht mehr so leicht, sie trotz der ungewöhnlichen Orientierung auf der Netzhaut korrekt zu beschreiben — im Sinne des unbewußten mentalen Prozesses. Die Seiten des Quadrats sind mit geneigtem Kopf leicht als senkrecht und waagerecht zu erkennen, aber bei Schrift oder Gesichtern ist es viel schwerer, die Lage der einzelnen Strukturen zu korrigieren und gleichzeitig richtig zuzuordnen. Wie unzulänglich solche Korrekturen in der Tat sind, zeigen die auf dem Kopf stehenden Portraitphotos auf der nächsten Seite. Auf den ersten Blick bemerken wir nicht, wie stark das linke Bild verzerrt ist; und auch beim Lesen eines Textes, der auf dem Kopf steht, wird ein *u* oft wie ein richtig orientiertes *n* aufgefaßt oder ein *d* wie ein *p* und so fort.

„... und hier noch einige Worte an unsere liegenden Zuschauer..." Gesichter lassen sich am besten erkennen, wenn man für die richtige Orientierung des Netzhautbildes sorgt: aufrecht gleich parallel zur Längsachse des Körpers.

Denk- und Wahrnehmungsprozesse ablaufen und vielleicht auch das Denken von Kindern und Tieren. Wenn hier das Merkmal „Symmetrie" nur bei einer der beiden Figuren auftaucht, obwohl sie bei beiden im geometrischen Sinne gilt, so liegt das daran, daß wir Symmetrie am ehesten in bezug auf eine senkrechte Achse erkennen; wenn die Symmetrieachse waagerecht oder schräg steht, bemerken wir sie nur selten.

Als Erklärung für die Formwahrnehmung möchte ich — nicht nur unter dem Aspekt der Orientierung — eine Theorie der unbewußten Beschreibung vorschlagen. Eine solche Beschreibung faßt die Geometrie des Objektes mit der wahrgenommenen Orientierung zusammen, wobei zusätzlich auch andere Faktoren hinzukommen können, und bestimmt so, welche Form wir schließlich wahrnehmen.

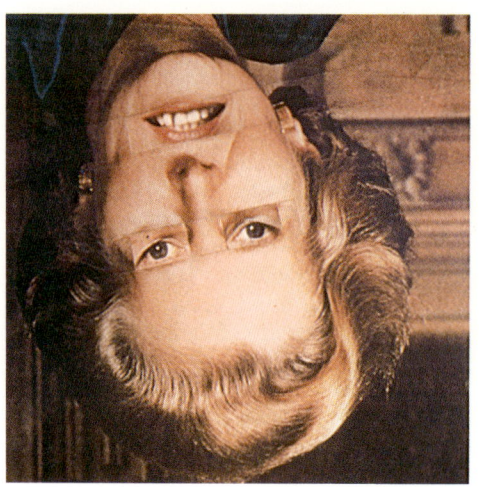
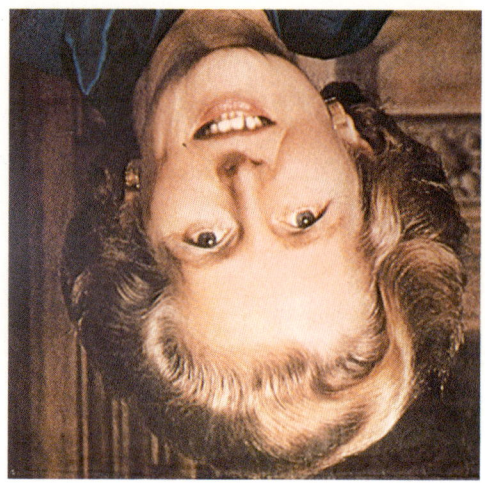

Solange die Photos auf dem Kopf stehen, bemerkt man nicht, wie stark Margaret Thatchers Gesicht bei dem linken, manipulierten Bild verzerrt wurde.

Der Einfluß von Erfahrung

Wenn wir einen Gegenstand erkennen und identifizieren, ist immer schon ein Wahrnehmungsvorgang vorausgegangen, denn erst danach kann die Suche nach Assoziationen im Gedächtnis beginnen. Demnach wäre zu erwarten, daß Gedächtnisinhalte – sprich: Erfahrungen – die Wahrnehmung nicht beeinflussen. Das scheint auch plausibel, wenn man bedenkt, daß Erkennen von Ähnlichkeit auf einem Vergleich mit gespeicherten Erfahrungen beruht und folglich zuerst etwas wahrgenommen wird, das dann verglichen werden kann. Hier sprechen die Psychologen auch davon, daß die Wahrnehmung von einer niedrigen Ebene der Verarbeitung auf eine höhere steigt, möglicherweise bis zur Bewußtseinsebene des Denkens. Umgekehrt können auch Prozesse von oben nach unten wirken, wenn eine höhere Gehirntätigkeit grundlegende Sinnesvorgänge wie Registrieren und Codieren von Konturen oder Tönen beeinflußt.

Wenn der Vergleich von Wahrnehmung und Gedächtnisspuren alles wäre, könnte man logisch ausschließen, daß Erfahrungen den Eindruck von Form und Tiefe beeinflussen. Aber was spielt sich wohl im Sehsystem ab, wenn wir die verschiedenen Schwarzweiß-

Muster auf der nächsten Seite betrachten? Zunächst sind sie wohl nicht zu identifizieren, aber wenn man längere Zeit nach vertrauten Strukturen sucht, ändert sich der Eindruck: Die Flecken werden neu organisiert. In einem Fall erkennt man einen Dalmatiner, dessen Fellmuster ihn gleichsam tarnt; im zweiten Muster sehen wir nun ein bärtiges Gesicht, das an eine Christusdarstellung erinnert. Sobald wir die jeweiligen Strukturen erkennen, entsteht ein räumlicher Eindruck, was bei dem Pferdekopf- und dem Profil-Muster besonders deutlich wird.

Die Wirkung dieser Bilder läßt sich nicht einfach mit einem Prozeß erklären, der von unten nach oben, von der Wahrnehmung zur Identifikation, führt, denn mit dem Erkennen stellt sich ja eine neue Wahrnehmung ein: Das Fleckenmuster des Dalmatiners wird völlig neu gruppiert; man sieht plötzlich Objekte mit Form und Tiefe. Wenn das nicht alles auf einer Reorganisation der Wahrnehmung beruhen würde, wäre weniger rätselhaft, warum wir diese Strukturen nicht von vornherein erkennen. Offenbar geht hier dem Erkennen ein mentaler Prozeß voraus – oder mit ihm einher – und führt zu einer Reorganisation der Wahrnehmung.

In diesen Fällen beeinflußt ganz augenscheinlich Erfahrung mit den dargestellten Objekten die Wahrnehmung. Das gilt nicht

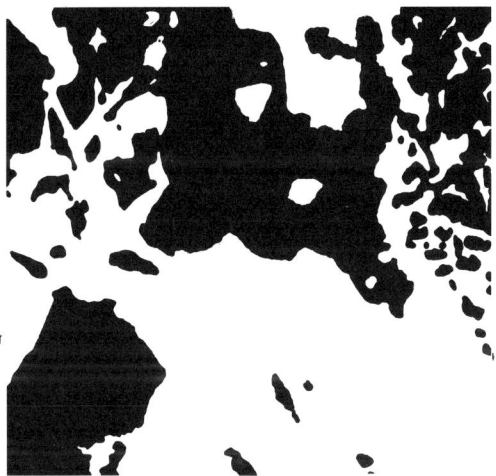

Wenn man diese Fleckenmuster einmal erkannt hat, ändert diese Erfahrung Organisation und Beschreibung der Wahrnehmung.

Erst mit dem Erkennen der Bilder entsteht Tiefenwahrnehmung.

Sobald man die weißen Flächen als Objekt organisiert, erkennt man den Schriftzug und sieht auch beim nächsten Betrachten wieder Weiß als Figur.

111

nur, wenn wir das Muster reorganisieren, sondern auch beim wiederholten Betrachten. Robert Leeper hat diese Bilder bei einem Versuch in größerem Zeitabstand zweimal gezeigt. Auch nach längerer Zeit nahmen die Probanden die Bedeutungen korrekt wahr, auch wenn die Schwarzweiß-Muster nur kurz zu sehen waren. Daß die Versuchspersonen das Bild leichter reorganisieren konnten, beruhte offenbar auf ihren Erfahrungen mit diesen Fleckenmustern.

Ein ähnliches Beispiel ist das Negativ eines Schriftzuges, das auf den ersten Blick meist einen Eindruck von zusammenhanglosen schwarzen Figuren vermittelt; sobald man die Zwischenräume jedoch als etwas Vertrautes erkennt, kehrt sich die Figur-Grund-Organisation um. Nun ist es schwierig, die weißen Bereiche nicht als Figur zu sehen – diese Organisation ist jetzt stabil und nicht mehr umkehrbar. Man könnte das auf die Gedächtnisspur für den weißen Schriftzug zurückführen.

Dieses Mädchen sieht ihrer Zwillingsschwester zum Verwechseln ähnlich – man vergleiche dazu das Photo auf der nächsten Seite. Bei genauerem Hinsehen und mit entsprechender Erfahrung können wir beide aber ohne weiteres auseinanderhalten.

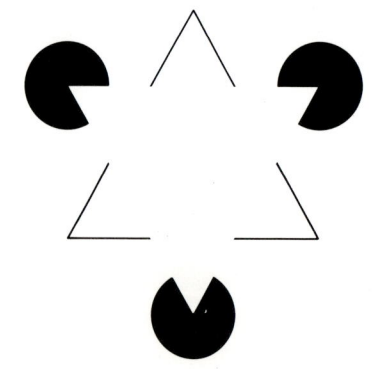

Auch scheinbare Konturen können als Figur interpretiert werden: In diesem Muster kann man ein weißes Dreieck sehen.

Als weiteres Beispiel sei hier noch die Figur auf dieser Seite aufgeführt. Hier müssen zunächst Figur und Grund umgekehrt werden, um ein weißes Dreieck zu erkennen, dessen Konturen großenteils fehlen. Man bezeichnet diese Wirkung auch als *Konturentäuschung*. Das Phänomen ist schon lange bekannt, hat

aber neues Interesse geweckt, nachdem Gaetano Kanizsa so eindrucksvolle Beispiele wie das hier gezeigte entworfen hatte. Man sieht außer den Konturen, die gar nicht vorhanden sind, auch einen nicht existierenden Helligkeitsunterschied: Das Dreieck wirkt heller als die Umgebung, obwohl das Papier überall gleich weiß ist.

Die Ursachen dafür sind umstritten. Gemeinsam mit Richard Anson habe ich das genauer untersucht und kam zu der folgenden Erklärung: Das weiße Dreieck wäre eine elegante Lösung, um eine Bedeutung für das Netzhautbild zu finden. Das Muster ist ja nicht eindeutig, und zuerst erscheinen die schwarzen Teile ohne Zusammenhang. Durch das Dreieck als Lösung wird erreicht, daß alle Konturen plötzlich zusammenpassen und auch ihre Lücken erklärt werden. Die eigenartigen Winkel in den schwarzen Kreisen erscheinen nun als Folge einer Verdeckung.

Spielt auch hier Erfahrung eine Rolle? Das ist für unvollständige Gegenstände mit vertrauten Formen zu bejahen. In unserem Beispiel wird der Eindruck suggeriert, als seien Objekte teilweise verdeckt, aber dieser Faktor ist für die Wahrnehmung nicht notwendig. Es genügt, einmal eine Figur mit scheinbaren Konturen erkannt zu haben, um sie unwiderruflich immer wieder so zu sehen.

Im allgemeinen kann man sagen, daß wir viele Strichzeichnungen wahrscheinlich anders wahrnehmen würden, wenn wir noch keinerlei Erfahrung mit den abgebildeten Gegenständen gesammelt hätten. Ein Beispiel dafür ist die untere Zeichnung auf Seite 66, die keinen der bekannten Anhaltspunkte für Tiefe aufweist und offenbar nur deshalb räumlich gesehen wird, weil wir mit Würfeln und Kästen vertraut sind.

Zur bisherigen Diskussion gehört noch ein wichtiger Punkt: Erfahrung beeinflußt die Wahrnehmung nicht etwa dadurch, daß der Reiz angepaßt wird, bis er Dinge so zeigt, wie man sie früher schon einmal gesehen hat. Der Verarbeitungsprozeß läuft ja nicht ausschließlich von oben nach unten. Vielmehr wird anfangs etwas noch Unbestimmtes nach spezifischen Organisationsprinzipien von unten nach oben wahrgenommen, und zwar zunächst unbeeinflußt von jeder Erfahrung. Wenn dieser erste Eindruck Ähnlichkeiten mit Gedächtnisinhalten aufweist, werden diese Erfahrungen bei der weiteren Verarbeitung mit einbezogen. Um das zu beschreiben, sollte man am besten den Begriff *Verfeinerung* benutzen; die Wahrnehmung wird durch Erinnerungen bereichert und verfeinert, aber nicht etwa vollständig bestimmt. Man kann das auch etwas anders beschreiben, indem man die Verarbeitung des Reizes in mehrere Schritte unterteilt: Zuerst wird das Netzhautbild anhand der Prinzipien organisiert, die die Gestaltpsychologen entdeckt haben. In einem weiteren Schritt wird die Form der Bildelemente beschrieben, die das Sehsystem als Objekt isoliert und organisiert hat. In einigen Fällen ist der Prozeß hier bereits zu Ende, weil der Beobachter nichts von anderen Möglichkeiten weiß und nicht danach sucht. Kommt dagegen eine Suchaktion nach ähnlichen Gedächtnisinhalten zustande, und werden dann tatsächlich Übereinstimmungen festgestellt, so läuft ein dritter Schritt ab: Die Erinnerung wird mobilisiert und mit der Wahrnehmung verwoben, um sie zu verfeinern.

Unterscheiden von ähnlichen Objekten

Erfahrung spielt eine wichtige Rolle, wenn wir lernen, Unterschiede zwischen gleichartigen Objekten zu erkennen. Für manche Zoobesucher sehen alle Affen gleich aus, für ihren Wärter aber sehr verschieden; Zwillinge scheinen für den Außenstehenden zum Verwechseln ähnlich, aber wenn wir sie länger kennen, bemerken wir die Unterschiede.

Diese Beispiele werfen zwei Fragen auf: Warum können wir anfangs keinen Unterschied feststellen? Und: Was geschieht, wenn sich das nach einiger Erfahrung ändert? Die Antwort auf die erste Frage scheint klar: Zwei sehr ähnliche Objekte führen zur selben Gedächtnisspur. Aber sie weichen doch in feinen Details voneinander ab. Warum nehmen wir das etwa bei den Zwillingsphotos auf dieser und der vorangehenden Seite zunächst nicht wahr? Zweifelsohne sehen wir die Unterschiede zwischen beiden Mädchen, wenn wir die Bilder nebeneinander legen und bewußt bis in feine Einzelheiten vergleichen. Aber in den meisten Fällen suchen wir gar nicht danach, und das ist ein wichtiger Hinweis auf einen Zusammenhang zwischen Wahrnehmung und *Aufmerksamkeit*.

Aufmerksamkeit. Wenn wir zum ersten Mal ein neuartiges Objekt sehen, das einer wenig vertrauten Klasse von Objekten angehört, achten wir wohl in erster Linie auf die grundsätzlichen Unterschiede gegenüber den bekannten Klassen: Ein Kleinkind unterscheidet Gesichter von allen anderen Dingen; ein Erwachsener differenziert ein Zwillingsgesicht von anderen Gesichtern. Wir „beschreiben" nur solche Merkmale, auf die wir aufmerksam werden. Das bedeutet umgekehrt, daß die entstehende Gedächtnisspur nicht differenzierter sein kann als unser Gesamteindruck.

Das verdeutlicht ein Experiment, das wir in unserem Labor durchgeführt haben. Die Versuchspersonen bekamen für kurze Zeit eine Figur mit vielen unregelmäßigen Details zu sehen, etwa die Figur A in der Abbildung links auf dieser Seite. Unmittelbar danach wurde getestet, ob sie dieses Objekt von einer oder mehreren Varianten ähnlicher Form unterscheiden konnten. Solange die Vergleichsfiguren nur in feinen Einzelheiten von dem Standard abwichen, hatten die Versuchspersonen Schwierigkeiten, die richtige Figur wiederzuerkennen − sie trafen höchstens zufällig die richtige Wahl. Bei einem weiteren Test wichen schon Grundformen voneinander ab, und jetzt wurde mühelos die richtige Figur identifiziert. Offenbar wurde hier die Form global wahrgenommen und ohne alle Details gespeichert.

Im täglichen Leben ist es oft nötig, auch ähnliche Objekte derselben Klasse zu unterscheiden. Ein Säugling muß sich die Gesichter der Eltern einprägen, das Schulkind Buchstaben und der Zoowärter seine Affen auseinanderhalten, und so weiter. Die Notwendigkeit zwingt also, auf Einzelheiten zu achten, ob wir uns dessen bewußt sind oder nicht. Dadurch wird unsere Wahrnehmung spezifischer und präziser, und statt der ersten undifferenzierten Gedächtnisspur entsteht eine Familie aus jeweils leicht abweichenden Erinnerungen. An jede davon können wir nun spezifische Assoziationen knüpfen, etwa einen Namen. Wenn wir die Zwillinge genauer betrachten, bemerken wir bei einem vielleicht die etwas breitere Nase und höhere Wangenknochen − und haben erst jetzt *beide* Mädchen wahrgenommen. Hier erweist sich Aufmerksamkeit als wichtiger Faktor: Dadurch rücken ja nicht nur einzelne Objekte ins Zentrum unseres Bewußtseins, sondern der Wahrnehmungsprozeß selbst ändert sich.

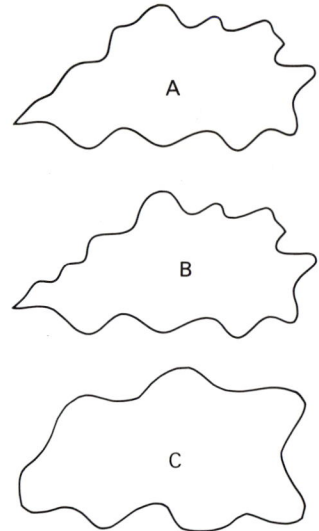

Testkonturen zur Formwahrnehmung. Wenn die Figur A für kurze Zeit beobachtet wurde, hatten die Versuchspersonen Mühe, sie von ähnlichen Figuren wie B zu unterscheiden. Dagegen wurde bei Paaren wie A und C die Standardfigur mühelos wiedererkannt.

In einem mittlerweile klassischen Versuch hat E. Colin Cherry die Bedeutung der Aufmerksamkeit beim Hören untersucht. Eine Versuchsperson hörte über einen Kopfhörer gleichzeitig zwei verschiedene Botschaften (ähnlich wie es bei Partys gelegentlich auftritt, wenn man verschiedene Gespräche mithören, aber nur eines verfolgen kann). Eine davon sollte dabei laut mitgesprochen werden. Abschließend mußte die Versuchsperson beide überspielten Texte aus dem Gedächtnis referieren. Dabei konnte sie sich an die laut wiederholten Passagen gut erinnern, an die anderen kaum. Weitere Untersuchungen mit dieser Methode ergaben, daß von der nicht beachteten Botschaft auch kaum etwas wahrgenommen wurde.

Figurenbeispiel zum Aufmerksamkeitstest. Wenn die Aufmerksamkeit auf eine Farbe gerichtet wurde, konnten die Versuchspersonen nur die entsprechende Kontur später wiedererkennen; die andersfarbige Figur wurde offenbar nur unzureichend als Wahrnehmung verarbeitet.

Entsprechende Experimente hat man auch für das Sehen gemacht. Zum Beispiel benutzten Dan Gutman und ich rote und grüne Figuren, die sich überlappten, um den Einfluß der Aufmerksamkeit zu testen. Sie hatten unregelmäßige Formen und wurden in rascher Folge gezeigt. Um die Aufmerksamkeit auf eine der Figuren zu lenken, stellten wir die − vorgeschobene − Aufgabe, alle roten (und bei anderen Versuchspersonen alle grünen) Figuren nach ihrem ästhetischen Geschmack anhand einer Werteskala einzustufen. Nachdem alle Figuren-Paare gezeigt waren, prüften wir, wie gut sich die Probanden an die gesehenen Figuren erinnerten. Eindeutig wiedererkannt wurden nur diejenigen, auf die das Augenmerk gerichtet war; bei den anderen ergaben sich allenfalls Zufallstreffer. Weitere Versuche zeigten, daß die vernachlässigte Figur auch unmittelbar nach dem Betrachten des Musters nicht mehr in Erinnerung ist, selbst wenn sie eine allgemein bekannte Form hat.

Warum ist Aufmerksamkeit nötig, um eine Form wahrzunehmen? Darüber kann man sicher geteilter Meinung sein, aber meines Erachtens liegt es an der Art, wie das Sehsystem Formen „beschreibt". Bei dem Experiment wird offenbar nur die aufmerksam beobachtete Figur jedes Paares in den Beschreibungsprozeß einbezogen. Hier wirkt sich die fehlende Aufmerksamkeit also weit drastischer aus als bei den Vergleichen zwischen ähnlichen Objekten innerhalb einer Klasse. Sie werden ja offenbar alle wahrgenommen, wenn auch nur in ihren allgemeinen Eigenschaften und ohne Aufmerksamkeit für die Details.

Fassen wir zusammen, was wir bisher über die Rolle der Erfahrung bei der visuellen Wahrnehmung gesagt haben:

1. Erfahrung ist nicht notwendig für die Formwahrnehmung, die ja durch einen Prozeß zustande kommt, der von unten nach oben verläuft: Der Reiz wird auf unterer Ebene nach den gestaltpsychologischen Prinzipien organisiert. Einheiten, die so entstehen, werden schließlich „beschrieben".

2. Erfahrung führt zum Erkennen und Identifizieren vertrauter Objekte, weil die wahrgenommene Form den „Beschreibungen" ähnelt, die im Gedächtnis abrufbar gespeichert sind.

3. Unter bestimmten Bedingungen kann Erfahrung die Wahrnehmung beeinflussen.

4. Erfahrung kann bisweilen zur Stabilisierung einer bestimmten Organisation führen.

5. Bei ähnlichen Objekten (Elementen einer gemeinsamen Klasse) kann Erfahrung zu einer Differenzierung der Wahrnehmung führen, die anderweitig nicht möglich wäre.

All diese Einflüsse werden erst im zweiten Schritt des Wahrnehmungsvorgangs wirksam: Sie ergänzen den Verarbeitungsprozeß, der ansonsten nur von unten nach oben verlaufen würde. Mehr noch, sie bauen darauf auf, daß der erste Schritt der Wahrnehmung erfahrungsunabhängig ist. Ohne es ausdrücklich zu erwähnen, haben wir bislang nur die visuelle Erfahrung diskutiert und vorausgesetzt, daß die assoziierten Gedächtnisinhalte ebenfalls visueller Natur sind.

Behauptet wird also nicht, daß Wahrnehmung eine Sache der Erfahrung sei, sondern nur, daß sich visuelle Erfahrung in bestimmter Weise auswirken kann. In der Vergangenheit hat man hier sehr viel weitreichendere Schlüsse gezogen. Berkeley, der eine der einflußreichsten Theorien über das Sehen vertrat, war der Meinung, daß Sehen anhand von Tasten — Begreifen — erlernt wird.

Sehen und Tastsinn. Berkeley argumentierte, daß der Tastsinn die visuelle Wahrnehmung heranbildet, so daß wir schließlich scheinbar unvermittelt einen Eindruck von Entfernung, Größe, Orientierung und sogar Form gewinnen. Diese Behauptung ist natürlich nur sinnvoll, wenn Gesichtssinn und Tastsinn nicht völlig unabhängig und beziehungslos sind. Da beide Sinne oft zusammenwirken, konnte Berkeley durchaus behaupten, daß bei allem Unterschied doch Assoziationen zwischen Tasten und Sehen auftreten — ganz ähnlich wie man ja auch mit einem Wort einen Gegenstand assoziieren kann. „Sichtbare Figuren sind nur Modelle der ertasteten Dinge, und (. . .) es ist klar, daß sie in sich selbst oder in irgendeinem Zusammenhang außer ihrer Verbindung zu den tastbaren Dingen wenig bedeuten, die sie ihrem Wesen nach darzustellen bestimmt sind."

Was Berkeley meinte, machte er am Beispiel von Quadrat und Kreis deutlich. Beide sehen zwar in gewisser Hinsicht verschieden aus (weil das Quadrat „Teile" habe, der Kreis jedoch nicht), aber ihre besonderen Formen können wir erst wahrnehmen, wenn wir gelernt haben, ihre Bilder auf der Netzhaut mit den ertasteten Formen zu verknüpfen.

115

Berkeley unterstellt hier, daß die Wahrnehmung durch den Tastsinn keine Probleme aufwirft und keiner besonderen Erklärung bedarf. Die Welt des Tastsinns ist in seiner Sicht a priori organisiert, obwohl auch hier die sensorische Information erst einmal in einen Zusammenhang gebracht werden muß. Außerdem unterstellt Berkeley, daß wir mit dem Tastsinn präzise wahrnehmen. Wie sonst sollten die überaus genauen visuellen Eindrücke von Formen, Größen und Entfernungen zustande kommen? Tatsächlich vermittelt der Tastsinn bei weitem nicht ein so genaues Bild wie der Gesichtssinn, und Entsprechendes gilt auch für den Bewegungssinn, mit dem wir unsere eigenen Körperbewegungen spüren.

In den ersten Dekaden unseres Jahrhunderts rückte Berkeleys These in den Hintergrund, aber als man den Konflikt zwischen visueller und taktiler Sinnesinformation experimentell untersuchte, wurde sie erneut kritisch aufgegriffen. Erste Hinweise beobachtete James Gibson in den frühen dreißiger Jahren bei einem Versuch, in dem es um die Wahrnehmung gekrümmter Linien ging. Die Betrachter sahen über längere Zeit nur verschiedene, mit optischen Mitteln gekrümmte Linien. Unter anderem mußten sie einen geraden Stab durch ein Keilprisma beobachten, das ein gekrümmtes Bild erzeugte. Als die Versuchspersonen den Stab anfassen durften und dabei eigentlich hätten ertasten müssen, daß er gerade ist, gaben sie trotzdem an, der Stab sei gekrümmt — er fühlte sich offenbar so an, wie er aussah. Für Gibson war diese Beobachtung aber nur ein Ergebnis am Rande, und er verfolgte sie nicht weiter.

Bei diesem Experiment entstand ein Wahrnehmungskonflikt zwischen Sehen und Tasten. Wenn der Tastsinn die grundlegendere Information liefern würde, wie Berkeley meinte, dann müßte er dominieren. Aber einige Jahrzehnte nach Gibsons Versuch bestätigten sich seine Beobachtungen in weiteren Experimenten. Der Gesichtssinn dominiert, so daß ein Objekt eher nach dem Aussehen beurteilt wird als nach dem Tastbefund. Mehr noch: Das Sehen nimmt den

Versuch zum Wahrnehmungskonflikt zwischen Sehen und Tasten. Der Gesichtssinn dominiert: Man fühlt die Figur so, wie man sie durch eine verzerrende Linse sieht.

Tastsinn für sich ein: Man *fühlt* ein Objekt beim Tasten so, wie man es sieht.

Jack Victor und ich haben bei einem solchen Versuch einen Konflikt über die Größe des Objektes erzeugt: Die Versuchspersonen schauten, ohne es zu merken, durch eine Linse auf eine quadratische Platte, die optisch auf die Hälfte verkleinert war und auch entsprechend wahrgenommen wurde. Wenn sie das Quadrat nur ertasten konnten, erkannten die Probanden seine Größe — jedenfalls mit der für den Tastsinn zu erwartenden Genauigkeit. Aber sobald gesehen und getastet werden durfte, erschien das Quadrat halb so groß, wie es war, genau so wie beim Sehen ohne Tasten. Bei einem entsprechenden Experiment zur Formwahrnehmung benutzten wir eine zylindrische Linse, um das Quadrat zu einem Rechteck zu verzerren. Auch hier richtete sich die wahrgenommene Form nach dem Gesichtssinn, und der Tasteindruck war gänzlich untergeordnet.

Man könnte argumentieren, daß Berkeleys These durch diese Experimente noch keineswegs widerlegt ist, denn die Dominanz des Sehens könnte ja erlernt sein. Vielleicht wird das Netzhautbild erst nach einiger Erfahrung mit taktilen Reizen zu einem direkten Anhaltspunkt für ein konkretes Objekt. Klären ließe sich das nur durch Experimente mit Säuglingen, oder man müßte Erwachsene durch widersprüchliche Sinnesreize lange genug in einen Konflikt bringen, damit ein Umerziehungsprozeß einsetzen kann.

Die entsprechenden Versuche mit Säuglingen hat man auch in Angriff genommen – bislang lassen sich hier aber noch keine endgültigen Schlüsse ziehen. Bei Versuchen mit Erwachsenen gibt es dagegen konkrete Ergebnisse. Zum Beispiel wurde die Aufgabe gestellt, nach Gegenständen zu greifen, die freilich optisch verzerrt gesehen wurden. Durch Tasten hätte das verzerrte Aussehen im Prinzip korrigiert werden können, aber genau das Umgekehrte war der Fall: Der Tastsinn wurde neu „geeicht". Nach der Anpassungsphase sahen die Versuchspersonen Größe, Form und Orientierung bei allen Gegenständen wie zuvor; aber die Tastbefunde (mit verbundenen Augen) waren verändert: Eine quadratische Platte von 2,5 × 2,5 Zentimetern, die während der Anpassungsphase durch eine verkleinernde Linse gesehen wurde, schien nun beim bloßen Ertasten kleiner. Der Grund ist einfach: Die Quadrate hatten ja kleiner ausgesehen, und durch die Dominanz des Gesichtssinns fühlten sie sich auch kleiner an. Deshalb wurde nun das „Gefühl", das sich sonst bei dem Quadrat einer bestimmten Größe ergab, mit einem kleineren assoziiert. Diese Verknüpfung blieb während des Experiments bis zu den abschließenden Tests bestehen.

Charles S. und Judith R. Harris ließen Versuchspersonen Bilder zeichnen, während sie durch Prismen blickten, die rechts und links vertauschten. Nach dem Versuch machten die gleichen Personen viele Fehler, wenn sie mit geschlossenen Augen Buchstaben und Zahlen schreiben sollten; manche Zeichen gerieten spiegelverkehrt; andere waren richtig geschrieben, schienen den Probanden aber nach ihrem Gefühl fehlerhaft. Diese Unsicherheit entstand schon nach 30- bis 60-minütigem Tragen einer seitenvertauschenden

Brille. Offensichtlich genügte diese Zeit, um eine Links-Rechts-Bewegung der Hand als Rechts-Links-Bewegung fühlen zu lernen und umgekehrt.

In eine etwas andere Richtung geht die Frage, ob die visuelle Wahrnehmung beeinflußbar oder formbar ist. Kann man lernen, eine gerade Linie, die durch optische Verzerrung gekrümmt erscheint, aufgrund von Erfahrung gleichwohl richtig zu erkennen?

Um das zu klären, hat man Versuchspersonen Brillen mit Prismen aufgesetzt, durch die sie ihre Umgebung verzerrt sahen. Zwar wird der Gesichtssinn bei widersprüchlicher Sinnesinformation den Tastsinn dominieren, aber wenn sich die Versuchsperson uneingeschränkt in ihrer Umgebung bewegen und damit vertraut machen kann, gibt es im Prinzip genügend zusätzliche Information, um die vermeintlich gekrümmten Linien als gerade zu erkennen.

Angenommen, man folgt einer geraden Linie und betrachtet sie dabei durch eine Prismenbrille, dann entsteht auf der Netzhaut natürlich eine gekrümmte Linie; dieses Bild verschiebt sich ganz analog wie das unverzerrte Netzhautbild eines Beobachters, der eine gerade Linie im Gehen sieht (B in der Abbildung unten auf dieser Seite). Dagegen würde sich das Bild einer gekrümmten Linie ohne die verzerrenden Prismen geradlinig auf der Retina verschieben (A). Oder wenn man im Kreis um einen gekrümmten Stab läuft, wird sich das Vorzeichen der Krümmung (und entsprechend rechts und links) norma-

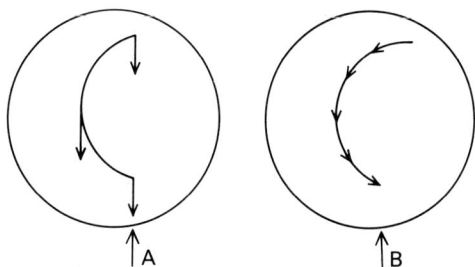

Verschiebungen des Netzhautbildes, die durch eine verzerrende Prismenbrille entstehen. Wenn eine Versuchsperson an einer geraden Linie entlanggeht und sie dabei durch das Prisma gekrümmt sieht, bewegt sich das Bild auf der Netzhaut wie in B. Das gleiche Bild entsteht, wenn man eine gekrümmte Linie ohne verzerrende Brille sieht, aber es verschiebt sich völlig anders (A).

lerweise nach einer halben Runde umkehren. Trägt man dagegen eine Prismenbrille, so bleibt diese Umkehrung aus: Ein gerader Stab scheint von allen Richtungen zur gleichen Seite hin gekrümmt. Das liegt daran, daß das Prisma die Lichtstrahlen stets zur gleichen Seite hin ablenkt.

Durch die spezifischen Verzerrungen könnte ein Lernprozeß in Gang kommen, der die Wahrnehmung verändert. Ein entscheidender Test müßte hier prüfen, wie die Dinge aussehen, wenn die Prismen wieder wegfallen. Zum Beispiel kann man den Versuchspersonen eine leuchtende Linie (im dunklen Raum) zeigen, deren Krümmung sich ständig ändert, und danach fragen, wann ihnen die Linie gerade erscheint. Nehmen wir an, es wurde eine Prismenbrille von 20 Dioptrien getragen, so daß eine gerade Linie konvex nach links gewölbt aussah, dann könnte die Gewöhnung an diese Brille bewirken, daß man eine gerade Linie schließlich weniger verzerrt oder sogar wirklichkeitsgetreu gerade wahrnimmt. Nach einem solchen Lernprozeß würde also ein konvex nach links gekrümmtes Linienbild Geradheit bedeuten. Folglich müßte eine Gerade im Dunkeln nun wie eine nach rechts ausgebauchte Kurve erscheinen. Den Eindruck einer Geraden hätten die Versuchspersonen demnach bei einer Linie, die nach links konvex ist. Dabei wäre die Krümmung ein Maß für Anpassung.

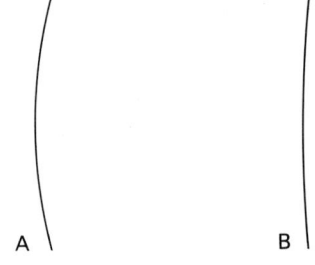

Verzerrung einer geraden Linie durch ein Keilprisma mit 20 Dioptrien (A) und eines mit nur sechs Dioptrien (B). Eine Krümmung von sechs Dioptrien ist kaum mehr zu erkennen.

Tatsächlich war die Veränderung durch das Prismentragen enttäuschend gering. Bei einem Experiment von John Hay und Herbert Pick jr. trugen die Versuchspersonen immerhin 42 Tage lang Prismen von 20 Dioptrien, aber der Grad der Anpassung entsprach im Mittel sechs Dioptrien. Die Abbildung verdeutlicht, wie wenig diese Krümmung von einer geraden Linie abweicht. Und selbst diese geringe Veränderung der Wahrnehmung ist wohl nur zum Teil auf ein Umlernen in den 42 Tagen zurückzuführen. Beim Betrachten von gekrümmten Linien tritt nämlich ohnehin ein Anpassungsprozeß auf, der völlig andere Ursachen hat und mit der Farbanpassung vergleichbar ist. Er kommt schon nach einigen Minuten zustande und entspricht einer Krüm-

mung von etwa drei Dioptrien. Man könnte hier also eher schließen, daß *keine* Anpassung der Formwahrnehmung zustande kam. Geradheit und Krümmung dürften also überwiegend auf angeborenen Faktoren beruhen. In diese Richtung weisen auch andere Experimente zur Dominanz des Sehens gegenüber dem Tastsinn: Die visuelle Formwahrnehmung ist wohl angeboren und verläuft von unten nach oben.

Formwahrnehmung ohne Erfahrung

Was könnte beweisen, daß die Formwahrnehmung angeboren ist? Auf direktem Wege ließe sich das bei Versuchen mit Blindgeborenen klären, die später das Augenlicht gewannen. Und genau diesen Vorschlag machte der Philosoph William Molyneux seinem Freund John Locke in einem berühmten Brief, der 1706 veröffentlicht wurde:

„Man denke sich einen Blinden, jetzt erwachsen, der von Geburt an blind ist und der durch seinen Tastsinn gelernt hat, zwischen einem Würfel und einer Kugel aus demselben Metall und etwa der gleichen Größe zu unterscheiden, so daß er, wenn er das eine oder das andere ertastet, sagen könnte, welches der Würfel, welches die Kugel ist. Man denke sich ferner, daß der Würfel und die Kugel auf einem Tisch liegen und der Blinde nun sehend gemacht werde: Man frage sich, ob er *nur nach dem Sehen*, ohne sie zu berühren, nun unterscheiden und sagen könne, welches die Kugel, welches der Würfel sei?"

Ganz so einfach ist es jedoch nicht. Dieses Experiment setzt eine unmittelbare Verbindung zwischen Gesichtssinn und Tastsinn voraus und kann deshalb nicht klären, ob Formwahrnehmung angeboren ist. Hier kommt es darauf an, ob ein Mensch, der zum ersten Mal in seinem Leben etwas sieht, Figuren wie Kugel und Würfel von Anfang an unterscheiden kann − das heißt, ob sie für ihn genauso unterschiedlich aussehen wie für uns. Wir brauchen darüber hinaus jedoch nicht anzunehmen, daß beim bloßen Betrachten der Kugel die Form mit dem Gefühl beim Tasten verknüpft wird. Über das Verhalten von Blinden, die geheilt wurden, gibt es medizinische Berichte aus mehreren Jahrhunderten, die M. von Senden 1932 in einem Buch zusammengestellt hat. Leider verfolgten die Ärzte meist keine wahrnehmungstheoretisch präzise Fragestellung, so daß ihre Beobachtungen entsprechend ungenau sind. Brauchbar waren nur Berichte über Patienten, die von Geburt an auf beiden Augen blind waren und nach dem Entfernen einer getrübten Linse zumindest auf einem Auge sehen konnten. Natürlich mußte der Patient außerdem alt genug sein, um Fragen beantworten zu können; er mußte sich physisch und psychisch von der Operation erholt haben und schließlich mit einer passenden Brille scharf sehen können. All das sollte in den Berichten eindeutig dokumentiert sein. Aber nur in den wenigsten Fällen sind diese Bedingungen erfüllt, und auch dann stößt man häufig auf widersprüchliche Aussagen. Heutzutage treten solche Fälle bei uns kaum noch auf, weil die Operation schon in frühester Kindheit durchgeführt wird, sofern die Blindheit auf einer Linsentrübung beruht.

Beobachtungen bei deprivierten Tieren. Um zu klären, inwieweit die Formwahrnehmung angeboren ist, bieten sich Versuche mit Tieren an. Hier sei aber daran erinnert, daß sich das Sehsystem nicht normal entwickelt, wenn bei völliger Dunkelheit von Geburt an jeder visuelle Reiz vermieden ist. Das gilt sogar für Tiere, die bei diffusem Licht aufwachsen, aber keine Hell-Dunkel-Muster in ihrer Umgebung vorfinden. Man hat das bei Untersuchungen nachgewiesen, die an die Entdeckungen von David Hubel und Torsten Wiesel anknüpfen. Beide hatten in den frühen sechziger Jahren Mechanismen der Orientierungswahrnehmung nachgewiesen: Im Gehirn gibt es „Detektor"-Neuronen, die am stärksten reagieren, wenn Konturen in einer bestimmten Orientierung auf eine „zugehörige" Netzhautstelle fallen. Man hielt diese Mechanismen zunächst für angeboren, aber es stellte sich heraus, daß sie in den ersten Lebenstagen entscheidend durch die Umgebung geprägt werden. Bei Tieren, die nach der Geburt nur senkrechte Linien zu sehen bekamen, fand man später auch nur die entsprechenden Detektoren. Gab es in der Umgebung nur wenige oder gar keine Konturen, waren bei den Versuchstieren nur wenige Detektoren nachweisbar, die überhaupt auf eine Orientierung ansprachen.

Es ist zwar noch unklar, welchen Einfluß diese Mechanismen für die Formwahrneh-

 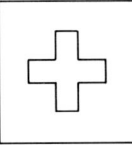

 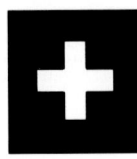

Figuren für Unterscheidungstests mit verschiedenen Tieren. Wenn sie gelernt haben, ein schwarzes Dreieck von einem schwarzen Kreuz zu unterscheiden, übertragen sie das auch auf Konturenzeichnungen oder „Negativ"-Bilder dieser Figuren.

mung haben, aber zweifellos wird das Sehsystem beeinträchtigt, wenn Tiere in einer undifferenzierten optischen Umwelt aufwachsen. Damit scheiden alle Experimente zur Formwahrnehmung aus, in denen Tiere am normalen Sehen gehindert werden. Das gleiche gilt dann auch für Menschen, die blind auf die Welt kamen und später sehend wurden.

Formwahrnehmung kurz nach der Geburt.
Außer dem Menschen können auch ausgewachsene Tiere nachweislich Formen unterscheiden – Schimpansen und andere Affen, Elefanten, Katzen, Ratten, Hühner, Tauben und Fische. Bei Experimenten mit erwachsenen Tieren läßt sich zeigen, daß sie wirklich die Form wahrnehmen und nicht nur auf eine spezifische Größe oder besondere Details wie etwa die Spitze eines Dreiecks reagieren: Wenn sie gelernt haben, zwei Figuren auseinander zu halten, übertragen manche Tiere diese Unterscheidung auf veränderte Figurenpaare mit gleichen Grundformen. So können Primaten und einige andere Arten, die ein Dreieck von einem Kreuz zu unterscheiden gelernt haben, das auch auf größere oder kleinere Kreuze und Dreiecke anwenden, auch wenn die Figuren anders orientiert sind als in der Trainingssituation. Das gilt auch dann noch, wenn man Schwarz und Weiß bei dem Figurenpaar vertauscht oder anstelle schwarzer Flächen nur die Umrisse anbietet. So verschieden einzelne Tierarten und insbesondere Tier und Mensch Formen wahrnehmen, es gibt einige wichtige Gemeinsamkeiten, was Genauigkeit, Aufmerksamkeit und Verallgemeinerung von Erfahrungen betrifft: Figur-Grund-Unterscheidung und Organisation findet man zweifellos bei den meisten, wenn nicht allen Arten.

Nehmen diese Tiere Formen schon von Geburt an wahr? Einige Befunde sprechen dafür, insbesondere die Ergebnisse eines Experiments, das die traditionelle Methode des Unterscheiden-Lernens und deren Probleme elegant vermeidet. Wir hatten schon gesehen, warum die eingeschränkten Fähigkeiten von Neugeborenen einen Unterscheidungstest beeinträchtigen, und daß sich an-

geborene Verhaltensweisen auf einen visuellen Reiz hin als Ausweg anbieten (etwa bei dem simulierten Abgrund). Nehmen wir nun an, kurz nach der Geburt oder dem Schlüpfen reagiert ein Tier auf einen bestimmten Reiz mit einem instinktiven – oder wie man heute sagen würde: artspezifischen – Verhalten. Dann wissen wir, daß die Wahrnehmung genetisch angelegt sein muß.

Aufgrund solcher Überlegungen untersuchte Robert Fantz vor etwa 25 Jahren das Verhalten von frisch geschlüpften Küken, um Rückschlüsse auf ihre Sehleistung zu ziehen. Hühner picken gewöhnlich nach allen kleinen Teilchen, Unebenheiten und Flecken auf dem Boden. Nun liegt es nahe, daß sie bevorzugt nach Formen picken, die wie ihre Hauptnahrung aussehen: oval wie Getreidekörner. Das jedenfalls hätte den Küken im Laufe der Evolution Überlebensvorteile verschafft. Wenn sie bei einem Experiment wirklich die ovale Form bevorzugen, dann ist anzunehmen, daß sie diese Form auch wahrnehmen. Fantz setzte drei Tage alte Küken, die in völliger Dunkelheit gehalten worden waren, in einen Kasten, dessen Wände mit kleinen „Körnern" verschiedener Form bestückt waren. Jedes davon war in durchsichtiges Plastik eingebettet, das beim Berühren einen Mikroschalter auslöste. Auf diese Weise wurde gezählt, wie oft die einzelnen Formen angepickt wurden. Hier das Ergebnis von 100 Küken: Kügelchen 24 346; elliptische Form 28 122; Pyramiden 2492; Sternform 2076. Runde Körner wurden gut zehnmal so oft gewählt wie eckige – ein klares Ergebnis. Offenbar ist Formwahrnehmung bei Küken von Geburt an möglich, unabhängig von Erfahrung.

Auch bei anderen Arten lösen bestimmte Formen instinktive Reaktionen aus. So betteln junge Silbermöwen einen Tag nach dem Schlüpfen weit häufiger, wenn sie ein Modell vom Schnabel ihrer Eltern zu sehen bekommen, als wenn man ihnen andere Formen zeigt.

Säuglinge haben ebenfalls Vorlieben für gewisse Muster. Das läßt sich nachweisen, wenn man ihre Blickrichtungen beim Betrachten verschiedener Figuren über längere Zeit aufzeichnet, etwa mit Hilfe des unten abgebildeten Gerätes. Je nach Blickrichtung spiegelt sich im Auge des Kindes (über der Pupille) eine der gezeigten Figuren. Man braucht nur die Zeiten zu stoppen – oder

Versuchsanordnung zur Formwahrnehmung von Säuglingen. Die gezeigten Figuren spiegeln sich im Auge des Kindes (über der Pupille).

noch besser: das Ganze auf Film oder Videoband aufzunehmen –, um die Vorliebe für eine der beiden Formen festzustellen. Heute verwendet man Geräte, die Augenbewegungen exakt aufzeichnen.

Bei den ersten Versuchen dieser Art wurden Präferenzen für bestimmte Farben beobachtet. Daraus konnten die Psychologen dann schließen, daß Säuglinge bereits Farben sehen. Robert Fantz übertrug diesen Schluß auch auf die Formwahrnehmung: Wenn Säuglinge Formen unterscheiden und bestimmte Vorlieben entwickelt haben, dann werden sie ihre „Lieblingsfigur" länger betrachten. Aus seinen Versuchen ergab sich schließlich: Im ersten Lebensmonat findet man bei Alternativen zwischen einfachen geometrischen Figuren wie Kreis oder Kreuz noch keine nachweisbaren Präferenzen. Aber komplizierte Formen (wie ein Schachbrettmuster) werden gegenüber einfacheren (wie dem

Umriß eines Quadrats) bevorzugt. Innerhalb der ersten vier Lebenswochen schauen Säuglinge länger auf Zeichnungen eines Gesichts als auf andere Abbildungen vergleichbarer Größe und Form; diese Vorliebe besteht auch dann, wenn Teile so vertauscht und durcheinandergebracht wurden, daß nur noch wenig Ähnlichkeit mit einem menschlichen Gesicht besteht. Mit zunehmendem Alter entwickeln sich immer mehr Präferenzen. Schließlich wird ein wirklichkeitsnahes Gesicht dem verzerrten vorgezogen; und auch bestimmte geometrische Figuren werden nun mit besonderer Vorliebe betrachtet.

Wenn man genauer bestimmen möchte, auf welchen Teil einer Figur ein Säugling blickt, braucht man aufwendige Geräte, die Augenbewegung und Blickrichtung aufzeichnen. Philip Salapatek und seine Mitarbeiter haben mit einem solchen Aufzeichnungsgerät Neugeborene beim Betrachten eines Dreiecks beobachtet und festgestellt, daß sie meist auf seine Ecken schauen; vermutlich suchen sie sich die Bereiche aus, an denen die größten Veränderungen oder Diskontinuitäten auftreten. Dafür sprechen auch die weiteren Untersuchungen.

Die Befunde sind allerdings nicht eindeutig, denn eine bevorzugte Blickrichtung setzt als Grundlage neben der Vorliebe eine Wahrnehmung voraus. Sofern ein Objekt besonders häufig angeschaut wird, kann man schließen, daß es auch wahrgenommen wurde. Aber wenn keine Vorliebe erkennbar ist, heißt das

121

nicht unbedingt, daß auch keine Formwahrnehmung zustande gekommen ist – es könnte
sich darin ebenso eine Abneigung ausdrücken.
Möglicherweise bemerken Säuglinge schon
im ersten Lebensmonat den Unterschied
zwischen Quadrat und Kreis, ziehen jedoch
keine Figur vor. Falls sie Quadrate erkennen,
wäre ihr Interesse am Schachbrettmuster mit
der größeren Komplexität zu erklären. Vielleicht muß zum Formunterschied also noch
ein Unterschied der Komplexität hinzukommen, um ein Muster für einen zwei Wochen
alten Säugling interessant zu machen.

Für die Vermutung, daß Formen schon in
den ersten Lebenswochen wahrgenommen
werden, sprechen Unterscheidungstests, die
Robert Zimmerman und Charles Torrey mit
jungen Affen gemacht haben. Geprüft wurde
dabei, inwieweit man elf Tage alte Rhesus-
äffchen auf die Unterscheidung zwischen
Dreieck und Kreis trainieren kann. Die Tiere
mußten 25 Versuche am Tag absolvieren; als
Lernerfolg wurde gewertet, wenn sie an zwei
aufeinanderfolgenden Tagen mindestens je
21 richtige Antworten gaben. Im Durchschnitt
brauchten die Äffchen zehn Tage, um die
Anforderung zu erfüllen. Wie diese Leistung
einzuordnen ist, zeigt ein Test mit ähnlichen
Aufgaben zur Helligkeits- und Größenunterscheidung, die jeweils von Vergleichsgruppen
gelernt wurden. Um ein dunkelgraues Rechteck von einem hellgrauen zu unterscheiden,
brauchten die gleichaltrigen Äffchen ungefähr
genauso lange, und die zweite Vergleichs-
gruppe lernte die Größenunterscheidung
sogar etwas langsamer. Da Helligkeits- und
Größenwahrnehmung (bei gleich weit entfernten Objekten) vermutlich keine Erfahrung
voraussetzen, könnte man aus den annähernd
gleichen Lernperioden der Versuchsgruppen
schließen, daß auch Formen von Anfang an
wahrgenommen werden. Die übereinstim-
menden Lernperioden wären also bei allen
drei Experimenten dann damit zu erklären,
daß die Affenkinder ja eine gewisse Zeit
brauchen, um erst einmal herauszufinden,
welches Objekt denn regelmäßig belohnt
wird, während Form, Helligkeit und Größe
schon beim Beginn des Trainings wahrgenommen werden.

Diese Befunde bestätigten sich auch durch
eine interessante Beobachtung von Gene
Sackett. Er konfrontierte sechs Wochen alte
Äffchen mit Bildern verschiedener Affengesichter. Die Tiere reagierten deutlich auf
Darstellungen von Drohgebärden oder auch
Kindchenschema. Sie konnten also schon in
diesem frühen Alter sehr feine Formmerkmale
der Bilder unterscheiden. Besonders interessant an diesem Befund ist auch der Nachweis,
daß die Affen Bilder wahrnehmen konnten.
Die Tatsache, daß sie auf Affengesichter
reagieren, obwohl sie nach der Geburt völlig
isoliert in ihren Käfigen gelebt hatten, könnte
darüber hinaus bedeuten, daß Affengesichter
als Schlüsselreiz für einen „angeborenen
Auslösemechanismus" dienen und angeborene Verhaltensweisen hervorrufen. Wie dem
auch sei, fest steht, daß die Formwahrnehmung bei Primaten angeboren ist.

Motivation und Gefühle

Wir haben in diesem Kapitel viele Hinweise zusammengetragen, die einen angeborenen „Aufwärts"-Prozeß bei der Formwahrnehmung vermuten lassen. Wir haben aber auch gesehen, daß Erfahrung diese Wahrnehmung vertiefen oder anderweitig verändern kann. Nun müssen wir uns abschließend noch fragen, ob darüber hinaus Absichten und Gefühle ebenfalls Einfluß nehmen können. Für einen Organismus wäre es vielleicht oft nützlich, Objekte um so eher wahrzunehmen, je wichtiger sie für ihn sind.

Nach dem Zweiten Weltkrieg wurde der „New Look" modern – auch in der Psychologie: Man nahm sich vor, die traditionellen Einschränkungen der Wahrnehmungsexperimente zu durchbrechen und menschlichen Bedürfnissen, Gefühlen, Werten und dem einzelnen Individuum stärker Rechnung zu tragen. Bei Untersuchungen über geistige Prozesse bezog man nun auch die Erkenntnisse der Psychoanalyse und der klinischen Psychologie mit ein, um herauszufinden, ob bewußte und unbewußte Motivation die Wahrnehmung beeinflussen oder sogar verhindern können. Schließlich waren in der klinischen Psychologie schon seit Jahren Projektionstests üblich, die auf der folgenden Grundidee beruhen: In eine mehrdeutige Testfigur projiziert jeder Mensch Inhalte, die Rückschlüsse auf seine Persönlichkeit zulassen. Zum Beispiel werden beim Rorschach-Test (der nach seinem Urheber, Hermann Rorschach, benannt ist) Tintenkleckse gezeigt, die eigentlich nichtssagend sind. Was der einzelne darin sieht, kann nicht allein im visuellen Reiz begründet sein. Auch beim Thematischen Apperzeptionstest von Henry Murray werden die gezeigten Bilder unterschiedlich interpretiert; die dargestellten Handlungen sind ebenfalls mehrdeutig.

Aber sagen die Antworten auf solche Tests wirklich etwas über individuelle Unterschiede beim Wahrnehmen aus? Angenommen, einzelne Personen sollen die einfache Figur in der Abbildung rechts beschreiben. Es gibt keinen Grund, warum sie diese Form unterschiedlich wahrnehmen sollten; die abweichenden Angaben beruhen vielmehr auf einer Interpretation. Die ungewöhnliche Form der Figur läßt sich ja auf ganz verschiedene Weise deuten: Die Möglichkeiten reichen von einer Malerpalette bis hin zur Amöbe. Daß die Betrachter die Figur individuell verschieden beschreiben, verwundert kaum, denn jeder hat einen anderen Erfahrungshintergrund. Es ist auch nicht überraschend, wenn sich momentane Bedürfnisse in der jeweiligen Beschreibung widerspiegeln und man beispielsweise etwas Eßbares in der Figur erblickt, weil man gerade Hunger hat.

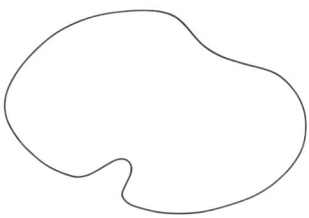

Eine unbekannte, mehrdeutige Form wird individuell verschieden interpretiert, aber gleich wahrgenommen.

Eine Figur, wie sie ähnlich beim Rorschach-Test verwendet wird.

  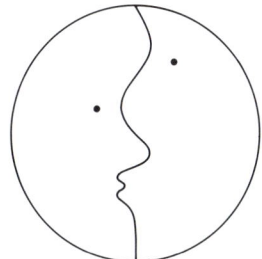

Testfiguren zu psychischen Einflüssen auf die Wahrnehmung. Zunächst wurden einzelne Profile gezeigt, die mit Bestrafung oder Belohnung verknüpft waren. Danach sahen die Versuchspersonen in der zusammengesetzten Figur meist das belohnte Profil.

Aber all das betrifft nicht die Wahrnehmung im eigentlichen Sinne, in dem ich diesen Begriff benutze. Form, Größe, Tiefe oder Helligkeit der Objekte sehen für jeden im wesentlichen gleich aus. Natürlich läßt sich die Figur aus dem Rorschach-Test nicht einfach als ein spezieller Tintenklecks auffassen – Kliniker berücksichtigen hier feine Details der Interpretation, nicht nur, was der Patient als Inhalt des Testbildes angibt, sondern auch die Art, wie er ihn beschreibt: Wird das gesamte Bild kommentiert oder nur ein Teil? Stehen Farbe oder Musterung im Vordergrund? Wieviele Antworten werden zu einem Testbild gegeben? In mindestens einem Fall ist aber auch beim Rorschach-Test der Wahrnehmungsprozeß ausschlaggebend: wenn ein Patient den weißen Hintergrund als Objekt sieht und nicht das schwarze Muster. Aber auch für diese Umkehr von Figur und Grund brauchen wir nicht unbedingt Persönlichkeitsmerkmale verantwortlich zu machen, denn es gibt viele andere Gründe.

Den Einfluß von Emotionen kann man nur untersuchen, wenn man bei den Versuchspersonen gezielt ganz bestimmte Motivationen auslöst. Ein solches Experiment haben Roy Schafer und Gardner Murphy im Trend der „New Look"-Psychologie gemacht. Sie benutzten dabei doppeldeutige Figuren (Seite 123, unten), die aus zwei Profilen zusammengesetzt waren, wobei die Gesichtskonturen zu einer gemeinsamen Grenzlinie verschmolzen. Normalerweise sieht man bei dieser Figur abwechselnd entweder das eine oder das andere Profil. Die Versuchspersonen bekamen die Figur jedoch erst nach einem Training zu Gesicht. Zunächst wurde ihnen immer nur eines der Profile gezeigt, und zugleich erhielten sie bei dem einen stets Geld, während sie bei dem anderen Geld abgeben mußten. Auf diese Weise war jedes Profil mit Belohnung oder Strafe verknüpft. Insgesamt bekamen die Probanden vier eindeutige Profile zu sehen, von denen zwei mit Belohnung und zwei mit Bestrafung verbunden waren. Danach wurden für jeweils eine Drittelsekunde die zusammengesetzten Figuren gezeigt. Wenn nun tatsächlich bei der Wahrnehmung das früher belohnte Profil „organisiert" würde, wäre ein Einfluß von Wünschen oder Gefühlen nachgewiesen. Tatsächlich sahen die Versuchspersonen in den kompletten Figuren bevorzugt das belohnte Profil, und zwar viermal häufiger als das bestrafte. Das ist ein signifikantes Ergebnis, da die Probanden diese Bilder vorher nie gesehen hatten und nicht wußten, daß jeweils zwei Profile zusammengefaßt waren. Allerdings konnten andere Wahrnehmungsforscher, darunter auch ich, dieses Ergebnis bei späteren Versuchen nicht recht bestätigen.

Es gibt sogar einen triftigen Grund anzunehmen, daß Belohnung und Bestrafung die Wahrnehmung der zusammengesetzten Profile überhaupt nicht beeinflussen. Das Sehsystem muß ja erst einmal „bemerken", daß das Bild Profile enthält, mit denen Motive und Gefühle assoziiert sind. Oder anders ausgedrückt: In dem zusammengesetzten Bild muß etwas entdeckt werden, das einem der zuvor gesehenen Profile ähnelt, denn nur dann können Gedächtnisinhalte mit ihrer jeweiligen Gefühlsbedeutung verknüpft werden. Es muß also ein Wahrnehmungsvorgang vorausgegangen sein, der von unten nach oben abgelaufen ist − vielleicht eine Figur-Grund-Organisation, die aber nicht bewußt wurde. Der Zugriff auf die erinnerten Formen ließe sich dann mit einem weiteren Schritt erklären. In dem Augenblick, in dem das Wahrnehmungssystem „weiß", welche Alternativen es hat, könnte es die positiv besetzte Form auswählen. Wenn Figur und Grund aber wirklich bereits organisiert wurden, *bevor* sich Bedürfnisse oder Erfahrungen auswirken können, dann sollte auch die bewußte Wahrnehmung der Profile von einer früheren Belohnung oder Bestrafung unabhängig sein. Natürlich mag die Versuchsperson beim Wahrnehmen des belohnten und bestraften Profils angenehm oder unangenehm berührt sein, aber das ist etwas völlig anderes.

Die Frage nach dem Einfluß von Motivationen führt hier zu einem ähnlichen Schluß, wie wir ihn schon für die Rolle der Erfahrung gezogen haben. Getestet wurde ja bei Schafers und Murphys Experiment, ob eine positive Erinnerung eine bestimmte Organisation der Figur bewirkt. Aber wie kann ein Wunsch oder Bedürfnis, etwas wahrzunehmen − oder auch zu übersehen −, einen Prozeß beeinflussen, der bereits abgelaufen sein muß, damit solche seelischen Faktoren überhaupt zum Zuge kommen können?

Nur bei ganz wenigen Experimenten wurde der Versuch unternommen, den Einfluß positiv oder negativ besetzter Merkmale auf das Erkennen von Bildern oder Wörtern nachzuweisen. Beispielsweise hat man vermutet, daß bedrohliche oder peinlich berührende Wörter verhältnismäßig schlecht erkannt werden, wenn sie für Sekundenbruchteile gezeigt werden. Als Vergleich benutzt man bei solchen Versuchen die Zeit, in der ein Wort sichtbar sein muß, um richtig identifiziert zu werden. Man projiziert die Wörter zunächst nur so kurz, daß sie nicht lesbar sind, und verlängert nun in kleinen Schritten die Projektionsdauer, bis die Schwelle zum Erkennen erreicht ist. Bei einem der ersten Experimente dieser Art hat Elliott McGinnies 1949 festgestellt, daß die Schwelle bei Tabu-Wörtern erhöht ist. Man unterstellte, daß „schmutzige" Begriffe als unangenehm empfunden würden. Andere Psychologen wiesen aber auch von Anfang an darauf hin, daß die Versuchspersonen einfach bei diesen Wörtern mehr zögerten, sie nachzusprechen, bevor sie nicht völlig sicher waren − einfach weil sie nicht glauben wollten, daß sie bei wissenschaftlichen Versuchen mit solchen Wörtern konfrontiert würden. Als weiterer Einwand wurde angeführt, daß die Versuchspersonen (Collegestudenten) solche Tabu-Wörter nur selten im Druckbild lesen, auch wenn sie aus der Umgangssprache vertraut sind. Die erhöhte Schwelle wäre dann auf das weniger geläufige Schriftbild zurückzuführen und nicht nur mit unbewußter Verdrängung zu erklären. Dieser Einwand betrifft im Grunde alle derartigen Experimente, denn dabei werden Muster (etwa Wörter) häufig anhand von Teilinformationen (einige Buchstaben) erschlossen, die sicher erkannt und mit leicht abrufbaren Gedächtnisinhalten verglichen wurden. Wie schnell ein Wort identifiziert wird, hängt also auch entscheidend von der Erfahrung mit seinem Buchstabenbild ab.

All diese Untersuchungen gehen unausgesprochen von der Annahme aus, daß ein Reiz wahrgenommen und unbewußt erkannt wird, bevor uns das bewußt wird. Der Wahrnehmungsapparat muß wissen, daß etwas präsent ist, bevor er aktiv verhindern kann, daß es ins Bewußtsein gelangt. In Anlehnung an die Psychoanalyse spricht man hier von einer *Abwehr*, der eine *unterschwellige Wahrnehmung* vorausgeht.

In diesem Zusammenhang wird häufig ein Experiment von Richard Lazarus und Robert McLeary (von 1951) zitiert: Die Versuchspersonen bekamen in einer Trainingsphase Nonsenswörter gezeigt, wobei einige stets mit einem schwachen Elektroschock begleitet wurden. Tatsächlich zeigte sich beim Erkennungstest, daß die Schwelle bei den mit Bestrafung verknüpften Wörtern erhöht war. Darüber hinaus veränderte sich auch der elektrische Widerstand der Haut — das ist der sogenannte „galvanische Hautreflex"; diese Veränderung trat ein, *bevor* die „unangenehmen" Wörter bewußt erkannt wurden. Der galvanische Hautreflex wird als autonome Reaktion des vegetativen Nervensystems betrachtet, die hier offenbar durch eine unbewußte Wahrnehmung ausgelöst wird. Deshalb hat man den Hautwiderstand auch beim „Lügendetektor" genutzt (neben anderen Reaktionen wie Puls und Atmung). Bei diesem Experiment könnte er darauf hinweisen, daß es einen Mechanismus gibt, der die unbewußte Wahrnehmung so lange wie möglich aus dem Bewußtsein fernhält.

So eindrucksvoll und scharfsinnig diese Experimente auch sind, ihren Ergebnissen stehen die meisten Wahrnehmungspsychologen sehr skeptisch und kritisch gegenüber. Manche davon lassen sich nur schwer bestätigen, und überdies hat man andere Erklärungen gefunden. So könnte die Abwehr der Tabu-Wörter bereits ausgelöst werden, wenn man einzelne Buchstaben, aber noch nicht das Wort als Ganzes erkannt hat. Der Hautreflex würde dann anzeigen, daß mit bestimmten Buchstaben bereits das ganze Wort assoziiert wird, das dann freilich nicht mehr völlig unbewußt verdrängt würde.

Aus solchen Experimenten hat man sogar eine unterschwellige Beeinflußbarkeit abgeleitet, die durch ein kurzzeitig eingeblendetes Wort oder Bild entsteht, auch wenn man es bewußt überhaupt nicht wahrnimmt. Das hätte dann einschneidende Konsequenzen: Man könnte etwa während eines Films oder Fernsehspiels blitzlichtartig einen Markennamen einblenden, so daß er nur unterschwellig wahrgenommen wird und das Kaufverhalten beeinflußt — womöglich sogar nachhaltiger als ein bewußt gesehener Werbespot. Abgesehen davon, daß solche Werbemethoden fragwürdig wären, ist zu bezweifeln, daß sie wirksam sein könnten. Dagegen spricht zum Beispiel folgende Überlegung: Ein Reiz muß verarbeitet werden, bevor er wahrgenommen und erinnert werden kann. Im Jahre 1960 hat George Sperling in einem klassischen Experiment gezeigt, daß „aufblitzende" Buchstaben nur dann im Gedächtnis gespeichert werden, wenn sie unmittelbar anschließend auf bestimmte Weise verarbeitet werden. Obwohl der Lichtreiz elektrische Prozesse in der Netzhaut auslöst, die auch nach der Reizung noch kurz anhalten, hat das allein noch keine Folgen. Dazu müßte vielmehr erst eine Wahrnehmung *konstruiert* werden. Eine solche Konstruktion scheint mir allerdings unwahrscheinlich, solange der Reiz zu kurz und zu schwach ist, um überhaupt bewußt wahrgenommen zu werden. Es gibt also gute Gründe, skeptisch zu bleiben, was die „unterschwellige Wahrnehmung" betrifft.

Man könnte sich aber unabhängig von allen Experimenten fragen, ob nicht vielleicht im täglichen Leben Motivationen und Gefühle die Wahrnehmung von Form, Größe und Tiefe beeinflussen könnten. Das gilt sicherlich für die Interpretation einer Situation, die aber keineswegs mit Wahrnehmung gleichgesetzt werden darf. Wenn wir zum Beispiel auf jemanden warten, mag es vorkommen, daß wir in der Ferne einen Menschen auf uns zukommen sehen und als die erwartete Person interpretieren.

Wäre es überhaupt günstig, wenn Emotionen unsere Wahrnehmung beeinflussen könnten? Vielleicht ist es für das evolutionäre Überleben und die erfolgreiche Anpassung an die Umwelt gerade entscheidend, daß wir sie wirklichkeitsgetreu wahrnehmen und unsere wechselnden Gefühle und Absichten aus dem Spiel bleiben. Ein Hungriger, der etwas Eßbares sieht, wo nichts ist, halluziniert ja nur. Vielleicht erweist es sich sogar als Glücksfall, daß unser Wahrnehmen im großen und ganzen von unserem psychischen Zustand unabhängig ist.

Wir haben uns bislang vor allem mit naturgetreuen Wahrnehmungen beschäftigt. Nur am Rande kamen Beispiele von Wahrnehmungstäuschungen zur Sprache – etwa bei der Tarnung. Aber interessanterweise spiegelt sich darin die gleiche Art der visuellen Verarbeitung wider, die in der Regel zu wirklichkeitsgetreuem Wahrnehmen führt. Wie man das anhand von Täuschungen unserer Wahrnehmung verfolgen kann, ist das Thema des folgenden Kapitels.

Geometrisch-optische Täuschung in einer realistischen Szene: Der Balken im Hintergrund sieht länger aus als der vordere, obwohl beide gleich sind. Dieses Bild ist eine Variante zur Täuschungsfigur von Mario Ponzo (siehe übernächste Seite).

Geometrisch-optische Täuschungen

Auf der Photographie gegenüber scheint der obere Balken über dem Weg länger zu sein als der untere, obwohl beide in Wirklichkeit die gleiche Länge haben. Diese geometrisch-optische Täuschung ist natürlich eindrucksvoll, aber man mag sich fragen, warum sich die Forschung überhaupt mit so abseitigen Phänomenen abmühen soll, die offenbar wenig mit unserer alltäglichen Wahrnehmung der Umwelt zu tun haben.

Zugegeben, die Täuschung betrifft hier nur ein Bild, aber auch Bilder gehören zu den Dingen, die wir tagtäglich wahrnehmen. Auf einem Photo sehen allerdings gerade solche Strecken verschieden aus, die in der realen Umwelt auch tatsächlich verschieden *sind*. Das kann man besonders gut auf Bildern von einer Häuserzeile nachprüfen: Bei dem Photo rechts auf dieser Seite sind die beiden senkrechten Strecken zwischen den weißen Punkten gleich, obwohl sie einmal zwei und einmal sechs Stockwerken entsprechen. Wir wollen daher nicht die Wahrnehmung selbst als Täuschung bezeichnen, die uns gleich lange Strecken auf der Netzhaut verschieden erscheinen läßt. Was täuscht, ist vielmehr die Diskrepanz zwischen dem, was wir wahrnehmen, und dem, was objektiv in der Umwelt vorhanden ist – und nicht etwa die Diskrepanz zwischen Netzhautbild und wirklicher Szene. Wie wir schon gesehen haben, ist Wahrnehmen mit Täuschungen durchsetzt, insbesondere mit geometrischen, um die es in diesem Kapitel überwiegend geht. Gelegentlich bemerken wir die Täuschung, aber viel häufiger übersehen wir sie, einfach weil wir nicht mit einem Maßband umhergehen und alles überprüfen. Sehr oft unterliegen wir zum Beispiel der Horizontal-Vertikal-Täuschung: Eine senkrechte Strecke erscheint uns immer länger als eine gleich lange waagerechte Linie. Dadurch wirkt ein geometrisch exaktes Quadrat eher wie ein Rechteck. Umgekehrt sieht ein Rechteck, dessen Grundseite nur wenig länger ist als die Höhe, aus wie ein Quadrat.

Täuschungen sind aber nicht nur ein Bestandteil unserer täglichen Wahrnehmungen, sondern sie spiegeln vor allem dieselben Gesetze und Mechanismen wider, auf denen wirklichkeitsgetreue Eindrücke beruhen. Wir können deshalb aus beidem wichtige Rückschlüsse gewinnen, und umgekehrt müssen unsere Theorien beides erklären können. Das ist bei den geometrisch-optischen Täuschungen bisher größtenteils noch nicht gelungen, obwohl sie schon seit einem Jahrhundert erforscht werden. Es gab zwar Fortschritte, und man hat viele Hypothesen entwickelt, aber – das mag überraschen – keine davon ist wirklich allgemeingültig. Ich möchte nun nicht alle bislang untersuchten Arten von Täuschungen aufführen, sondern mich auf einige der bekanntesten beschränken, an denen sich die wichtigsten Theorien gut veranschaulichen lassen.

Die senkrechten Abstände zwischen den weißen Punktepaaren sind gleich.

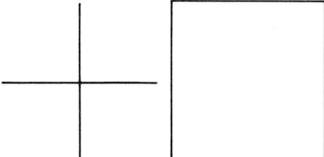

Die Horizontal-Vertikal-Täuschung: Der senkrechte Balken des Kreuzes erscheint länger als der gleich lange waagerechte; das Quadrat wirkt wie ein Rechteck, weil wir die senkrechten Kanten länger wahrnehmen als die waagerechten.

129

Die wichtigsten geometrisch-optischen Täuschungen in einem Bild: Die Hunde sehen verschieden groß aus (Ponzo-Täuschung); die Wandleiste links unten ist nicht als Verlängerung der gegenüberliegenden Leiste rechts oben zu erkennen (Poggendorff-Täuschung); die vordere Teppichkante erscheint kürzer als die Unterkante der Rückwand (eine Variante der Müller-Lyer-Täuschung und zugleich ein Beispiel für die Korridor-Täuschung).

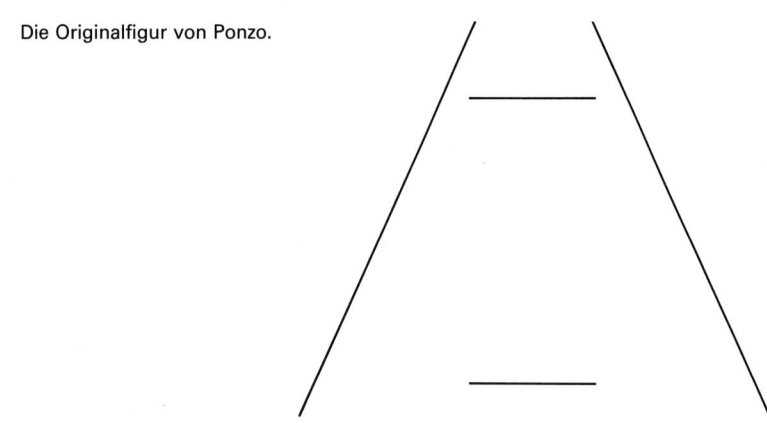

Die Originalfigur von Ponzo.

Die Ponzo-Täuschung

Die Figur links unten illustriert das Grundmuster, das wir auf dem Eröffnungsphoto zu diesem Kapitel bereits kennengelernt haben. Sie wurde von dem italienischen Psychologen Mario Ponzo entdeckt und induziert die Täuschung offensichtlich durch die schräg zusammenlaufenden Linien. Man unterscheidet solche *induzierenden Komponenten* von den *Testkomponenten*, über die man sich beim Betrachten täuscht – wie hier bei den waagerechten Linien.

Wie können wir den Einfluß der schrägen Linien auf die Wahrnehmung der waagerechten erklären? Die heute gängigste Hypothese führt hier den gleichen Mechanismus ins Feld, auf dem auch die Größenkonstanz beruht. Die konvergierenden Linien erwecken einen Eindruck von Tiefe wie Straßenränder oder Eisenbahngeleise. Wir interpretieren die Figur daher räumlich. Damit erscheint die obere Querlinie weiter entfernt und folglich größer als die untere. Wir können die Ponzo-Täuschung, ähnlich wie die Mondtäuschung, als ein Beispiel für das Emmertsche Gesetz betrachten, denn danach werden Netzhautbilder derselben Größe unterschiedlich wahrgenommen, wenn jeweils andere Entfernungen unterstellt werden.

Armand Thiéry hat diese Erklärung bereits im 19. Jahrhundert vorgeschlagen; sie ist auch einleuchtend und steht mit unserem Wissen über die Größenwahrnehmung völlig in Einklang. Anhand der Tiefenwahrnehmung ließe sich diese Täuschung – auch wenn man sie nicht kennt – sogar ohne weiteres vorhersagen. Für die Hypothese einer Tiefenwahrnehmung sprechen darüber hinaus Experimente von Herschel Leibowitz und seinen Mitarbeitern. Sie entwarfen mehr oder weniger realistische Bilder, in die die waagerechten und schrägen Linien integriert waren. Diese Varianten reichten vom Photo mit zwei eingeblendeten parallelen Balken bis zu Ponzos Originalfigur. Die Täuschung fiel dann um so stärker aus, je realistischer das gezeigte Bild war. Die Wirkung des Eröffnungsphotos

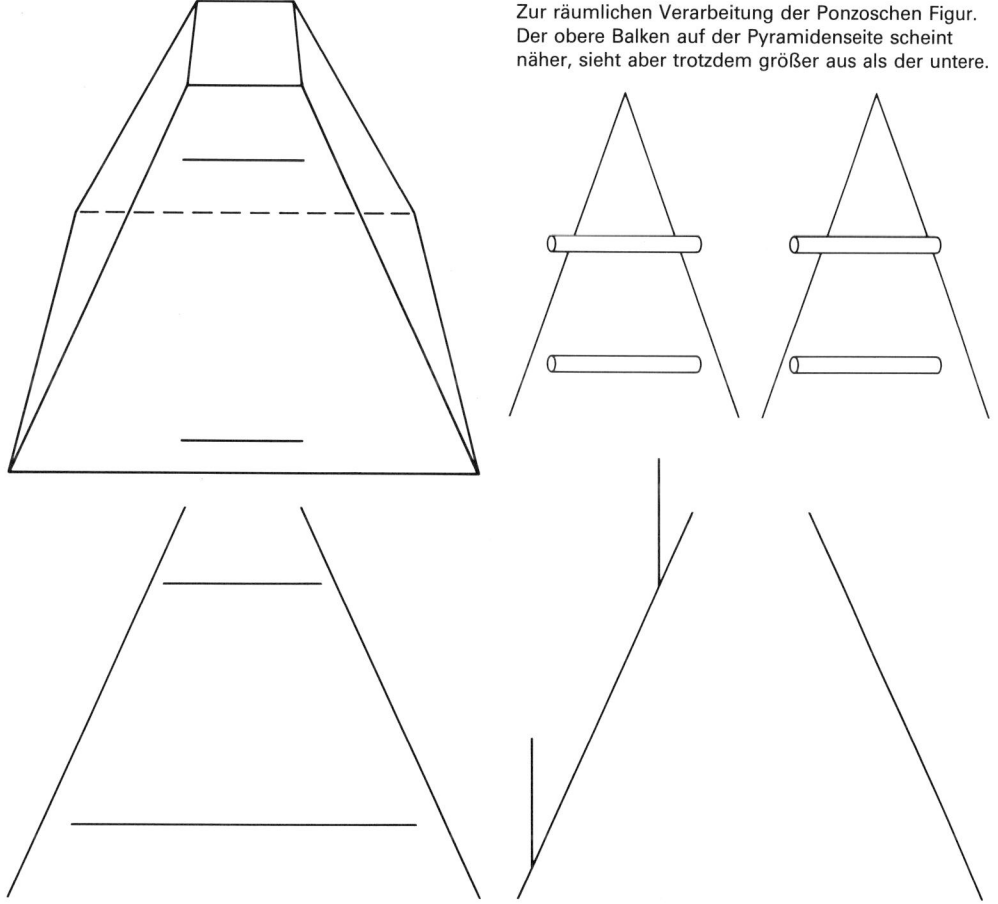

Zur räumlichen Verarbeitung der Ponzoschen Figur. Der obere Balken auf der Pyramidenseite scheint näher, sieht aber trotzdem größer aus als der untere.

Bei diesem Stereogramm zur Ponzoschen Figur verschwindet die Täuschung, sobald man es räumlich sieht. Die beiden Zylinder im Vordergrund erscheinen dann gleich lang.

Wenn diese Figur räumlich verarbeitet würde, müßten die Querbalken gleich groß oder zumindest ähnlicher aussehen, als wir sie tatsächlich wahrnehmen.

Bei räumlicher Verarbeitung müßte die hintere senkrechte Linie größer aussehen. Tatsächlich ist die Täuschung allenfalls gering.

wäre dann mit der räumlichen Interpretation zu erklären, und es scheint nur ein kleiner Schritt, das gleiche auch für die Originalfigur von Ponzo anzunehmen.

Es gibt aber Hinweise darauf, daß die Täuschung auch dann erhalten bleibt, wenn die Zeichnung keine Tiefenwahrnehmung hervorruft. Konvergierende Linien müssen ja nicht unbedingt räumlich interpretiert werden. Neigen wir die Figur um 90 Grad (indem wir das Buch drehen), dann schwächt sich der Eindruck von Tiefe ab oder verschwindet

sogar völlig, aber die Täuschung bleibt genauso stark wie zuvor. Selbst wenn man das Muster so verändert, daß die untere Linie weiter entfernt scheint als die obere, wird die Ponzo-Täuschung nicht gänzlich unterdrückt.

Andere Figuren zur Ponzo-Täuschung machen weitere Schwachstellen der Tiefenwahrnehmungstheorie sichtbar. Angenommen, die Testlinien sind nicht gleich, sondern in einem Längenverhältnis gezeichnet, wie es der perspektivischen Verkürzung für gleiche Objekte in verschiedenen Abständen entspricht. Wenn

131

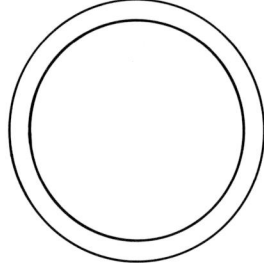

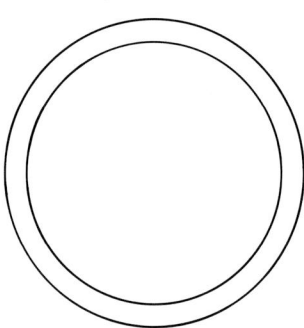

Delboeuf-Täuschung: Der äußere Kreis oben paßt sich an den kleineren Innenkreis an und wirkt dadurch kleiner; als Innenkreis erscheint er durch seinen äußeren Kreis vergrößert.

die konvergierenden Linien einen Tiefeneindruck hervorrufen, sollten die Testlinien für den Betrachter gleich lang erscheinen. Arien Mack und ich haben bei entsprechenden Tests jedoch etwas anderes festgestellt: Die Beobachter nahmen die Linien mehr oder weniger wirklichkeitsgetreu – das heißt im abgebildeten Längenverhältnis – wahr. Auch senkrechte Testlinien sollten aufgrund der Tiefenwahrnehmung eine ähnliche Täuschung hervorrufen wie die waagerechten, aber bei der entsprechenden Figur auf der vorangehenden Seite ist der Effekt minimal.

Einzelne Einflußfaktoren lassen sich bei Täuschungsfiguren oft überprüfen, indem man das Muster einfach gezielt variiert und verfolgt, wie das die Wirkung verändert. In der Psychologie zieht man meistens noch zusätzlich formale Tests heran, bei denen die Versuchsperson eine der beiden Testlinien so einstellen soll, daß sie wie die andere aussieht. Bei Experimenten mit der Ponzo-Täuschung müßte die obere Testlinie also verkürzt werden, um sie an die untere Standardlinie anzupassen. Die durchschnittliche Längenänderung der Vergleichslinie (gemittelt über alle Versuche und Versuchspersonen) ist dann ein Maß für die Täuschung. Bei der Ponzoschen Originalfigur macht die Täuschung zehn bis 15 Prozent der Linienlänge aus. Ich werde Daten im folgenden nicht einzeln aufführen, aber die Ergebnisse, auf die ich mich beziehe, stammen aus solchen formalen Experimenten.

Als Einwand gegen die Hypothese von der Tiefenwahrnehmung wird immer wieder angeführt, daß die Ponzo-Täuschung auch dann auftritt, wenn keine Tiefe wahrgenommen wird oder wenn die wahrgenommene Tiefe eigentlich eine andere Wirkung erzeugen müßte. Dem halten jedoch die heutigen Verfechter dieser Theorie, vor allem Richard Gregory und Barbara Gillam, entgegen, daß die Tiefe gar nicht unbedingt bewußt werden muß, um wirksam zu sein. Wenn sich das Muster erkennbar in der Papierebene befindet, kommen ja verschiedene Anhaltspunkte für die Tiefe zusammen, die ein bewußtes räumliches Wahrnehmen stören könnten.

Entsprechende Muster aus leuchtenden Linien in einem dunklen Raum vermitteln in der Tat auch beim einäugigen Sehen einen räumlichen Eindruck, wie Gregory nachgewiesen hat. Man sprach davon, daß die „Zweidimensionalität des Bildes" ausgeschaltet werden müsse. Aber das scheint mir am Thema vorbeizugehen, denn die Hypothese fordert ja nur, daß das Muster wie eine Zeichnung oder ein Bild einer räumlichen Szene aussieht. Aber damit sind doch auch all die Bilder zweidimensional, in denen wir durchaus Tiefe wahrnehmen. Deshalb paßt die Erklärung nicht für ein Muster, das nicht einmal die gleiche Wirkung wie das Bild einer räumlichen Szene erreicht. Andererseits läßt sich das Argument, die unbewußte Tiefenwahrnehmung könne perspektivische Effekte hervorrufen, experimentell nur schwer prüfen.

Eine andere Theorie, die man auf geometrisch-optische Täuschungen angewendet hat, erklärt die Ponzo-Täuschung mit den Begriffen von Kontrast und Assimilation. *Kontrast* bezeichnet dabei die Tendenz, Unterschiede zwischen Objekten oder Objekt und Hintergrund übertrieben hervorzuheben. Als Beispiel haben wir bereits die Wirkung eines weißen oder schwarzen Hintergrundes bei einer grauen Fläche kennengelernt, die im Kontrast zu Weiß das Grau dunkler erscheinen läßt als auf schwarzem Grund. Eine ähnliche Rolle spielt ein Bezugsrahmen bei der Größenwahrnehmung: Der Unterschied zwischen kleinem Objekt und großem Rahmen läßt das Objekt kleiner erscheinen. Bei der Ponzo-Täuschung würde der Kontrast darin bestehen, daß die untere Linie nur einen kleinen Teil der leeren Fläche auf beiden Seiten ausfüllt und deshalb kleiner wahrgenommen wird, als sie ist.

Assimilation paßt das Objekt umgekehrt an Eigenschaften des Hintergrundes an. Das läßt sich an der Delboeuf-Täuschung verdeutlichen. Derselbe Kreis wirkt verschieden, wenn man ihn zusammen mit einem konzentrisch kleineren oder größeren Kreis sieht. Man könnte also sagen, daß sich hier der Kreis einmal an den kleineren Innenkreis und einmal an den größeren Außenkreis anpaßt. Auf die Ponzo-Täuschung übertragen bedeutet Assimilation, daß die obere Querlinie mit den schrägen Linien in Zusammenhang gebracht und dadurch gestreckt wird, um sie dem Abstand der schrägen Linien anzugleichen. Der scheinbare Längenunterschied bei der Ponzo-Täuschung läßt sich also auch mit Kontrast und Assimilation erklären, unabhängig von Tiefenwahrnehmung und Konstanz.

Um diese Möglichkeit zu prüfen, wurden Variationen zur Ponzoschen Figur entwickelt, die eine Tiefenwahrnehmung ausschließen. Ein Beispiel sind zwei Testlinien, die in unterschiedlichem Abstand zwischen senkrechten induzierenden Linien gezeichnet sind. Im

Kontrast und Assimilation bei der Ponzo-Täuschung: Die Abstände der waagerechten Testlinien zu den senkrechten Linien entsprechen den Abständen in der Ponzoschen Figur, aber die Täuschung fällt weit geringer aus.

großen und ganzen täuschen auch solche Figuren, allerdings nicht so stark wie die Ponzosche Originalversion. Vielleicht spielen Kontrast und Assimilation bei dieser Täuschung eine Rolle, aber die Tiefenwahrnehmung hat offenbar auch entscheidenden Einfluß. Ich komme darauf noch zurück.

Assimilation bei Farbflächen. Eine Farbe erscheint durch schwarze Konturen dunkler und wird durch weiße „aufgehellt". Offenbar überträgt man die Helligkeit der Konturen auf die angrenzenden Flächen. Genau umgekehrt wirkt der Farbkontrast (unten): Rot und Blau erscheinen verschieden hell, je nachdem, wie stark Weiß oder Schwarz vertreten ist.

Die Poggendorff-Täuschung

Die Täuschungsfigur unten auf dieser Seite hat J. C. Poggendorff im Jahre 1860 entworfen: Eine unterbrochene schräge Linie kreuzt zwei senkrechte induzierende Parallelen, aber beide Teile scheinen nicht auf einer Geraden zu liegen, sondern nach oben gegeneinander verschoben. Um den Eindruck eines durchgehend geradlinigen Verlaufs zu erwecken, kann man das obere Testelement etwas nach unten versetzen, wie es die gestrichelte Linie in der Abbildung andeutet.

Wie ist diese Täuschung zu erklären? Einige schlagen hier − wie bei anderen Täuschungsfiguren − eine Winkelverzerrung als Ursache vor. Schon lange war bekannt, daß wir spitze Winkel im allgemeinen größer wahrnehmen, als sie wirklich sind. Bei der Poggendorff-Täuschung könnten wir demnach die Winkel

zwischen den Testlinien und den Parallelen überschätzen und dabei die Enden der Testlinien gleichsam in entgegengesetzte Richtungen biegen, so daß wir sie schließlich nicht mehr als durchgehende Gerade wahrnehmen.

Das gleiche Prinzip findet man bei einigen recht bekannten Täuschungsfiguren, auch wenn die Wirkungen etwas verschieden aussehen: Bei den Beispielen oben auf der gegenüberliegenden Seite scheinen sich parallele Linien zu nähern oder zu entfernen, Geraden zu krümmen, und Kreise oder Quadrate wirken verzerrt. Vermutlich läßt sich all das auf einen gemeinsamen Nenner bringen: Eine einzelne Testlinie wird von den induzierenden Linien gekreuzt und wirkt dadurch verbogen, und zwar jeweils um so stärker, je mehr Kreuzungspunkte es gibt. Colin Pitblado und Lloyd Kaufman haben mit Stereogrammen experimentiert, um den

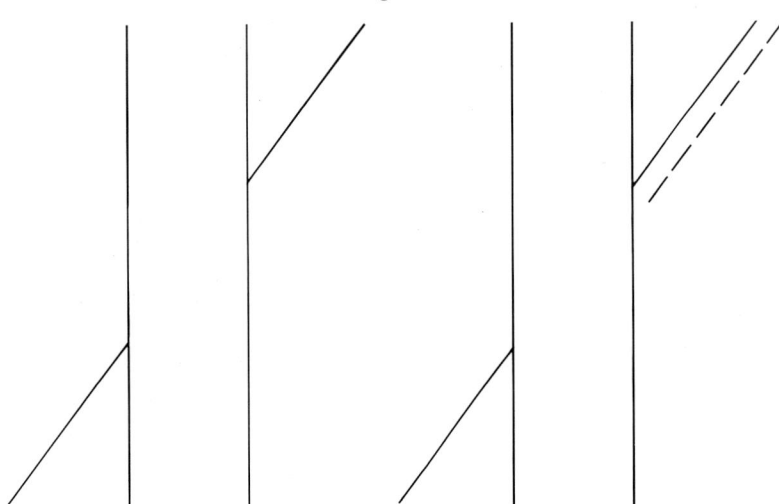

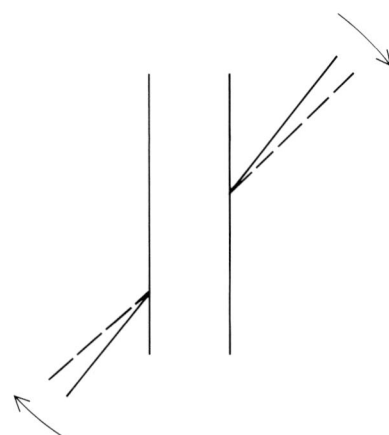

Die Poggendorff-Täuschung. Die schrägen Linien in der linken Figur scheinen nicht exakt auf einer Geraden zu liegen, sondern parallel versetzt zu sein. Wie die Figur aussehen müßte, damit wir die rechte schräge Linie als Verlängerung der linken sehen, illustriert die gestrichelte Hilfslinie (rechts). Die Differenz zum Original verdeutlicht das Ausmaß der Täuschung.

Falsch wahrgenommene Winkel könnten die Ursache der Poggendorff-Täuschung sein: Werden die spitzen Winkel überschätzt (gestrichelte Linie), so ergibt sich eine Figur mit parallel versetzten Schräglinien.

Einfluß der Winkelverzerrung zu testen. Eines davon zeigt ein Rechteck vor einem Hintergrund konvergierender Linien; wenn man es räumlich sieht, erscheint es in der Frontalebene, also getrennt von den Linien einer waagerechten Ebene, die in die Tiefe führt. Trotz der Tiefenwahrnehmung wirkt das Rechteck verzerrt – die obere Kante sieht länger aus als die untere. Vermutlich beruht das darauf, daß man die Winkel zwischen Linien und Seitenkanten überschätzt und die Rechteckseiten deshalb divergierend wirken. Offenbar ist hier die Tiefenwahrnehmung nicht das Entscheidende. Dagegen verschwindet die Täuschung bei einer Variante dieses Stereogramms, das der Ponzoschen Figur ähnelt. Es ist auf der nächsten Seite abgebildet. Während man also die Ponzo-Täuschung auf eine irrtümliche Tiefenwahrnehmung zurückführen kann, ist bei der Poggendorff-Täuschung wohl die Winkelverzerrung ausschlaggebend.

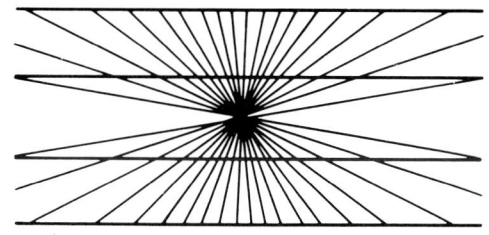

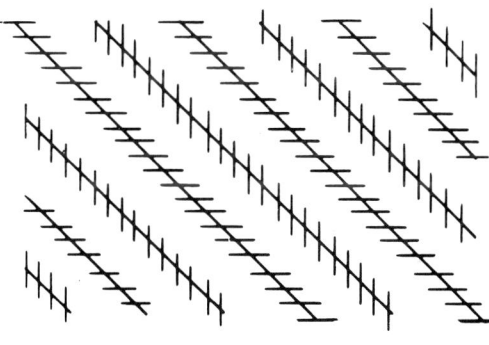

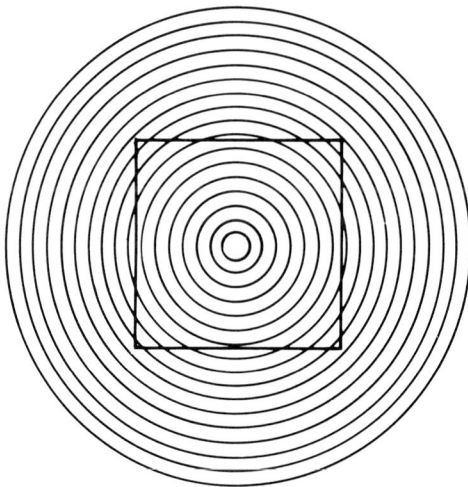

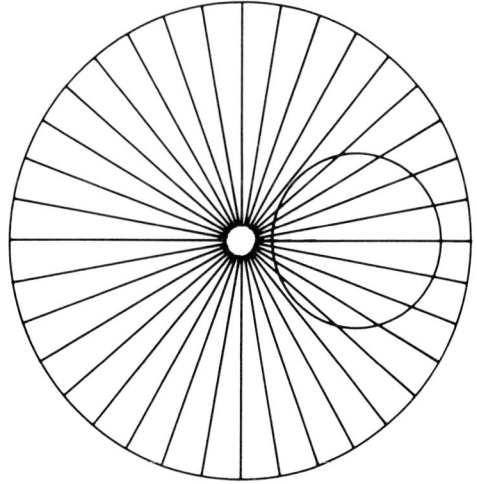

Colin Blakemore und seine Mitarbeiter haben die Winkeltäuschung untersucht, indem sie bei einem Experiment die folgende Aufgabe stellten: Die Versuchspersonen sollten in ein unvollständiges Muster mit spitzen Winkeln eine Vergleichslinie zeichnen, die parallel zu einer Standardrichtung orientiert werden mußte. Der Fehler war dann bei kleinen Winkeln (von etwa zehn Grad) deutlich ausgeprägter als bei großen.

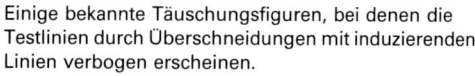

Einige bekannte Täuschungsfiguren, bei denen die Testlinien durch Überschneidungen mit induzierenden Linien verbogen erscheinen.

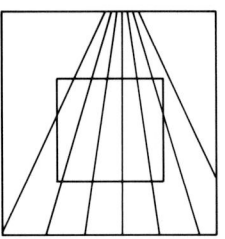 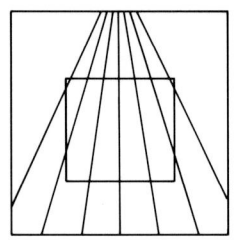

Stereogramm zur Winkelverzerrung: Auch bei räumlichem Sehen bewirken die konvergierenden Linien der „Grundebene", daß die Oberkante des Rechtecks in der „Frontalebene" länger erscheint, als sie ist.

Die Poggendorff-Täuschung tritt auch bei einer Figur mit scheinbaren Konturen auf.

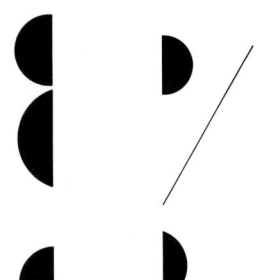

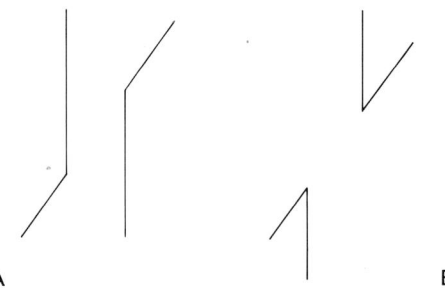

A   B

Testfiguren zur Winkelverzerrung: Wenn die spitzen Winkel weggelassen sind (A), bleibt die Täuschung unverändert; fehlen dagegen die stumpfen Winkel (B), so scheint sie zu verschwinden.

Testfiguren zur räumlichen Verarbeitung der Poggendorff-Täuschung. Da wir die schrägen Linien verschiedenen Ebenen zuordnen, sehen wir die eine nicht als exakte Verlängerung der anderen.

Auf welchem Mechanismus könnte die Winkelverzerrung beruhen? Favorisiert wird derzeit eine Theorie, die von „Konturdetektoren" ausgeht, wie sie Hubel und Wiesel entdeckt haben. Manche Nervenzellen in der Sehrinde sprechen nur auf die Orientierung einer Linie des Netzhautbildes an. Dabei ist jeweils eine ganze Gruppe von Neuronen in der Sehrinde auf eine bestimmte Orientierung (etwa senkrecht) spezialisiert und spricht auf geringfügig andere schwächer an. Eine senkrechte Kontur im Netzhautbild wird also besonders bei denjenigen Neuronen Aktivität auslösen, die für die senkrechte Orientierung zuständig sind. Eine benachbarte Linie, die um fünf Grad gegen die Senkrechte gedreht ist, regt bei einer anderen Gruppe von Nervenzellen Signale an. Nun wirkt aber schon auf der Ebene der Netzhaut eine laterale Hemmung, im angrenzenden Bereich wird die Aktivität (Signalimpulse pro Zeiteinheit) reduziert. Solche gehemmten Bereiche überschneiden sich auf der Innenseite eines spitzen Winkels so, daß die Aktivität der weniger spezifischen Neuronen hier stärker abnimmt als auf der Außenseite. Dadurch verschiebt sich der Schwerpunkt nach außen, und der Winkel erscheint ein paar Grad größer. Die laterale Hemmung haben wir als typisches Funktionsprinzip bereits am Beispiel des Helligkeitskontrastes besprochen; in diesem Fall verringert sich die Aktivität von Neuronen in der Netzhaut, weil andere Nervenzellen in der Nachbarschaft aktiv werden. Können

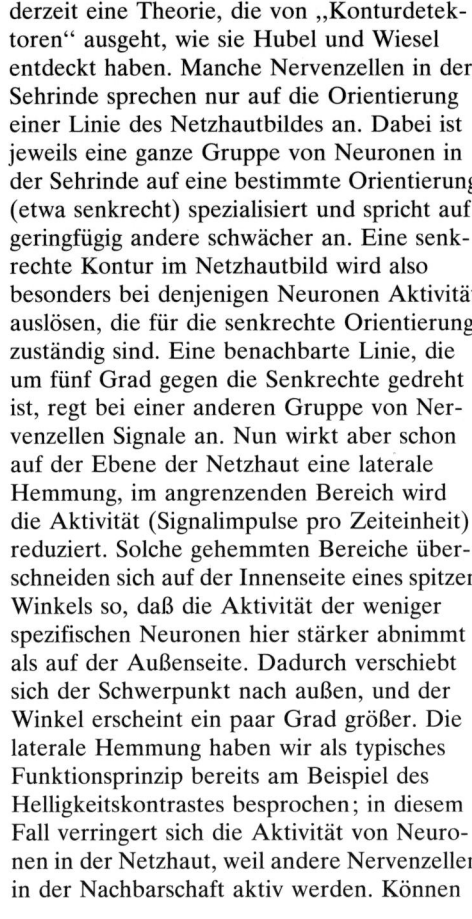

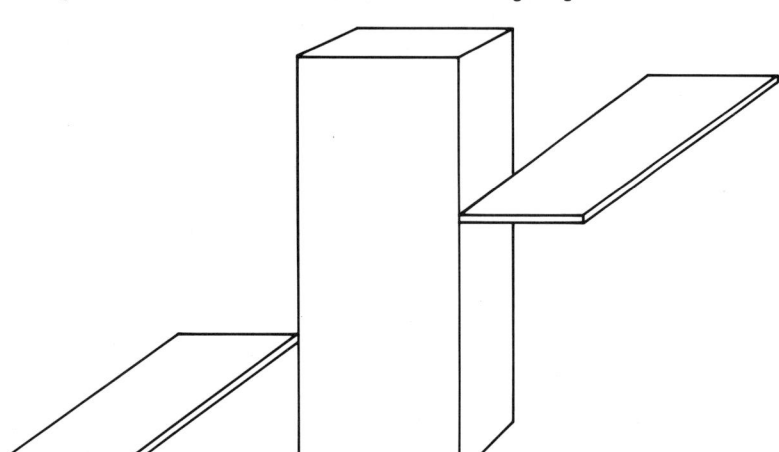

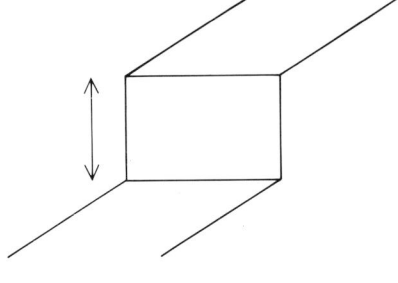

wir nun eine Täuschung in ähnlicher Weise auf die „Hardware" des Nervensystems zurückführen?

Die Tests bestätigen hier eher die Zweifel. Betrachten wir die Varianten zur Poggendorffschen Figur, die auf der linken Seite abgebildet sind. Bei A hat man die spitzen Winkel ausgelassen, bei B die stumpfen. Nur im ersten Fall bleibt die Täuschung erhalten, das heißt, sie kann allenfalls auf einer falschen Einschätzung des stumpfen Winkels beruhen, der dann freilich unterschätzt werden müßte. Diese Erklärung widerspricht aber nicht nur einer Theorie der lateralen Hemmung, sondern auch dem Befund von Blakemore und seinen Kollegen.

Eine weitere Schwierigkeit wird deutlich, wenn man die hypothetische Winkelverzerrung auf eine Variante der Poggendorffschen Figur anwendet, bei der man die induzierenden Parallelen nur als scheinbare Kontur empfindet. Physikalisch sind sie nicht existent – die Testlinien schneiden die senkrechten „Linien", ohne daß irgendwo ein Winkel zu sehen ist. Die Winkeltäuschung könnte auch bei scheinbaren Konturen funktionieren, aber Orientierungsdetektoren scheiden nun als Erklärung aus, denn Konturen, die eine laterale Hemmung auslösen könnten, sind ja nicht vorhanden.

Die Wirkung der Poggendorff-Täuschung läßt sich im wesentlichen mit einer räumlichen Verarbeitung erklären, wie sie Barbara Gillam vermutet. Ähnlich wie bei der Ponzo-Täuschung wird das Muster nicht nur zweidimensional gesehen, sondern mit einer Tendenz zur Tiefenwahrnehmung: Die Testlinien könnten als Kanten in einer waagerechten Ebene aufgefaßt werden, so daß die Winkel zwischen senkrechten und schrägen Linien dann jeweils rechte Winkel repräsentieren. Demnach würden *alle* Winkel falsch wahrgenommen, spitze Winkel zu groß und stumpfe zu klein. Aber dieser Irrtum hat jetzt ganz andere Gründe: Er beruht auf einer perspektivischen Interpretation. Rechte Winkel in unserer Umgebung werden ja – sofern sie nicht in der Frontalebene liegen – auf der

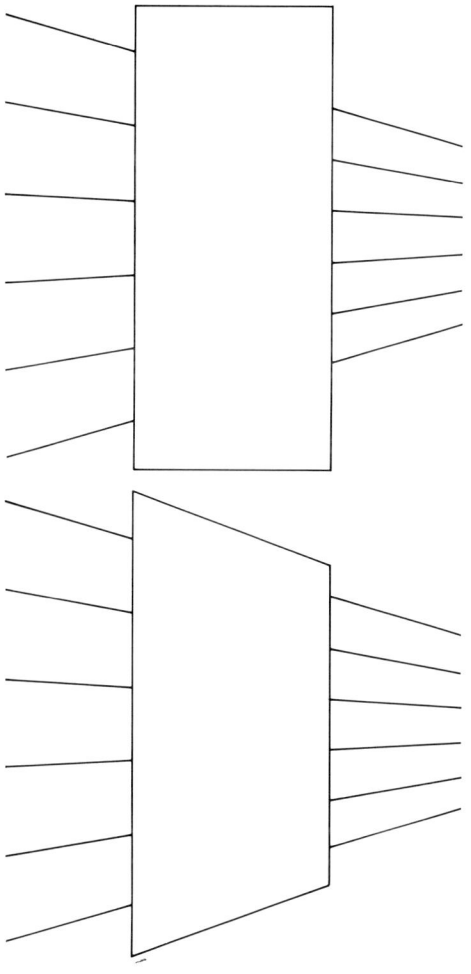

Ein Rechteck in der Frontalebene erzeugt zusammen mit konvergierenden Linien die gleiche Täuschung wie die Poggendorffsche Figur. Bei einem Trapez, das als Rechteck in der Ebene der Linien erscheint, verschwindet die Täuschung.

Netzhaut verzerrt abgebildet; aus Rechtecken werden Trapeze. Dem tragen wir normalerweise mit einer räumlichen Verarbeitung Rechnung. Und genau das ist auch der Grund, warum die schrägen Linien bei der Poggendorff-Täuschung versetzt erscheinen: weil wir sie zwei verschiedenen Ebenen zuordnen. Zeichnet man solche Ebenen bei der Poggendorffschen Figur mit ein, dann verstärkt sich die Täuschung.

Der Einfluß der Tiefenwahrnehmung wird bei einer anderen Variante der Poggendorffschen Figur noch deutlicher. Dabei ist die Testlinie durch konvergierende Linien ersetzt, die eine in die Tiefe führende Ebene suggerieren, und die induzierenden Parallelen sind zu einem Rechteck beziehungsweise Trapez ergänzt. Bei dem Rechteck in der Frontalebene ist die Täuschung stärker ausgeprägt als bei einem Trapez, das wie ein geneigtes Rechteck wirkt. Dagegen wäre aufgrund der Winkelverzerrung in beiden Fällen die gleiche Täuschung zu erwarten, weil ja die Winkel der konvergierenden Linien nicht geändert wurden.

Die räumliche Verarbeitung könnte auch erklären, warum Ausschnitte aus der Poggendorffschen Figur, in denen jeweils nur spitze oder stumpfe Winkel vorkommen, so unterschiedlich wirken. Beide Figuren können perspektivisch interpretiert werden, aber stumpfe Winkel signalisieren jetzt waagerechte Linien in verschiedener Höhe, während spitze Winkel Ebenen in ungefähr gleicher Höhe nahelegen.

Schließlich kann man damit auch den Täuschungseffekt erklären, den scheinbare Konturen induzieren. Die räumlich-perspektivische Interpretation erfordert — anders als die laterale Hemmung — keine vollständig gezeichneten Winkel; es genügt, wenn irgendwelche Komponenten vorhanden sind, die uns solche Winkel suggerieren.

Die Müller-Lyer-Täuschung

Die wohl bekannteste geometrisch-optische Täuschung hat F. C. Müller-Lyer vor etwa 100 Jahren entdeckt: Ein Doppelpfeil, das heißt, eine Linie zwischen zwei spitzen Winkeln, erscheint deutlich kürzer als eine gleich lange Linie, bei der die Pfeilspitzen umgekehrt sind. Die Originalfigur ist unten zusammen mit einigen Varianten abgebildet, von denen es inzwischen unzählige gibt. In Hunderten von Veröffentlichungen wurden interessante Einzelheiten dieser Täuschung zusammengetragen, eine zufriedenstellende Erklärung steht meines Erachtens jedoch immer noch aus. Möglicherweise kommen hier mehrere grundverschiedene Faktoren zusammen.

Richard Gregory hat eindrucksvolle Photos zur Müller-Lyer-Täuschung vorgelegt, um zu demonstrieren, auf welche Weise sie durch räumliche Verarbeitung zustande kommen könnte. Dabei bilden Kanten, in denen sich verschiedene Ebenen schneiden, die Linien der Figur: Bei einer vorspringenden Ecke einer Wandverglasung ergeben die Befestigungsleisten an Decke und Fußboden in der perspektivischen Verkürzung den Doppelpfeil; umgekehrte Pfeilspitzen entstehen

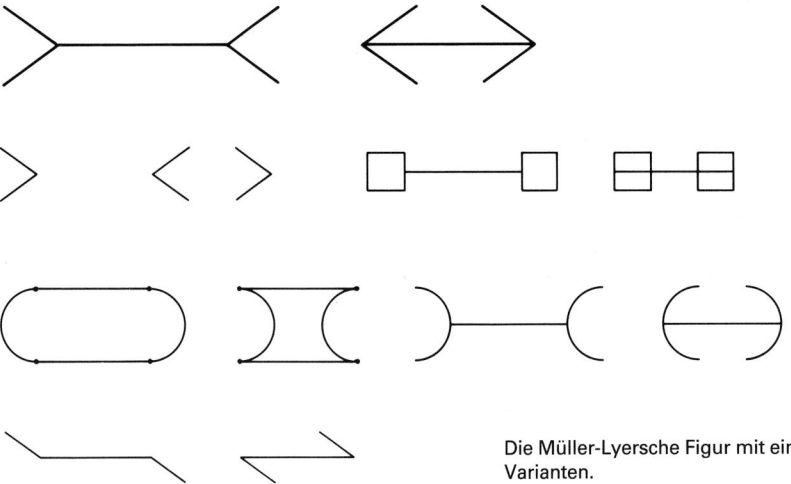

Die Müller-Lyersche Figur mit einigen ihrer unzähligen Varianten.

dagegen durch eine in die Tiefe führende Ecke, deren senkrechte Kante jetzt hinten liegt. Gregory erklärt die Täuschung mit dem Emmertschen Gesetz: Die näher scheinende Kante muß kleiner aussehen als die weiter entfernter wahrgenommene. Aber was heißt hier näher und ferner? Die Theorie verlangt, daß die Kanten im unmittelbaren Vergleich verschieden weit entfernt erscheinen. Gregorys Interpretation erklärt dagegen nur, warum die „Testkante" in einem Fall näher erscheint als die induzierenden Kanten, während sie das andere Mal ferner wirkt. Deshalb bezweifeln einige Wissenschaftler, mich eingeschlossen, daß die Müller-Lyer-Täuschung auf diese Weise allgemeingültig erklärt werden kann. Ein Sonderfall ist freilich die perspektivische Zeichnung rechts unten auf dieser Seite, bei der beide Figuren in eine räumliche Szene eingefügt sind; hier hat jede Testkante eine definierte Tiefe im Vergleich zur anderen.

Als Erklärung für die Müller-Lyer-Täuschung hat man auch Augenbewegungen in Betracht gezogen. Anfangs wurde behauptet, die wahrgenommene Länge einer Strecke hinge davon ab, wie weit sich die Augen beim

Richard Gregorys Photos zur räumlichen Verarbeitung der Müller-Lyerschen Figur. Als Testlinie fungiert hier die Kante einer vorspringenden beziehungsweise in die Tiefe führenden Ecke.

Die Müller-Lyersche Figur in einem wirklichkeitsnahen Kontext.

Abtasten dieser Strecke bewegen müssen; die Müller-Lyersche Figur mit umgekehrten Pfeilspitzen sollte demnach länger erscheinen als der Doppelpfeil, weil wir dann nicht genau zwischen dem Weg für die Linie und jenem für die Spitzen unterscheiden. Daran glaubt heute niemand mehr, denn die Täuschung kommt auch bei Figuren zustande, die viel zu klein sind, um überhaupt eine Augenbewegung auszulösen.

Es gibt jedoch eine weiterentwickelte Version dieser Theorie. Danach ist ausschlaggebend, welche Augenbewegungen wir *beabsichtigen*, wenn wir geometrische Strukturen wie Abstände zwischen Punkten oder Orientierungen von Linien wahrnehmen. Unser Eindruck würde sich danach richten, welche Befehle die Augenmuskeln vom Gehirn erhalten — eine Erklärung, die Leon Festinger vorgeschlagen hat. Diese Hypothese stützt sich auf die Tatsache, daß wir die Bewegungen der Augen nicht durch rücklaufende Signale (Feedback) über die jeweilige Position bemerken, sondern anhand der Kommandos, die diese Augenbewegungen auslösen. Im nächsten Kapitel werde ich das ausführlich beschreiben.

Die Müller-Lyersche Figur könnte beim Betrachten der Testlinie bewirken, daß zunächst nur ungenaue Befehle an die Augenmuskulatur gehen. Dann würden die umgekehrten Pfeilspitzen Augenbewegungen auslösen, die über die Linienenden hinausgehen, während diese Bewegung bei normalen Spitzen zu kurz ausfällt. In der Tat hat man derartige Abtastfehler gemessen, zumindest während der Anfangsphasen des Betrachtens. Das schien der Beweis: Wenn wir die Augen zu weit bewegen, erscheint uns die Linie zu groß; Entsprechendes gilt natürlich im umgekehrten Fall. Aber wenn die Versuchspersonen die Müller-Lyersche Figur für längere Zeit anschauen und dabei die Länge schätzen, wird die Täuschung allmählich kleiner und verschwindet schließlich ganz. Die Augenbewegungen passen sich immer genauer an die Länge der beiden Testlinien an, bis sie ihr schließlich entsprechen.

Die Hypothese vom Einfluß der Augenbewegungen vertauscht meines Erachtens Ursache und Wirkung. Nicht das Überschießen und „Zu-kurz-Greifen" der Augen verursacht die Täuschung, sondern es ist gerade umgekehrt. Die Augenbewegungen werden bei längerem Betrachten offenbar deshalb genauer, weil die Wirkung der Täuschung nachläßt — welchen Grund das auch immer haben mag. Die Kommandos für die Augenbewegungen richten sich nach den *wahrgenommenen* Abständen. Ich glaube nicht, daß sie die wahrgenommenen räumlichen Eigenschaften bestimmen. Auch Festinger ist aufgrund eines experimentellen Ergebnisses von seiner Hypothese wieder abgerückt. Auch nachdem Versuchspersonen zum Abtasten einer Figur ein völlig neues Bewegungsmuster erlernt hatten, änderte sich ihre Wahrnehmung nicht. Freilich bleibt dann ungeklärt, warum sich die Täuschung bei längerem Betrachten abschwächt.

Eine weitere Theorie erklärt die Müller-Lyer-Täuschung mit einem *unzulänglichen Vergleich*. Danach können wir Einzelheiten von Figuren beim ersten Betrachten noch nicht richtig aus dem Gesamtzusammenhang heraus isolieren. Wir wissen zwar, welche Teile einer Figur wir vergleichen wollen, beziehen aber dennoch (unbewußt) auch andere Komponenten ein. Bei der Müller-Lyerschen Figur glauben wir, die waagerechten Linien zu vergleichen, sehen aber (unbewußt) auch die Pfeilspitzen – und zusammen mit den umgekehrten Spitzen ist die Linie natürlich länger.

Wir können den unzulänglichen Vergleich ebensogut als Assimilationsvorgang betrachten: Die Linie zwischen den umgekehrten Pfeilspitzen wird der größeren Gesamtlänge angeglichen. Andererseits ist nicht klar, welche Rolle der Kontrast beim Doppelpfeil spielt. Das verdeutlicht ein Versuch, bei dem beide Elemente der Müller-Lyerschen Figur getrennt getestet wurden. Im Doppelpfeil erschien die Linie den Versuchspersonen neben einer genauso langen Vergleichslinie kaum verkürzt. Die Täuschung beruht wohl überwiegend auf der Figur mit den umgekehrten Spitzen, so daß man sie auf einen Assimilationsprozeß zurückführen könnte.

Auch wenn andere Faktoren bei der Müller-Lyer-Täuschung im Spiel sein mögen, halte ich den unzulänglichen Vergleich für entscheidend. Dafür spricht etwa die unten links abgebildete Täuschungsfigur aus zwei identischen, aber um 180 Grad gedrehten Pfeilen. Bei dieser Variante zur Müller-Lyer-Täuschung liegen die Anfangs- und Endpunkte der senkrechten Linien auf gleicher Höhe, aber die linke Figur scheint nach oben verschoben. Das liegt offenbar daran, daß wir Linien und Pfeilspitzen nicht völlig trennen können. Joan Girgus und Stanley Coren haben Varianten der Müller-Lyerschen Figur getestet, bei denen die Linien von ihren Pfeilspitzen durch eine andere Farbe optisch getrennt erscheinen. Die Täuschung wurde dadurch vermindert. Dasselbe läßt sich auch mit gezielten Hinweisen für die Versuchsperson erreichen.

Der Assimilationsvorgang wird bei der rechts unten abgebildeten Variante der Müller-Lyerschen Figur sichtbar. Sie setzt sich aus zwei verschiedenfarbigen Täuschungsfiguren zusammen. Konzentriert man sich auf die roten Winkel, so erscheint der linke Zwischenraum größer als der rechte; bei den blauen Winkeln ist es genau umgekehrt. Hier hat die Aufmerksamkeit maßgeblichen Einfluß auf die Organisation des Bildes, die dann den

Der Einfluß von Aufmerksamkeit und Organisation auf die Müller-Lyer-Täuschung: Konzentriert man sich auf die roten Winkel, so erscheint der linke Zwischenraum größer; bei den blauen Linien ist es entsprechend der rechte Abstand.

entscheidenden Zusammenhang zwischen Pfeilspitzen und Zwischenraum herstellt. Diese Figur liefert auch einen Gegenbeweis zu Erklärungen, die Augenbewegungen, unscharfe Abbildung oder laterale Hemmung für die Müller-Lyer-Täuschung verantwortlich machen: Beide Farbkomponenten sind spiegelsymmetrisch und ergeben völlig gleichwertige Netzhautreize.

Bei diesen identischen Pfeilen scheinen die Endpunkte der Testlinie auf verschiedener Höhe zu liegen.

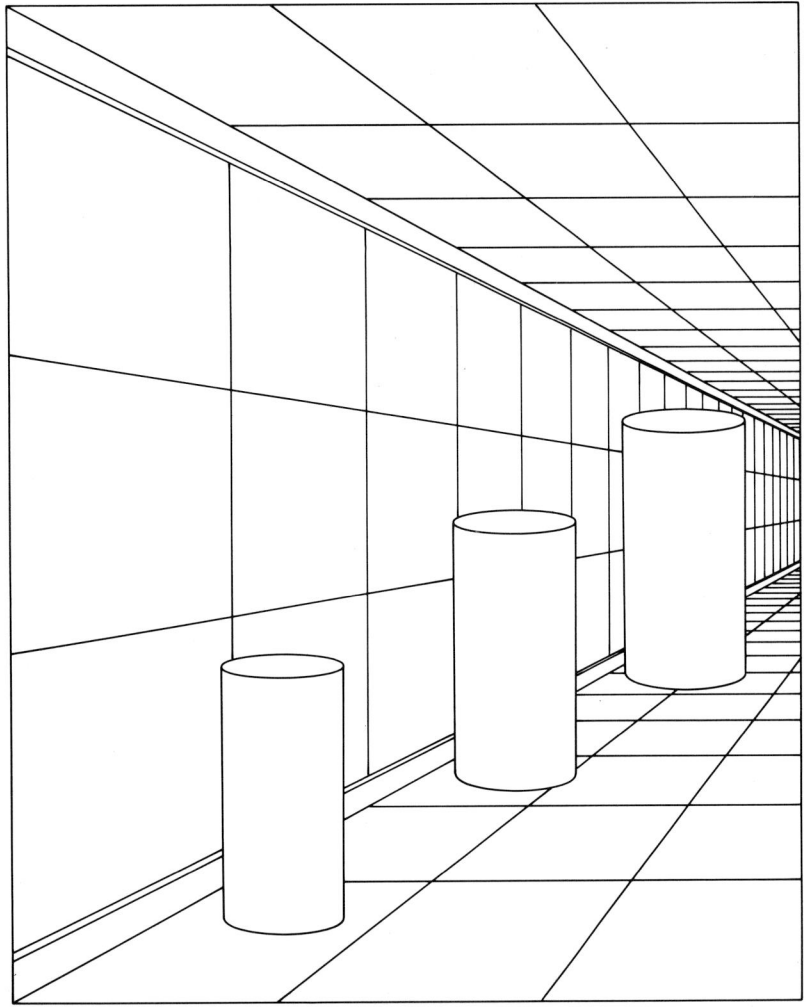

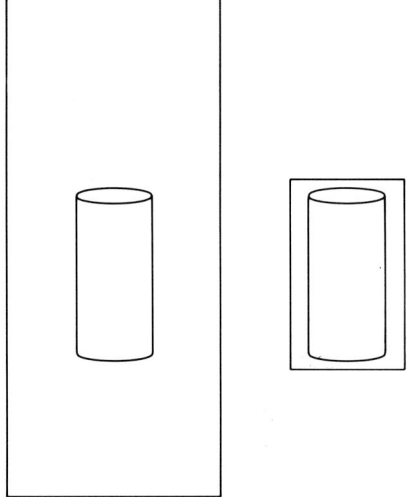

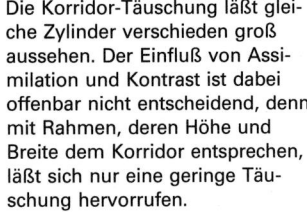

Die Korridor-Täuschung läßt gleiche Zylinder verschieden groß aussehen. Der Einfluß von Assimilation und Kontrast ist dabei offenbar nicht entscheidend, denn mit Rahmen, deren Höhe und Breite dem Korridor entsprechen, läßt sich nur eine geringe Täuschung hervorrufen.

Die Korridor-Täuschung

Die geometrisch-optischen Täuschungen, die wir bisher betrachtet haben, scheinen jeweils Paradebeispiele für ein bestimmtes Erklärungsmodell zu sein: Die Ponzosche Figur wird wegen einer räumlichen Verarbeitung falsch wahrgenommen; die Poggendorff-Täuschung ist ein Beispiel für Winkelverzerrung (obwohl sie auch durch eine räumliche Verarbeitung erklärt werden kann); auf die Wirkung der Müller-Lyerschen Figur kann man die Assimilationshypothese anwenden (oder das Prinzip des unzulänglichen Vergleichs). Wenn keine Theorie dies alles umfassend erklären kann, wie steht es dann mit einer weiteren Täuschung, die in vielen Varianten seit langem unter dem Begriff *perspektivische Täuschung* bekannt ist?

Die Zylinder in der Zeichnung links auf dieser Seite scheinen sich in ihrer Größe deutlich zu unterscheiden – man nimmt noch stärkere Abweichungen wahr als bei den geometrischen Figuren. James Gibson, von dem dieses Beispiel stammt, spricht hier von einer *Korridor-Täuschung*.

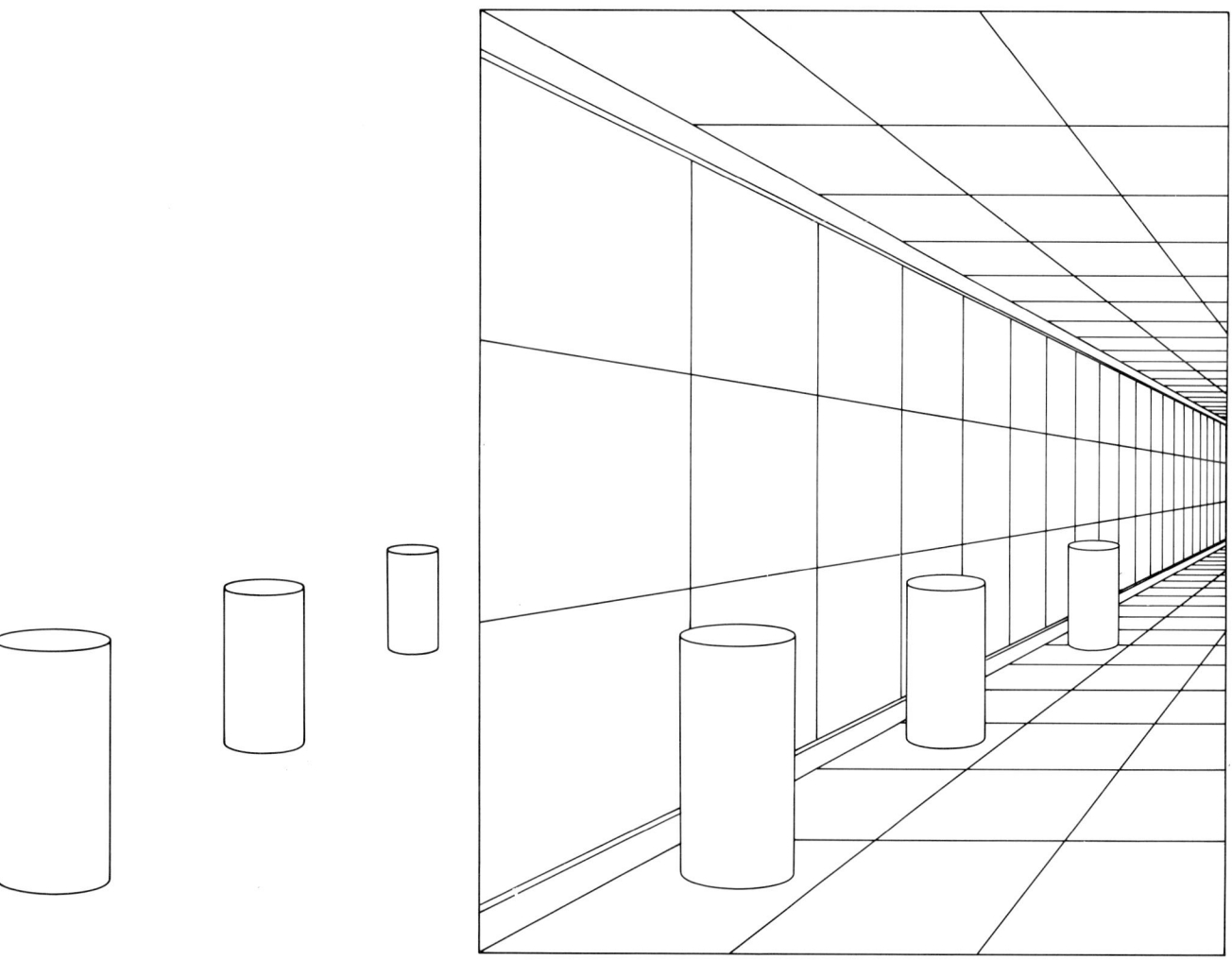

Beim Betrachten der Zeichnung gewinnt die Konstanz (oder genauer: das Emmertsche Gesetz) offenbar einen größeren Einfluß als bei den meisten anderen gegenständlichen Darstellungen. Die Täuschung wird daher meist mit einer räumlichen Verarbeitung des Musters erklärt. Als Ursachen kämen vielleicht auch Kontrast und Assimilation (oder, anders ausgedrückt: Reizrelationen) in Frage. Schließlich sind die Höhen der Zylinder im Verhältnis zur Höhe des Korridors sehr verschieden. Eine solche Erklärungsmöglichkeit haben wir bereits für die in mancher Hinsicht ähnliche Ponzo-Täuschung in Betracht gezo-

gen. Prüfen läßt sich das, indem man die Perspektive als Anhaltspunkt eliminiert. Dazu kann man jeden Zylinder in einen anderen Rahmen stellen, der Höhe und Breite des Korridors ersetzt. Dadurch wird die Täuschung drastisch verringert, wenn nicht gar zum Verschwinden gebracht.

Kontrast und Assimilation lassen sich nicht so leicht ausschalten. Man kann aber prüfen, wie die Korridor-Täuschung bei verschieden großen Zylindern ausfällt, deren Abmessungen exakt der perspektivischen Verkürzung folgen. Sie schwächt sich ab. Allerdings

Um Kontrast und Assimilation auszugleichen, wurden hier perspektivisch verkleinerte Zylinder in den Korridor gezeichnet. Aufgrund der Perspektive müßten sie gleich groß aussehen, was aber nicht der Fall ist. Inwieweit man die Größenunterschiede durch den Korridor angeglichen wahrnimmt, zeigt ein Blick auf die drei Zylinder auf weißem Grund.

143

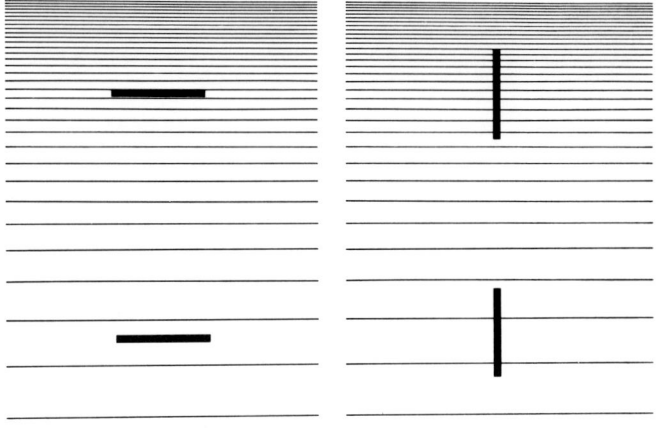

scheinen die Objekte keineswegs gleich groß, wie man es bei uneingeschränkter Konstanz erwarten würde; andererseits sind die vermeintlichen Größenunterschiede geringer als bei entsprechenden Zylindern auf weißem Grund. Übrigens zeigt dieses Beispiel auch einmal mehr, daß der Konstanzmechanismus bei bildlichen Darstellungen nur unvollständig zum Zuge kommt.

Offenbar kann man nur verwirrende Schlüsse ziehen: Für sich genommen können weder eine räumliche Verarbeitung noch Kontrast und Assimilation eine ausgeprägte Korridor-Täuschung auslösen; auch die Summe der Einzelwirkungen bleibt hinter dem tatsächlichen Ausmaß zurück. Augenscheinlich wirken eine räumliche Verarbeitung der

Die perspektivische Verkürzung allein bewirkt hier nur bei den senkrechten Balken eine Täuschung.

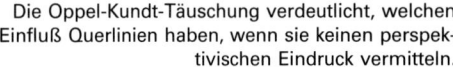

Die Oppel-Kundt-Täuschung verdeutlicht, welchen Einfluß Querlinien haben, wenn sie keinen perspektivischen Eindruck vermitteln.

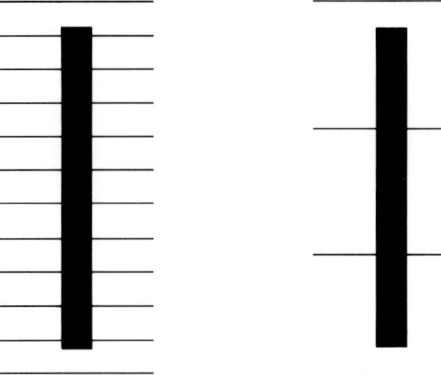

Abbildungsfaktoren und Kontrast beziehungsweise Assimilation im Sinne einer *Interaktion* zusammen. Das könnte ebenso für die Ponzo-Täuschung gelten. Auch bei dieser Figur (die, um 90 Grad gedreht, stark an den Korridor erinnert) spielen räumliche Verarbeitung sowie Kontrast und Assimilation eine Rolle, wenngleich jeder Faktor für sich allein nur schwache Wirkung hervorrufen kann. (Man betrachte dazu noch einmal die Abbildungen auf den Seiten 131 und 133.) Ponzo- und Korridor-Täuschung unterscheiden sich wohl nur dadurch, daß im einen Fall die Perspektive fehlt.

Eine solche Interaktion könnte auch einen eindrucksvollen Effekt erklären, den Barbara Gillam entdeckt hat: Dabei wird durch

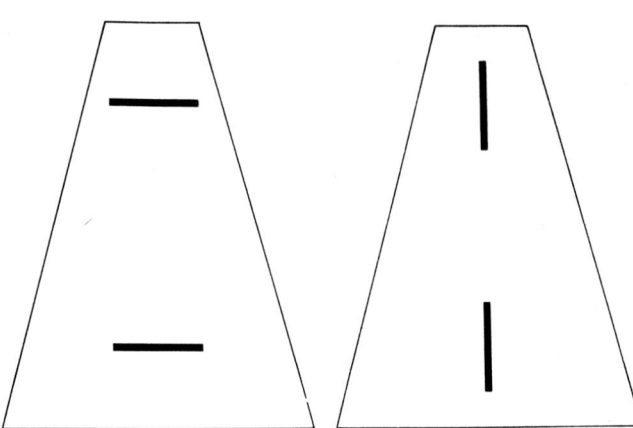

Perspektivisch konvergierende Linien führen bei diesen beiden Figuren nur für die waagerechten Balken zur Täuschung.

waagerechte Linien eine perspektivische Verkürzung erreicht, deren Abstände stetig abnehmen. Andere Hinweise auf Perspektive – etwa Größenunterschiede oder konvergierende Linien – sind eliminiert. Trotzdem entsteht ein perspektivischer Eindruck: Die senkrechten Balken erscheinen verschieden hoch.

Das läßt sich nicht allein mit der unterschiedlichen Zahl der Schnittpunkte mit Querlinien erklären, wie man an der Oppel-Kundt-Täuschung sieht. Ein Balken, der von vielen parallelen Querlinien geschnitten wird, erscheint geringfügig länger als ein gleichartiger Balken, den nur wenige, weiter auseinanderliegende Parallelen kreuzen. Der Unterschied ist freilich bei weitem nicht so groß wie bei dem Gillamschen Bild. Andererseits kann die Perspektive auch nicht alles sein, denn die waagerechten Balken sehen nahezu gleich aus. Was fehlt, ist offenbar ein Kontrast, wie er zwischen den horizontalen Querlinien und den senkrechten Balken wirksam wird. Auch hier scheint die Kombination von Kontrast und Tiefe für die Täuschung entscheidend.

Wenn man die Perspektive ausschließlich durch konvergierende Linien andeutet (genau wie bei der Ponzo-Figur), so kommt die Täuschung umgekehrt nur bei den waagerechten Balken zustande; bei den senkrechten verschwindet sie. Wieder wirkt Tiefeneindruck mit Kontrast und Assimilation zusammen. Als Erklärungshypothese bleibt also nur die Interaktion von Faktoren, die jeder für sich allein nur schwach wirken. Warum aber gerade Perspektive und Kontrast beziehungsweise Assimilation zusammen eine so auffallende Täuschung hervorrufen, ist noch ungeklärt. Barbara Gillam führt das darauf zurück, daß die perspektivische Darstellung einen Größenmaßstab suggeriert, der aber nur für eine Dimension „angelegt" wird. Bei dem „Raster" aus Querlinien gilt er für die Tiefe, bei den konvergierenden Linien für die Breite.

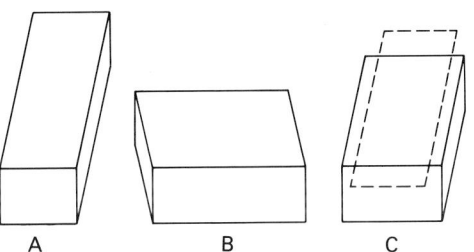

A   B   C

Räumliche Verarbeitung (und zu einem geringen Anteil auch Horizontal-Vertikal-Täuschung) hat zur Folge, daß die Oberseiten der Quader A und B völlig verschieden wirken, obwohl sie tatsächlich gleich sind. C ist so gezeichnet, daß wir glauben, B von der Seite zu sehen. In Wirklichkeit entspricht aber der gestrichelte Umriß der Oberseite von B (und damit A).

Täuschungen bei Kindern und in anderen Kulturen

Wenn die räumliche Verarbeitung für einige geometrisch-optische Täuschungen verantwortlich ist, dann mag man sich fragen, ob Erfahrung mit Bildern diese Wirkung verstärkt. Erfahrung ist hier in einem doppelten Sinn zu verstehen: Man muß erst einmal mit Bildern vertraut sein. Wer noch nie Bilder gesehen und sie nicht räumlich interpretiert hat, der wird auch die Täuschungsfigur nicht räumlich verarbeiten und sie deshalb wirklichkeitsgetreu wahrnehmen. Das könnte für kleine Kinder oder auch Stammesangehörige einer steinzeitlichen Kultur gelten — wir haben so etwas bereits erwähnt. Aber schon Säuglinge interpretieren Bilder als Darstellung räumlicher Szenen, und das gleiche gilt für Menschen aus allen möglichen Kulturen. Inwieweit sie auch auf Abbildungsfaktoren so reagieren wie Erwachsene aus unserem Kulturkreis, ist noch ungeklärt.

An dieser Stelle kommt die zweite Bedeutung von Erfahrung ins Spiel. So wurde argumentiert, daß perspektivische Muster mit konvergierenden Linien und Projektionen von rechten Winkeln in unserer täglichen Umgebung zwar häufig sind, in einer natürlichen Umwelt wie Dschungel und Steppe aber kaum vorkommen. Folglich sollten Täuschungen aufgrund von Perspektive bei Menschen ausbleiben, die nur wenig Erfahrungen mit Straßen und Eisenbahngeleisen oder Häusern und Zimmern gemacht haben.

Im allgemeinen sind Täuschungen jedoch gerade bei Kindern besonders stark ausgeprägt. Erwachsene aus verschiedenen Kulturen reagieren unterschiedlich auf die einzelnen Täuschungsfiguren, und das trifft ähnlich für Kinder zu. Andererseits scheint die Ponzo-Täuschung bei einem typischen europäischen Erwachsenen stärker zu sein als bei Kindern oder bei Erwachsenen aus ländlichen Gegenden. Das würde für den Einfluß der räumlichen Verarbeitung sprechen. Andererseits ergeben sich für die Müller-Lyer-Täuschung widersprüchliche Ergebnisse: Kinder unter-

liegen ihr stärker, aber Erwachsene aus landwirtschaftlich geprägten Gegenden weniger. Kinder lassen sich auch durch die Poggendorffsche Figur in höherem Maße täuschen. Aber all diese Ergebnisse sind bislang nicht durch mehrere unabhängige Untersuchungen bestätigt.

So kann man derzeit nur eines sicher schließen: Die Rolle der räumlichen Verarbeitung bleibt unklar — vielleicht mit Ausnahme der Ponzo-Täuschung. Daß sie bei Kindern besonders stark ausfällt, mag daran liegen, daß die Testlinien schlechter von den induzierenden Linien getrennt werden. Mit anderen Worten: Kinder werden durch den unzureichenden Vergleich getäuscht.

Als Erklärung für die Abweichungen zwischen verschiedenen Kulturen könnten auch angeborene Eigenschaften des Nervensystems in Betracht kommen. Jedenfalls sind Faktoren wie Pigmentierung von Linse und Fovea weitaus stärker mit der Reaktion auf Täuschungsfiguren korreliert als etwa die Einflüsse der Umgebung. Solche physiologischen Faktoren gehen, wenn es sie gibt, über die wahrnehmungspsychologischen Erklärungen der optischen Täuschungen hinaus.

Das Problem der geometrisch-optischen Täuschungen ist trotz einiger Fortschritte noch nicht gelöst. Vielleicht gibt es auch gar keine einheitliche Erklärung; und möglicherweise ist jede Täuschung das Produkt aus mehreren Faktoren. So wirken räumliche Verarbeitung und Kontrast beziehungsweise Assimilation bei Ponzo- und Korridor-Täuschung zusammen. Die Poggendorffsche Figur täuscht vermutlich wegen einer (unbewußten) räumlichen Verarbeitung; die Müller-Lyer-Täuschung kommt wahrscheinlich dadurch zustande, daß wir die Testlinien nicht klar von den induzierenden trennen können und der Vergleich dadurch unzureichend ist.

Zum Schluß möchte ich auf einen Gesichtspunkt zurückkommen, den ich schon zu Beginn dieses Kapitels erwähnt habe. Aus den Täuschungen können wir offenbar einiges über das wirklichkeitsgetreue Wahrnehmen lernen. Natürlich bietet aber unser Wissen über Wahrnehmungsvorgänge erst die Voraussetzungen, um nach Erklärungen für diese Täuschungen zu suchen. Aber auch, wenn nichts besonders Wichtiges daraus zu lernen wäre, würden sie wohl immer noch unsere Neugier wecken.

Wir hatten bislang nur statische Figuren betrachtet, aber die interessantesten Täuschungen ergeben sich aus Bewegungen. Im nächsten Kapitel werden wir solchen Beispielen begegnen, auch wenn sie nicht das eigentliche Thema sind. Aber wenn man die Wahrnehmung von Bewegung untersucht, stellt sich heraus, daß nahezu immer eine Täuschung mit im Spiel ist.

Bewegung

Wohl jeder hat schon einmal beobachtet, wie der Mond scheinbar durch die Wolken wandert, aber nur wenige fragen nach den Ursachen dieser Täuschung. Was wir sehen, ist ja eine Relativbewegung. Es sieht so aus, als würde sich der Mond entgegengesetzt zur Bewegung der Wolken verschieben. Natürlich verändert er durch die Erdrotation seine wahre Position, aber so langsam, daß wir es nicht wahrnehmen können.

Seit man im letzten Jahrhundert entdeckte, daß Bilder in schneller Folge den Eindruck von Bewegung vermitteln – woraus eine Art Vorläufer des Kinos entstand –, sind solche Stroboskopeffekte und Bewegungswahrnehmung überhaupt in den Mittelpunkt der Erforschung des Sehens gerückt. Objekten der Umwelt wird nicht nur Form oder Farbe zugeordnet, sondern auch eine bestimmte Bewegung, die freilich nicht unbedingt den physikalischen Verhältnissen exakt entsprechen muß. Wir nehmen den raschen Lauf des Sekundenzeigers einer Uhr als Bewegung wahr; die langsamen Verschiebungen des Minutenzeigers kann unser Wahrnehmungsapparat dagegen nicht adäquat verarbeiten. Wenn sich Objekte relativ zueinander bewegen, ordnen wir bisweilen dem ruhenden die Bewegung zu – etwa dem Mond und nicht den Wolken. Meist sind Bewegung oder Ruhe für eine Wahrnehmung etwas Absolutes, während wir aus der Physik wissen, daß Positionsänderungen immer nur relativ zu einem vorgegebenen Bezugssystem angegeben werden können.

In der Regel nehmen wir Bewegungen richtig wahr, aber einige aufschlußreiche Täuschungen haben gleichwohl ein besonderes Interesse geweckt. Warum sehen wir den Mond bewegt? Warum bewirkt ein Film beim Betrachter den Eindruck von Bewegung? Warum scheint sich ein einzelner Stern am Himmel zu verschieben? Warum sieht man Dinge nach oben „fließen", wenn man einen Wasserfall angeschaut hat? Ich werde alle diese Täuschungen noch diskutieren, nachdem ich beschrieben habe, wie man Objekte wahrnimmt, die sich wirklich bewegen – ein Aspekt, der nicht weniger rätselhaft ist.

Diese Scheibe gehört zu den frühen Versuchen, mit Bildern einen Eindruck von Bewegung zu erzeugen. Sie wurde vor einem Spiegel gedreht, von dem nur ein Bildsegment zum Betrachter hinter der Scheibe reflektiert wurde. Oft wird angenommen, wir würden die Bewegung deshalb wahrnehmen, weil der visuelle Reiz auch nach dem Verschwinden der Einzelbilder fortdauert, aber das erklärt nur, warum wir die Bilder verschmelzen können.

Einzelbilder zeigen in dieser mehrfach belichteten Aufnahme den Bewegungsablauf beim Stabhochsprung. Die gleiche Bildfolge vermittelt im Film einen wirklichkeitsnahen Eindruck.

Der Blick auf bewegte Objekte

Wenn wir beim Zeitunglesen aus dem Augenwinkel sehen, wie eine Katze vom Stuhl springt, dann verschiebt sich das Bild der Katze auf der Netzhaut. Es scheint plausibel, in dieser Verschiebung die Grundlage für sensorische Prozesse zu vermuten, die zur Wahrnehmung von *tatsächlicher* Bewegung führen. Schließlich muß das Sehsystem die Verschiebung des Bildes registrieren, um sie als Bewegung der Katze zu verarbeiten. Die Physiologen haben tatsächlich in Netzhaut und Sehrinde von Tieren spezielle Nervenzellen gefunden, die auf Verschiebungen eines Lichtflecks oder einer Kontur im Netzhautbild ansprechen. Solche Neuronen geben dann (und nur dann) in rascher Folge Impulse ab. Dieser Befund läßt sich wahrscheinlich auch auf den Menschen übertragen.

Man könnte in den Signalen dieser Neuronen, die eine Art Bewegungsdetektoren darstellen, die Erklärung vermuten. Aber dann steht man vor folgendem Problem: Bei Tieren, die ihre Augen bewegen können, verschieben sich bisweilen die Konturen auf der Netzhaut, ohne daß ein Eindruck von Bewegung entsteht, und umgekehrt setzt dieser Eindruck nicht unbedingt eine Verschiebung von Konturen auf der Retina voraus. Sehr oft verfolgen wir ja ein Objekt mit unseren Blicken und nehmen eine Bewegung wahr, obwohl sich das Bild auf der Netzhaut kaum verlagert. Auch bei Scheinbewegungen wie denen des Mondes zwischen den Wolken wird das Objekt immer auf der gleichen Stelle abgebildet. Auf der anderen Seite können wir unsere Augen über Gegenstände in einem Zimmer „wandern" lassen und trotz der Verschiebungen auf der Netzhaut feststellen, daß jedes Ding an seinem Platz bleibt. Man spricht hier von Ortskonstanz.

Offenbar reichen Bewegungsdetektoren hier als Erklärung nicht aus — zumindest nicht bei Tieren auf einer hohen phylogenetischen Entwicklungsstufe. Sie sind weniger als unmittelbare Ursache für das Wahrnehmen von Bewegung anzusehen, sondern scheinen vielmehr Information über Vorgänge auf der Netzhaut zu vermitteln. Das Sehsystem benötigt darüber hinaus noch andere Informationen, um zu rekonstruieren, was in der Umwelt vor sich geht. Wenn zum Beispiel die Bewegungsdetektoren allein aufgrund von Augenbewegungen Signal geben, muß der Wahrnehmungsapparat das richtig deuten, nämlich als Hinweis auf eine Bewegung der Augen und nicht etwa des Objektes. Umgekehrt ist das Signal bei fixierter Augenstellung tatsächlich als Bewegung zu interpretieren.

Auch wenn die Detektoren keine Bewegung signalisieren, weil wir einem Objekt mit den Augen folgen und es daher immer auf denselben Netzhautbereich projiziert wird, kann der Wahrnehmungsapparat die Bewegung feststellen, indem er die Augenbewegungen in Rechnung stellt.

Woher „weiß" das Gehirn, ob sich die Augen bewegen? Und wie stellt es Richtung und Geschwindigkeit fest? Naheliegend wäre ein Feedback, wie es von der Bewegungssteuerung anderer Körperteile bekannt ist. So glauben die Physiologen, daß beispielsweise beim Beugen eines Armes Rezeptoren im Ellbogengelenk Signale abgeben, die die Veränderung an das Gehirn melden. Seit langem geht man davon aus, daß auch die beteiligten Muskeln solche Rückmeldungen liefern; entsprechend könnten Rezeptoren in den Augenmuskeln das Gehirn über Bewegung und Orientierung der Augen informieren.

Eine solche Rückkopplung scheint jedoch ziemlich unwahrscheinlich, wie die folgenden beiden Beispiele zeigen: Es gibt Situationen, in denen Augenbewegungen registriert werden, obwohl die Augen völlig ruhiggestellt sind und daher keine Bewegung signalisiert werden dürfte; so etwas läßt sich beobachten, wenn die Augenmuskulatur gelähmt ist oder auf andere Weise vorübergehend ausgeschaltet wird. Beim Versuch, einen Gegenstand am Rande des Blickfeldes zu fixieren, scheint sich das Blickfeld unter solchen Bedingungen abrupt in Richtung der beabsichtigten Bewegung zu verschieben. Helmholtz und andere nach ihm zogen daraus den Schluß, daß der Wahrnehmungsapparat die Absicht oder den Befehl zur Augenbewegung als Information wertet. Da sich die Augen normalerweise unmittelbar danach tatsächlich bewegen, liefert das Kommando gewöhnlich keine falschen Informationen über Verschiebungen des Netzhautbildes, die schließlich als Bewegung eines Objektes interpretiert werden. Wenn die Augenstellung jedoch fixiert ist, wird die intendierte Bewegung mit dem stationären Bild auf der Retina verrechnet, so daß ein falscher Eindruck entsteht.

Das zweite Beispiel betrifft Augenbewegungen, die das Gehirn überhaupt nicht registriert: Wenn wir die Augen vorsichtig mit den Fingern ein wenig zur Seite drücken, verschiebt sich das Netzhautbild. Zwar gibt es vermutlich Rückmeldungen von der Augenmuskulatur, aber die Bewegung der Augen wird offensichtlich nicht zur Kenntnis genommen, so daß die Verschiebung des Netzhautbildes nicht richtig verrechnet werden kann.

Demzufolge „wissen" wir über die Augenbewegungen nicht aufgrund einer Rückmeldung Bescheid, sondern durch die Kommandos, die Sekundenbruchteile zuvor an die Augenmuskulatur erteilt werden. Verwertet wird also die *efferente* Information (der Signale, die das Gehirn aussendet) und nicht die *afferente* (der Signale, die ein Organ an das Gehirn übermittelt). Einiges spricht dafür, daß ein ähnlicher Mechanismus auch bei anderen Körperbewegungen im Spiel ist.

Wir wissen nun also, daß die Signale der Bewegungsdetektoren den Wahrnehmungsapparat über Verschiebungen des Netzhautbildes von einem Objekt informieren. Diese Information wird mit den Kommandos für die Augenbewegung verrechnet. Dabei scheint das Sehsystem nach folgender allgemeiner Regel zu schließen: Wenn sich die wahrgenommene Richtung eines Objektes so schnell verändert, daß die Augen das registrieren können, wird Bewegung unterstellt; andernfalls wird das Objekt als ruhend interpretiert.

Wir müssen hier noch etwas zum Wahrnehmen von Geschwindigkeiten sagen: Wenn nur die Änderung der wahrgenommenen Richtung ausschlaggebend wäre, dann müßte die wahrgenommene Geschwindigkeit eines Objektes mit wachsender Entfernung abnehmen. Ein Objekt, das sich mit konstanter Geschwindigkeit bewegt, überstreicht im Gesichtsfeld des Betrachters ja einen um so größeren Winkel, je näher es ihm kommt. Tatsächlich bewirkt ein Konstanzmechanismus, daß wir Geschwindigkeiten innerhalb gewisser Entfernungen wirklichkeitsgetreu sehen. Wie diese Konstanz zustande kommt, ist noch umstritten. Zwei Erklärungen stehen zur Debatte: Möglicherweise wird die Entfernung des Objektes unmittelbar mit seiner Richtungsänderung pro Zeiteinheit verrechnet (ähnlich wie Größe des Netzhautbildes und Entfernung bei der Größenkonstanz); denkbar wäre auch, daß die pro Zeiteinheit zurückgelegte Strecke anhand einer Bezugsgröße bestimmt und daraus die Geschwindigkeit abgeleitet wird. Beispielsweise könnte man so die Geschwindigkeit einer Maus abschätzen, die einen Korridor überquert, denn das Größenverhältnis zwischen Maus und Korridorbreite ist unabhängig von der Entfernung des Betrachters. Das gleiche gilt natürlich auch für die Zeit, die die Maus für diese Strecke braucht.

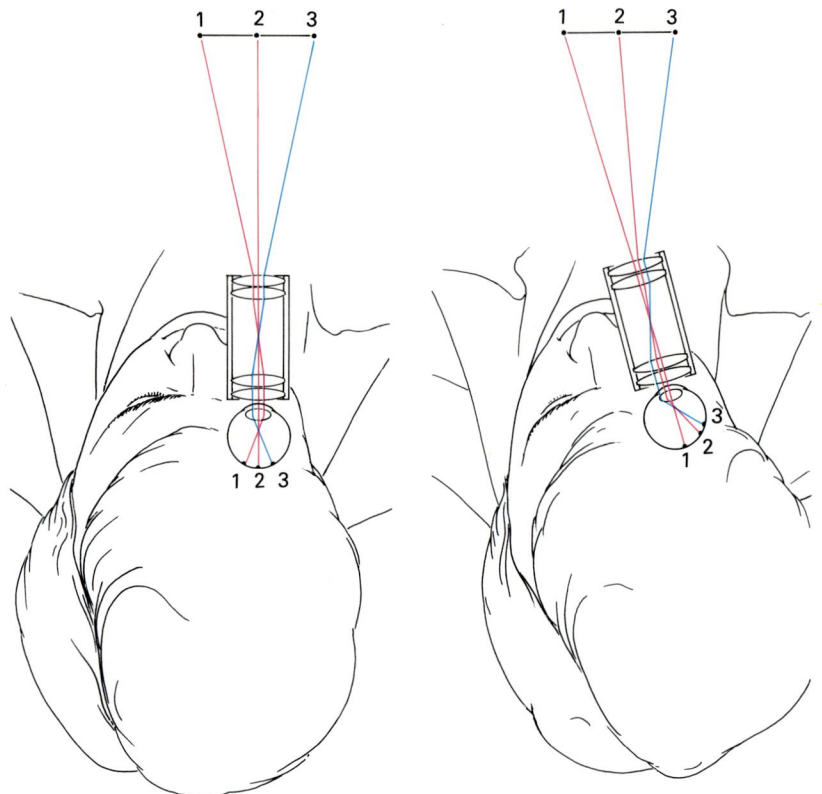

Umkehrlinsen führen zu Bewegungstäuschungen.
Dreht man den Kopf nach links, so verschiebt sich
der Gegenstand scheinbar ebenfalls nach links, weil
das rechte Gesichtsfeld (blau) jetzt auf der rechten
Netzhauthälfte abgebildet wird – und nicht, wie im
Normalfall, auf der linken.

Bewegung aus der Perspektive eines bewegten Beobachters

Häufig bewegen sich nicht die Objekte, die wir betrachten, sondern wir selbst. Auch dann ändern sich die Richtungen, unter denen wir Gegenstände sehen, aber der Wahrnehmungsapparat interpretiert das korrekt als Folge unserer Eigenbewegung. Die relativen Verschiebungen der Objekte hängen ja auch von der jeweiligen Entfernung ab, wie wir im Zusammenhang mit Bewegungsparallaxen schon gesehen haben. Wenn die Entfernung eines ruhenden Objektes richtig wahrgenommen und mit der Eigenbewegung verrechnet wird, kann Ortskonstanz zustande kommen. Angenommen, wir haben einen ruhenden Gegenstand relativ nahe vor uns und bewegen uns nun nach rechts, dann wird er sich (relativ zu uns) natürlich genauso schnell nach links verschieben. Wenn die Richtungsänderung eines Objektes dagegen nicht unserer eigenen Bewegung entspricht, sollten wir die Differenz als Bewegung dieses Objektes wahrnehmen. Das bestätigen die Experimente.

Schon um die Jahrhundertwende machte George Stratton einen Versuch, der noch heute diskutiert wird. Er trug acht Tage lang vor einem Auge einen Tubus mit einem Linsensystem, das das Bild auf der Netzhaut umkehrte. Er wollte herausfinden, ob man sich an ein seitenverkehrtes Bild, das auf dem Kopf steht, gewöhnt (eine Frage, auf die ich im nächsten Kapitel zurückkomme). In unserem Zusammenhang ist eine Beobachtung Strattons interessant, die die Wahrnehmung von Bewegung betrifft: Beim Gehen verschoben sich ruhende Gegenstände der Umgebung scheinbar in Bewegungsrichtung, und zwar mit einer höheren Geschwindigkeit als dem jeweiligen Schrittempo. Die Ortskonstanz geht also verloren, wenn die Richtungsänderungen nicht der Eigenbewegung entsprechen. Neuere Versuche haben das auch für Objekte bestätigt, die sich zwar in der richtigen Richtung, aber mit einer „falschen" Geschwindigkeit verschieben.

Bei solchen Experimenten stellen sich die Versuchspersonen auf die ungewöhnlichen Scheinbewegungen der Umwelt ein, so daß sie nach einigen Tagen wieder den „normalen" Eindruck haben. Was hier geschieht, ist allerdings mehr als ein schlichtes Gewöhnen an die veränderte Situation: eine Anpassung des Wahrnehmungsapparates. Das zeigt sich an der Nachwirkung, wenn die Linsen wieder

geniales Experiment von Horst Mittelstaedt, der sich eine bekannte Verhaltensweise zunutze machte.

Wenn man ein Tier auf eine Plattform in einer Trommel mit senkrechten Streifen setzt und die Trommel rotieren läßt, dann wird es Augen, Kopf oder den ganzen Körper in die Drehrichtung bewegen. Dieses reflexartige

A

B

C

entfernt werden: Stratton berichtete, daß sich die Szene nun scheinbar in entgegengesetzter Richtung wie zu Beginn des Versuchs bewegte.

Offenbar kann man spezifische Zusammenhänge zwischen Eigenbewegung und Richtungsänderung von Objekten erlernen – und mit ihnen den Eindruck von Bewegung beziehungsweise die Ortskonstanz „eichen" oder auch „umeichen". Das heißt aber nicht unbedingt, daß diese Zusammenhänge in jedem Fall erlernt werden müssen. Man weiß, daß die Fähigkeit zur Ortskonstanz bei einigen Tieren angeboren ist. So hat man bei einem Experiment den Kopf einer Fliege chirurgisch um 180 Grad gedreht und in dieser Position fixiert. Dadurch mußte sich das Bild einer ruhenden Bewegung durch Eigenbewegungen in die falsche Richtung verschieben – ähnlich wie bei Strattons Versuch. Was die Fliege dabei wahrnahm, zeigte ein einfaches und

Verhalten bezeichnet man als *optomotorische Reaktion*. (Werden – wie beim Menschen – nur die Augen bewegt, so spricht man von *optokinetischer Reaktion*.) Eine normale Fliege zeigte bei stillstehender Trommel keine optomotorische Reaktion; wenn sie sich auf der Plattform bewegte, verschob sich zwar das Bild der Streifen in ihren Facettenaugen, aber das nahm sie offenbar aufgrund von Ortskonstanz nicht als Bewegung der Trommel wahr. Nachdem ihr Kopf jedoch in der neuen Position fixiert war, setzte die Fliege eine zufällig begonnene Bewegung immer weiter fort, weil der Konstanzmechanismus ausblieb. Da normale Fliegen auch unmittelbar nach dem Schlüpfen in der ruhenden Trommel keine optomotorische Reaktion zeigen, wenn sie darin herumkrabbeln, kann man davon ausgehen, daß sie ihre Umwelt ungeachtet der Eigenbewegung als ruhend wahrnehmen. Offenbar ist diese Ortskonstanz genetisch festgelegt.

Experiment zur Ortskonstanz bei einer Fliege. A) Auf der Plattform einer ruhenden Trommel zeigt eine flugunfähige Fliege keine optomotorische Reaktion, wenn sie sich durch Zufall relativ zum Streifenmuster der Innenwände bewegt. B) Rotiert die Trommel, so folgt sie der Drehung, um die Verschiebung des Musters auszugleichen. C) Diese optomotorische Reaktion wird bei einer Fliege mit verdrehtem Kopf auch in der ruhenden Trommel ausgelöst; eine zufällige Eigenbewegung wird jetzt immer weiter fortgesetzt.

153

Relativbewegungen

Normalerweise bewegt sich ein Objekt nicht nur relativ zum Beobachter, sondern auch relativ zu allen übrigen Gegenständen seiner Umgebung. Das kann unsere Wahrnehmung von Bewegungen auf verschiedene Weise beeinflussen.

Induzierte Bewegung. Wenn der Mond scheinbar durch die Wolken wandert, ändert sich nicht seine Position im Blickfeld des Betrachters, sondern was sich absolut gesehen verschiebt, sind natürlich die Wolken. Würde die Wahrnehmung nur Bewegungen in bezug auf unsere Blickrichtung interpretieren, so müßten wir den Mond als ruhend und die Wolken wirklichkeitsgetreu als bewegt wahrnehmen. Tatsächlich haben jedoch auch die Relativbewegungen zwischen Objekt und Hintergrund entscheidenden Einfluß: Sie können einen Eindruck von Bewegung *induzieren*. Warum nehmen wir durch die Relativbewegung nicht umgekehrt verstärkt eine Bewegung der Wolken wahr? Schließlich ist der Mond ja ein fester Bezugspunkt, an dem wir diese Bewegung messen könnten.

Langsame Bewegungen, oder genauer: geringe Richtungsänderungen, innerhalb unseres Gesichtsfeldes können wir nur schwer direkt feststellen. Das gilt insbesondere für die Verschiebungen einer relativ langsam driftenden Wolkendecke. Dagegen können wir Veränderungen von Abständen recht gut wahrnehmen. Das läßt sich bei folgendem Experiment leicht beobachten: In einem dunklen Raum kann man langsame Bewegungen eines leuchtenden Punktes nicht wahrnehmen, solange seine Geschwindigkeit unter einer bestimmten Schwelle liegt. Kommt jedoch ein zweiter, ruhender Punkt ins Blickfeld, wird sofort eine Bewegung erkennbar: Wir reagieren offenbar sehr empfindlich auf Abstandsänderungen. Allerdings können wir nicht beurteilen, welcher Punkt sich bewegt — bei solchen Versuchen wird die Bewegung beiden Punkten gleich häufig zugeschrieben. Wir nehmen nur die Abstandsänderung wahr.

Aufgrund der Relativbewegung von Mond und Wolken müßten wir demnach einmal dem Mond und einmal den Wolken Bewegung zuschreiben. Weshalb erscheint gleichwohl *immer* der Mond bewegt? Hier ist noch ein weiteres Prinzip der induzierten Bewegungen zu berücksichtigen: Meist wird das größere Objekt oder eine Struktur, die ein kleineres Objekt umgibt, als ruhend wahrgenommen. Offenbar dient diese Struktur als statisches Bezugssystem, um die Bewegung der kleineren Objekte relativ zu diesem System zu bestimmen. Das läßt sich experimentell leicht nachweisen, indem man bei dem oben erwähnten Versuch den bewegten Punkt durch ein Rechteck ersetzt, das den ruhenden Punkt

Induzierte Eigenbewegung. Manchmal erweckt ein anfahrender Zug auf dem Nachbargleis (in Pfeilrichtung) den Eindruck, als würde sich der eigene Zug in Bewegung setzen. Wir neigen dann dazu, unsere bewegte Umgebung als ruhendes Bezugssystem zu interpretieren.

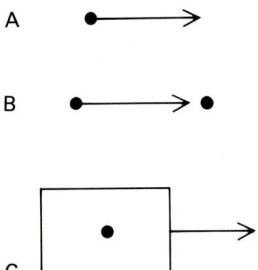

Induzierte Bewegung bei Objekten. A) Verschiebt sich ein Punkt sehr langsam vor einem homogenen Hintergrund, so nehmen wir unterhalb einer gewissen Geschwindigkeitsschwelle keine Bewegung wahr. B) Die gleiche Verschiebung wird sichtbar, wenn ein ruhender Punkt im Blickfeld ist; sie kann aber nicht eindeutig einem der beiden Punkte zugeordnet werden. C) Ein bewegter Rahmen läßt immer das ruhende Objekt als bewegt erscheinen.

umschließt. Jetzt wird die Bewegung nur noch dem Punkt zugeschrieben.

Warum das so ist, darüber sind sich die Wahrnehmungsforscher nicht völlig einig. Karl Duncker, der die induzierte Bewegung 1930 aus der Sicht der Gestaltpsychologie untersucht hat, war der Meinung, das größere oder einschließende Objekt werde als Repräsentant der gesamten visuellen Welt gewertet und deshalb genauso wahrgenommen wie diese Welt selbst: stabil und ruhend. Man könnte darin eine grundsätzliche Annahme des Wahrnehmungsapparates vermuten.

Diese Erklärung für die scheinbare Bewegung des Mondes kann auch auf andere Situationen angewendet werden. Wenn sich irgendein Objekt vor einem ruhenden Hintergrund verschiebt, dann können wir sagen, daß die wahrgenommene Bewegung überbestimmt ist; das heißt, sie wird durch mehr als einen Faktor eindeutig festgelegt. Bei einem Objekt nehmen wir Ortsveränderungen, die rasch genug erfolgen, auch dann noch wahr, wenn wir nichts anderes als Bezugspunkt im Blick haben. Unabhängig davon lassen sich Abstandsänderungen vor einem Hintergrund feststellen, insbesondere auch bei sehr niedrigen Geschwindigkeiten. Normalerweise bestimmen anscheinend zwei völlig unabhängige Faktoren unsere Wahrnehmung von Bewegung.

Induzierte Eigenbewegung. Manchmal haben wir den Eindruck, daß wir uns fortbewegen, obwohl wir ruhen − etwa wenn wir in einem haltenden Zug sitzen und am Nachbargleis ein Zug anfährt. Ähnliches kann uns beim Autofahren passieren, wenn wir vor einer Ampel halten und ein Auto neben uns langsam zurückrollt; wir treten dann mitunter unwillkürlich auf die Bremse. Auch wenn wir von einer Mole oder einem ankernden Boot in eine Strömung blicken, kann das eine Eigenbewegung induzieren.

Besonders eindrucksvoll konnte man das vor einigen Jahren manchmal auf Jahrmärkten in einer Art Geisterschaukel erleben: Man sitzt dabei auf einer drehbar aufgehängten Bank,

die in immer größeren Bögen ausschwingt, bis sie den Punkt erreicht, an dem sie überschlagen müßte. Aber niemand fällt herunter, denn die Schaukel schwingt nur leicht; was sich auf den Kopf stellt, ist der Raum, den man fälschlich als ruhend empfindet. Es ist verblüffend, wie stark die induzierte Bewegung über Schwere- oder Orientierungssinn dominiert, die ja eindeutig signalisieren, daß wir keinen Kopfstand machen.

Entscheidend ist hier zweifellos die relative Lageänderung. Solange wir die Bewegungen nicht genau überblicken, wie es etwa beim Gehen für uns selbstverständlich ist, bleiben Verschiebungen des Netzhautbildes der Umgebung doppeldeutig. Bewegt sich ein Objekt, das nahezu das gesamte Gesichtsfeld ausfüllt, dann nehmen wir unsere Umgebung nicht anders wahr, als wären wir selbst in Bewegung − jedenfalls solange es keinen ruhenden Bezugspunkt gibt.

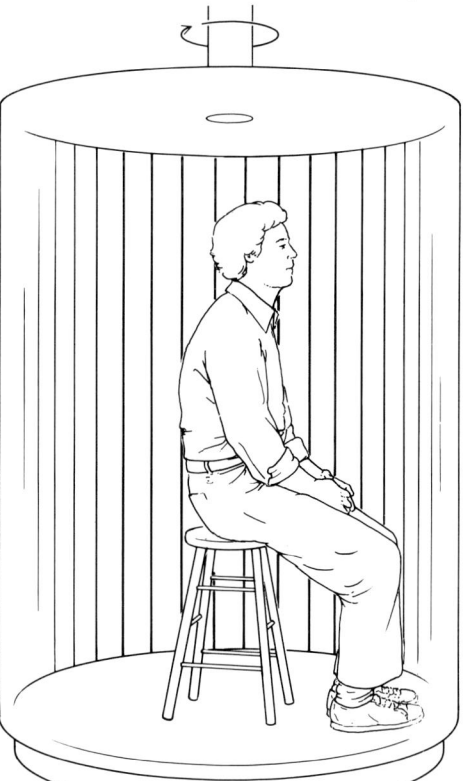

Versuchsanordnung zur induzierten Eigenbewegung.

155

Im Labor induziert man Eigenbewegung, indem man die Versuchsperson auf einer festen Plattform in einer rotierenden Trommel sitzen läßt. Die Wände sind mit senkrechten Streifen versehen, um die Bewegung deutlich zu machen, und Fußboden und Decke sind im Idealfall für die Versuchsperson nicht einsehbar. Wie kann man im Inneren der Trommel dann feststellen, was sich bewegt?

Außer der doppeldeutigen visuellen Information gibt es noch weitere Anhaltspunkte für Richtung und Geschwindigkeit einer Bewegung. Beispielsweise reagiert der Vestibularapparat des Innenohrs auf Änderungen der Geschwindigkeit und plötzliche Richtungsänderungen. Solange der Gleichgewichts- und Lagesinn keine Signale übermitteln, ist die Situation für den Beobachter in der Trommel doppeldeutig: Er kann ruhen oder gleichmäßig rotieren. Wenn das Sehsystem die Trommelinnenwand, das heißt die sichtbare Umgebung, als ruhend annimmt, müßten die Verschiebungen der Streifen als eigene Drehbewegung empfunden werden.

Tatsächlich stellt sich diese Interpretation meist erst nach einer kurzen Zeit ein. Zunächst scheint sich die Trommel zu drehen, wobei sich diese Bewegung allmählich verlangsamt, während man sich selbst zu drehen beginnt und dabei scheinbar immer schneller wird. Schließlich glaubt man, die Trommel ruhe und man selbst rotiere mit konstanter Geschwindigkeit. Der Gesichtssinn dominiert hier auf ähnliche Weise über Orientierungs- und Bewegungssinn, wie wir es bereits beim Tastsinn gesehen hatten: Andere Sinneseindrücke werden an die visuelle Wahrnehmung angepaßt. Die induzierte Eigenbewegung kommt offenbar genauso zustande wie die induzierte Bewegung anderer Objekte: durch Abstandsänderungen und die Annahme einer ruhenden Umgebung.

Besteht ein Zusammenhang zwischen der induzierten Eigenbewegung und der optomotorischen Reaktion, die ja beide durch eine rotierende Trommel entstehen? Ein Tier bewegt sich in die Richtung, in die sich die Trommel dreht; eine Versuchsperson bewegt sich zwar nicht selbst, aber mit den Augen folgt sie den Streifen — jedenfalls solange man sie nicht ausdrücklich darauf hinweist, einen festen Punkt zu fixieren. Dabei wird ein Streifen jeweils so lange verfolgt, bis er aus dem Gesichtsfeld verschwindet; in diesem Moment springen die Augen zurück, um den nächsten Streifen anzuvisieren. Man spricht hier von einer langsamen und schnellen Phase des *optokinetischen Nystagmus*. In diesen Augenbewegungen wird manchmal ein Gegenstück zur optomotorischen Reaktion von Tieren vermutet.

Beide Reaktionen werden im allgemeinen als eine Art Reflex gedeutet, der das Netzhautbild stabilisiert. Ohne diese Reaktionen könnten bewegte Objekte nur schwer scharf gesehen werden. Ganz analog wirkt ein anderer Reflex: Wenn wir den Kopf drehen, schwenken die Augen automatisch in die Gegenrichtung (und das gilt insbesondere auch bei geschlossenen Augen). Durch diese Kompensationsbewegungen können wir ein Objekt auch dann mühelos fixieren, wenn wir uns bewegen.

Falls die optomotorische Reaktion nur eine reflexartige Verhaltensweise ist, um das Netzhautbild zu stabilisieren, so sollte es keinen Zusammenhang zur induzierten Eigenbewegung geben. Diese Reaktion ließe

sondern auf die Verschiebung des Streifenmusters, verdeckten wir zunächst das Muster. Unter diesen Bedingungen ließ sich der Fisch von der Strömung tragen. Sobald das Streifenmuster wieder sichtbar wurde, schwamm

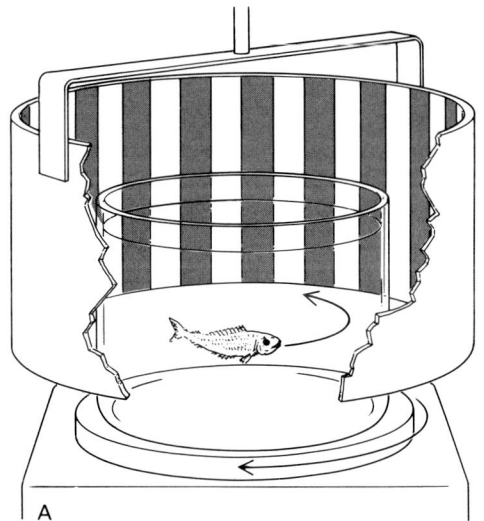
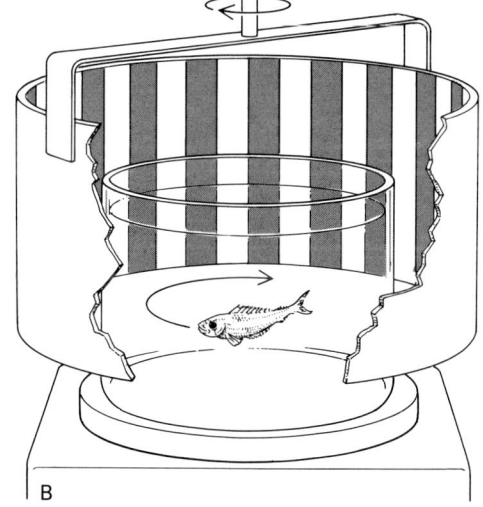

Optomotorische Reaktion bei einem Fisch. A) Im rotierenden Aquarium innerhalb einer ruhenden Trommel schwimmt der Fisch gegen den Strom. B) Dreht sich nur die Trommel, so versucht der Fisch, immer vor demselben Streifen zu bleiben.

sich jedoch auch anders interpretieren: Angenommen, ein Fisch ist in eine Strömung geraten, die ihn flußabwärts trägt; häufig wird er dagegen anschwimmen, um seine Position beizubehalten. Sobald die Strömung den Fisch erfaßt, müßte er etwas Ähnliches sehen wie die Versuchsperson in der rotierenden Trommel: Die Umwelt – Flußufer oder Grund – verschiebt sich. Wenn nun eine induzierte Eigenbewegung den Fisch veranlaßt, gegen die Strömung zu schwimmen, um die unbeabsichtigte Positionsänderung auszugleichen, dann sollte er im Prinzip auch ohne Strömung auf ein bewegtes Flußufer reagieren.

Deborah Smith und ich haben das experimentell getestet, indem wir einen Fisch mitsamt seinem zylindrischen Aquarium in eine Trommel mit senkrechten Streifen setzten. Es war bis auf eine kleine Beobachtungsöffnung abgedeckt. Zunächst ließen wir nur das Aquarium rotieren, so daß eine Strömung entstand. Da wir vermuteten, daß der Fisch nicht unmittelbar auf die Strömung reagiert,

er jedoch kräftig gegen die Strömung an, um seine Position zu behaupten.

In einem Kontrollexperiment ließen wir das Aquarium ruhen und die Trommel rotieren. Jetzt schwamm der Fisch in Drehrichtung, um mit der Trommel Schritt zu halten, obwohl er keine rotationsbedingte Strömung spürte. Dieser Versuch ist ein geradezu klassisches Beispiel für eine optomotorische Reaktion, was man jedoch nicht für das Verhalten im rotierenden Gefäß sagen kann, auch wenn beide Versuche verhaltenspsychologisch auf dasselbe hinauslaufen: Sichtbare Veränderungen in einer (bewegten) Szenerie induzieren einen Eindruck von Eigenbewegung in einer scheinbar ruhenden Umgebung. Bei dem Fisch löst dieser Eindruck Schwimmbewegungen aus, um unerwünschte Positionsänderungen auszugleichen. Ein Mensch reagiert auf die durch eine rotierende Trommel induzierte Eigenbewegung freilich nicht mit Gegenbewegungen. (Vielleicht würden wir in einer natürlichen Situation, etwa beim Schwimmen in einem Fluß, ebenfalls versu-

157

chen, die unfreiwillige Bewegung zu kompensieren. Die optokinetische Reaktion zielt zweifellos darauf ab, das Netzhautbild zu stabilisieren; sie hat jedoch nichts mit der induzierten Bewegung zu tun. Sie tritt ja beim Betrachter in beiden Fällen auf, ob er nun die Trommel oder sich selbst als bewegt wahrnimmt.

Wenn wir die optomotorische Reaktion bei Fischen richtig interpretiert haben, dann dürfte die induzierte Bewegung bei Tieren eine viel wichtigere Rolle spielen als bisher vermutet. Daß sie auch dann vorliegen kann, wenn sich ein Beobachter tatsächlich bewegt, sollte nicht verwirren. Der Fisch im rotierenden Aquarium befindet sich in der gleichen Wahrnehmungssituation, mit der man normalerweise induzierte Bewegung beschreibt: Veränderungen der Umgebung lösen beim (ruhenden) Beobachter den Eindruck einer Eigenbewegung aus. So gesehen gibt es im täglichen Leben viele Beispiele für induzierte Bewegung. Wenn wir in einem Zug oder Auto mit gleichmäßiger Geschwindigkeit fahren, wird uns das immer wieder bewußt. Sobald wir die Augen schließen, reicht die Vibration als einziger Hinweis zur eigenen Orientierung dann oft nicht mehr aus. Bisweilen scheint bei Nachtfahrten auch ein einzelnes Licht auf uns zuzukommen, bis wir uns klarmachen, daß wir ja darauf zufahren. Sobald wir die Umgebung vollständig überblicken, nehmen wir unsere eigenen Bewegungen wahr. Entscheidend ist dabei der gleiche Faktor, der uns im haltenden Zug Eigenbewegung suggeriert: Veränderungen einer Umgebung, die wir als ruhendes Bezugssystem interpretieren — mit all den Konsequenzen, die wir inzwischen aufgezeigt haben. Das ist ein überaus wichtiger Punkt.

Täuschungen über die Bewegungsrichtung

Relativbewegungen und Bezugssystem spielen noch in anderer Hinsicht eine wichtige Rolle. Angenommen, wir verfolgen die Verschiebungen eines Reflektors an einem Fahrrad. Beim Abrollen des Rades bewegt er sich auf einer Kurve, die die Mathematiker als Zykloide bezeichnen. Sie ist in der Photographie und der Zeichnung auf der rechten Seite gut zu erkennen.

Diese Kurve kommt durch zwei Bewegungskomponenten zustande: Der Reflektor rotiert um die Achse des abrollenden Rades und bewegt sich gleichzeitig geradlinig in Fahrtrichtung nach vorn. Wenn wir die Augen ruhig halten, verschiebt sich auch das Netzhautbild des Reflektors längs einer Zykloiden. Wenn wir diese Kurve gelegentlich bei Dunkelheit wahrnehmen, so ist das keine Täuschung, auch wenn wir bei Tageslicht nichts davon bemerken. Egal, was für Räder wir im Einzelfall betrachten, wir nehmen keine Zykloide wahr, sondern alle Teile des Rades scheinen um eine Achse zu rotieren, während es sich als Ganzes geradlinig vorwärts bewegt.

Bevor wir diese Wahrnehmung genauer untersuchen, wollen wir ein ähnliches, aber wesentlich einfacheres Beispiel betrachten. Nehmen wir an, ein Lichtfleck bewegt sich in einem dunklen Raum auf einer schrägen Linie hin und her, dann läßt sich diese Bewegung mühelos erkennen. Fügen wir nun ein leuchtendes Rechteck hinzu, das den Lichtpunkt einschließt und sich im gleichen Takt in waagerechter Richtung nach rechts und links verschiebt. Wenn beide synchron sind, also die Umkehrpunkte gleichzeitig erreichen, nehmen wir die Bewegung des Lichtflecks völlig anders wahr: als ein Auf und Ab. Allenfalls bemerken wir vielleicht noch, daß der Fleck zu dem Rechteck gehört und sich mit ihm zusätzlich in horizontaler Richtung bewegt.

Der Reflektor im Speichenkranz eines Fahrrades beschreibt eine Zykloide, die auf dem Photo mit langer Belichtungszeit gut zu erkennen ist. Sie entsteht durch die Überlagerung von Kreis- und geradliniger Bewegung, wie die Zeichnung verdeutlicht.

Ein Lichtpunkt, der sich auf einer schrägen Linie vor einem homogenen Hintergrund hin und her bewegt, wird wirklichkeitsgetreu wahrgenommen. Derselbe Lichtpunkt scheint sich vor dem Hintergrund eines Rechtecks jedoch auf und ab zu verschieben, wenn sich das Rechteck synchron in waagerechter Richtung mitbewegt.

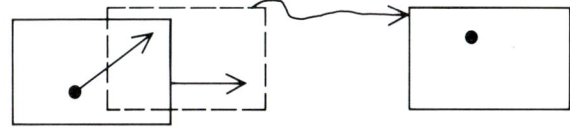

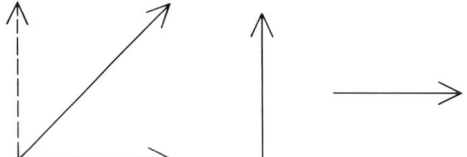

Eine Bewegung läßt sich in Komponenten zerlegen, die hier durch einen senkrechten und einen waagerechten Vektor dargestellt sind.

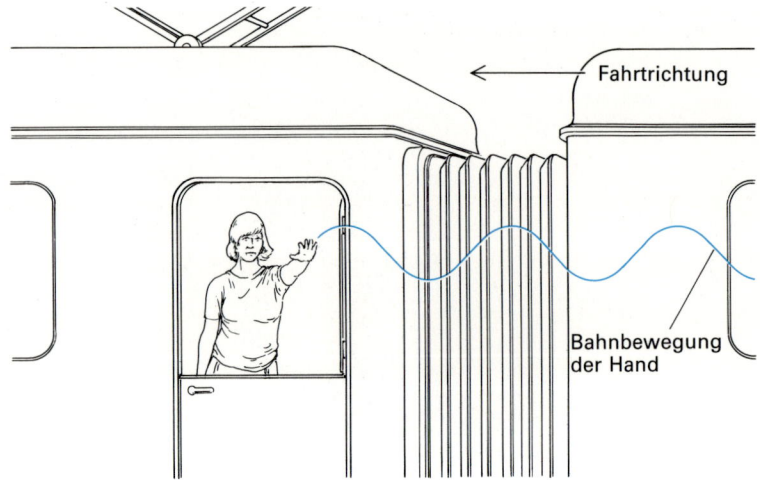

Fahrtrichtung

Bahnbewegung
der Hand

Johansson hat eine solche Aufspaltung auch bei einem Versuch feststellen können, in dem kein ruhendes Bezugssystem zu sehen war: Ein Lichtpunkt bewegt sich auf und ab (A in der unteren Abbildung links auf dieser Seite), während ein zweiter Lichtpunkt B im gleichen Takt auf einer Kreisbahn umläuft; beide Punkte sind bei diesem Experiment synchronisiert, so daß sie den höchsten und tiefsten Punkt ihrer Bahn zur selben Zeit erreichen. Solange B allein im Blickfeld ist, wird seine Kreisbewegung wirklichkeitsgetreu wahrgenommen; werden beide Punkte gleichzeitig betrachtet, so scheint sich B nicht mehr im Kreis, sondern in der Waagerechten zu bewegen, während beide Punkte synchron auf und ab steigen.

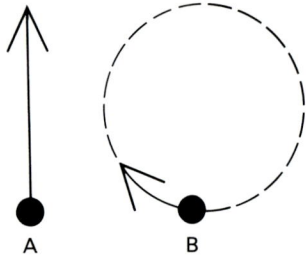

Die winkende Hand beschreibt annähernd eine Sinuskurve; man nimmt jedoch eine Auf- und Abbewegung wahr.

A   B

Ein Punkt B, der sich auf einer Kreisbahn bewegt, wird nicht mehr wirklichkeitsgetreu wahrgenommen, wenn sich gleichzeitig ein Punkt A synchron auf und ab bewegt. Jetzt scheint B sich in der Waagerechten zu verschieben, während er an der senkrechten Bewegung der gesamten Szene teilnimmt.

Anscheinend wird eine Bewegung unter bestimmten Bedingungen in Komponenten aufgespalten, wie es Duncker oder auch Gunnar Johansson vermutet haben. Das läßt sich auch an einem Beispiel aus dem Alltag verdeutlichen: Wenn jemand aus einem fahrenden Zug winkt, scheint sich die Hand auf und ab zu bewegen, obwohl sie tatsächlich eine Wellenlinie beschreibt. Gleichwohl ist es keine Täuschung, wenn wir eine Handbewegung in der Senkrechten wahrnehmen, denn relativ zum Zug handelt es sich wirklich um ein Auf und Ab.

Wir haben es hier mit widersprüchlichen Bezugssystemen zu tun: Relativ zum Beobachter bewegen sich Hand und Lichtfleck auf einer anderen Kurve als in bezug auf den bewegten Zug beziehungsweise das Rechteck. Unsere Wahrnehmung scheint sich an diesen bewegten Bezugssystemen zu orientieren und konsequent auch deren Bewegung als zweite Komponente zu erfassen: Wir sehen Hand und Lichtpunkt auch als Teil der waagerechten Verschiebung der Bezugssysteme, denen wir sie zuordnen. Senkrechte und waagerechte Bewegungskomponente zusammen entsprechen gerade der Bahnkurve, die sich relativ zum Beobachter ergibt.

Die Erklärung für diese Aufspaltung in Komponenten ist noch offen. Eine Deutung besagt, daß die Relativbewegung für unsere Wahrnehmung entscheidend ist − und B verschiebt sich relativ zu A ja tatsächlich längs der Waagerechten. Das synchrone Auf und Ab der Punkte bemerken wir in zweiter Linie. Eine andere Erklärungsmöglichkeit wäre ein Gruppierungsprinzip, das wir bereits als *gemeinsames Schicksal* oder *gemeinsame Bewegung* erläutert haben: Objekte, die sich mit gleicher Geschwindigkeit in dieselbe Richtung bewegen, nehmen wir als zusammengehörig wahr. Demnach könnten wir auch die beiden Punkte als Gruppe empfinden, so daß ihr gemeinsames Auf und Ab zum Bezugsrahmen wird; relativ dazu brauchen wir dann nur noch die waagerechte Komponente des Punktes B zu registrieren.

Schauen wir uns nun noch einmal das Beispiel des Reflektors im Speichenkranz des Rades an: Die zykloidische Bahnkurve wird nicht wahrgenommen, es sei denn, der übrige Teil des Fahrrades bleibt bei Dunkelheit nahezu unsichtbar. Sobald weitere Punkte oder Strukturen des Rades zu erkennen sind, wird die gemeinsame Drehbewegung zum Bezugssystem: Man sieht den Reflektor um eine Achse rotieren, wobei er als Teil des Fahrrades auch in die geradlinige Bewegung integriert erscheint: Wir nehmen wieder zwei Komponenten wahr.

All diese Beispiele zur Richtungstäuschung und zur induzierten Bewegung lassen vermuten, daß Relativbewegungen bei der Wahrnehmung eine ganz entscheidende Rolle spielen. Unter bestimmten Bedingungen wird ein Objekt zum Bezugspunkt oder -system; dadurch werden Relativbewegungen automatisch den anderen Objekten zugeschrieben. Sieht man das Bezugssystem als bewegt an, so spaltet die Wahrnehmung die Verschiebungen anderer Objekte in zwei Komponenten auf – eine, die der Bewegung des Bezugssystems entspricht, und eine Restkomponente. Schließlich kann sich ein Betrachter über seine Eigenbewegung täuschen, wenn er eine Umgebung fälschlich als ruhendes Bezugssystem interpretiert.

Eine Richtungstäuschung, die sich von allen bisher besprochenen unterscheidet, kann man bei einer rotierenden Schraube oder Schneckenwindung beobachten. Ein Beispiel dafür sind die bunten Streifen auf dem Barber Pole, wie man ihn als Leuchtreklame in England und gelegentlich in den USA an Friseurläden findet. Man meint, die Streifen würden nach oben (oder unten) wandern, obwohl jeder Punkt der Säule um die Zylinderachse rotiert und sich daher waagerecht verschiebt. Um diese Bewegung wirklichkeitsgetreu wahrzunehmen, müßten wir irgendeinen Punkt des Zylinders markieren. Ansonsten fehlt ein eindeutiger Hinweis, was für eine Bewegung hier abläuft, und wir unterstellen, daß wir dieselben Konturen für eine gewisse Zeit verfolgen. Tatsächlich sehen wir ständig neue Konturen ins Bild kommen, während sich die Säule dreht. Die halben Windungen, die auf dem linken Photo auf dieser Seite zu sehen sind, liegen bei dem rechten sozusagen schon wieder auf der Rückseite. Für identische Konturen würde die gleiche Veränderung eine Abwärtsbewegung anzeigen.

Bei dieser Richtungstäuschung zeigt sich eine Tendenz, Punkten innerhalb von Konturen keinerlei eigene Bewegung zuzuschreiben, solange ein eindeutiger Hinweis dafür fehlt. Wir gehen daher nicht davon aus, daß Teile einer Kontur aus unserem Blickfeld ver-

Die farbigen Windungen auf dieser rotierenden Leuchtsäule (Barber Pole) scheinen sich in der Vertikalen zu verschieben, obwohl jeder Punkt des Zylinders in derselben waagerechten Ebene bleibt.

schwinden oder einzelne Punkte wandern oder durch andere ersetzt werden. Deshalb erscheinen bewegte Konturen oft fälschlich als ruhend, was wiederum zu weiteren Täuschungen führen kann. Ein Beispiel dafür ist der stereokinetische Effekt, den exzentrische Kreise auf einer rotierenden Scheibe hervorrufen (dieses Muster ist auf Seite 58 abgebildet). Solange wir unterstellen, daß die Punkte einer Kreislinie nicht rotieren, scheinen sie sich senkrecht zur Kreislinie zu verschieben. Die wechselnden Abstände der Kreise brauchen aber eine Erklärung, und hier bietet sich die Tiefenwahrnehmung als einfache Lösung an. Deshalb scheint sich eine rotierende Spirale auch auszudehnen oder – bei entgegengesetztem Drehsinn – zusammenzuziehen. Wir nehmen solche Drehungen bei Kreisen oder gekrümmten Linien oft ganz einfach nicht wahr.

Bewegungstäuschung. Eine Serie von Einzelbildern wie diese Aufnahmen von Eadweard Muybridge können Bewegung vortäuschen, wenn man sie schnell nacheinander betrachtet. Dieser Effekt wird bei Film und Fernsehen genutzt.

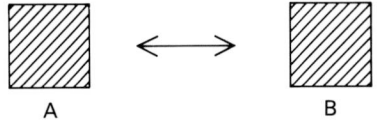

A ⟷ B

Ein typisches Beispiel für Scheinbewegungen bei Experimenten. Die Quadrate A und B werden kurz nacheinander auf die Projektionsfläche „geblitzt''. Man nimmt dann ein Quadrat wahr, das sich hin und her bewegt.

Scheinbewegungen

Die meisten Leute wissen, daß Bewegungen in Film oder Fernsehen eine Illusion sind, die durch die schnelle Abfolge statischer Bilder erzeugt wird. Viele führen diesen Eindruck darauf zurück, daß auch nach dem Verschwinden eines Netzhautbildes Signale zum Gehirn übermittelt werden, so daß die zeitliche Lücke zwischen den Einzelbildern ausgefüllt ist. Damit kann man zwar begründen, warum wir die Einzelbilder verschmelzen und kein Flackern wahrnehmen, aber unseren Eindruck von Bewegung erklärt das nicht.

Die Wahrnehmungsforscher sind mit ihren Erklärungsversuchen bislang noch nicht viel weiter gekommen. Im Laboratorium erzeugt man solche *Scheinbewegungen* (die auch *stroboskopische Bewegung* oder *Phi-Phänomen* genannt werden) in möglichst einfachen Formen: Ein Objekt oder eine Linie wird kurz nacheinander auf benachbarte Bereiche einer Leinwand projiziert. Wenn Zeitdifferenz und räumlicher Abstand „stimmen" – etwa bei den Quadraten A und B in der Abbildung auf der linken Seite –, entsteht beim Beobachter der Eindruck eines bewegten Objektes. Gewöhnlich werden beide Bilder mehrfach im Wechsel projiziert, so daß der Betrachter eine Hin- und Herbewegung wahrnimmt. Wenn wir wissen, wie dieser Eindruck zustande kommt, haben wir damit wohl auch den Schlüssel, um die Wahrnehmung von Bewegungen ganz allgemein zu verstehen.

Ein Erklärungsansatz betrachtet Scheinbewegungen als Sonderfall von Bewegung schlechthin und führt deren Wahrnehmung auf die Signale von Bewegungsdetektoren im Nervensystem zurück. Wenn nun Detektor-Neuronen speziell auf eine schnelle Folge von Reizen reagieren, die auf benachbarte Netzhautregionen einwirken, dann könnten vielleicht auch stroboskopische Reizfolgen auf weiter entfernten Bereichen ein verstärktes „Feuern" von Bewegungsdetektoren auslösen.

Horace Barlow und William Levick haben eine solche Reaktion bei Kaninchen nachgewiesen: Wenn benachbarte, aber nicht unmittelbar nebeneinanderliegende Bereiche der Kaninchennetzhaut kurz nacheinander gereizt werden, löst das eine spezifische Antwort der Neuronen im Sehsystem aus.

Diese sinnesphysiologische Erklärung mag für Stroboskopeffekte bei Tieren wie Fischen zutreffen, aber für uns selbst läßt sie sich wohl kaum anwenden. Wir können Scheinbewegungen auch bei großen Winkeln zwischen einzelnen Bildern wahrnehmen, aber ein gemeinsamer Bewegungsdetektor ist bei weit auseinanderliegenden Netzhautbereichen offensichtlich unwahrscheinlich. Wir haben sogar dann noch den Eindruck von Bewegung, wenn die beiden Bilder am linken und rechten Rand unseres Gesichtsfeldes liegen und wir

einen Punkt in der Mitte fixieren. Unter diesen Bedingungen wird jedes Bild auf eine andere Gehirnhälfte projiziert, wie man aus der Abbildung auf Seite 6 entnehmen kann. Die einzige direkte Verbindung zwischen den Gehirnhälften bildet dabei das sogenannte Corpus callosum.

Die Hypothese von solchen Detektormechanismen setzt zudem implizit voraus, daß sich echte und scheinbare Bewegung nur im Abstand der einzelnen Netzhautbilder unterscheiden. Aber diese Annahme könnte falsch sein. Bei Versuchen sind die Bilder A und B räumlich voneinander getrennt, während ein bewegtes Objekt kontinuierlich benachbarte Raumpunkte durchläuft. Wenn wir einem solchen Gegenstand mit den Augen folgen, sehen wir ihn bewegt, obwohl das Netzhautbild an derselben Stelle bleibt; und Entsprechendes läßt sich auch bei Scheinbewegungen nachweisen. Sheldon Ebenholtz und ich haben dazu vor einigen Jahren ein Experiment gemacht, bei dem die Versuchspersonen ihre Augenbewegungen mit dem Aufblitzen zweier Bilder A und B synchronisieren sollten. Die Bilder wurden also nacheinander fixiert und folglich beide auf die Fovea projiziert. Trotzdem nahmen die Versuchspersonen eine Bewegung wahr. Offenbar kann also ein und dieselbe Stelle der Netzhaut zwei verschiedene Orte unserer Umwelt repräsentieren, weil die unterschiedliche Position der Augen berücksichtigt wird. Das ist bei diesem Experiment wohl kaum anders, als wenn wir einem bewegten Objekt mit den Augen folgen.

Dieser Befund legt einen Deduktionsvorgang nahe, bei dem die Scheinbewegung ein Wahrnehmungsproblem löst: Warum verschwindet ein Objekt A, während an anderer Stelle ein gleiches — oder nahezu gleiches — Objekt B plötzlich auftaucht. Dieser Wechsel kommt einer echten Bewegung sehr nahe, besonders dann, wenn er rasch erfolgt. Der Eindruck, den ein sehr schnell hin und her bewegter Finger erzeugt, unterscheidet sich nicht allzusehr von den Scheinbewegungen des Versuchs, wenngleich der Finger auch zwischen den Umkehrpunkten ständig sichtbar bleibt. Lloyd Kaufman und seine Mitarbeiter haben jedoch nachgewiesen, daß es bei der Wahrnehmung solcher Bewegungen auf die Endpunkte ankommt; die Positionen dazwischen werden nur unscharf gesehen. Wenn man nämlich die Umkehrpunkte abdeckt, in denen der Finger für einen kurzen Augenblick stillsteht, wird im Bereich dazwischen keine Bewegung wahrgenommen. Sind dagegen nur die Umkehrpunkte sichtbar — und der Zwischenbereich verdeckt —, so erkennt man eine Bewegung. Dieser Fall entspricht aber gerade den Voraussetzungen bei einer Scheinbewegung.

Demnach sind sich echte und scheinbare Bewegung sehr ähnlich, zumindest bei hoher Geschwindigkeit, auch wenn sie nicht völlig identisch sind. Das beantwortet zugleich die Frage, warum wir Scheinbewegungen überhaupt wahrnehmen, obwohl sie in unserer natürlichen Umwelt (auch in der von Tieren) praktisch nicht auftreten. Wenn diese Fähigkeit keinen Vorteil bringt, warum sollte sie sich dann im Laufe der Evolution entwickelt haben? Kaufmans Befunde lassen vermuten, daß die Fähigkeit, schnelle Objekte wahrzunehmen, für das Überleben das Primäre ist; aber unter den gleichen Bedingungen erkennen wir auch Scheinbewegungen.

Damit zwei nacheinander an verschiedenen Stellen auftauchende Bilder A und B eine Bewegung suggerieren, darf der zeitliche Abstand weder zu kurz noch zu lang werden — eine altbekannte Tatsache, für die man lange keinen Grund angeben konnte. Ein Deduktionsvorgang könnte das erklären: Bei zu kurzem Zeitintervall sehen wir beide Bilder gleichzeitig, woraus das Wahrnehmungssystem kaum den Schluß ziehen kann, daß sich A nach B bewegt. Ein zu langes Intervall müßte als sehr langsame Bewegung von A nach B interpretiert werden, bei der sich das Bild des Objektes freilich nicht mehr verwischen oder gar verschwinden dürfte. Anders als bei schnellen Gegenständen kann der Wahrnehmungsapparat hier nicht auf eine Bewegung schließen.

Bislang haben wir einzelne Objekte betrachtet, die sich als Ganzes hin und her bewegten. Viel typischer sind Situationen, in denen sich mehrere Objekte oder Teile davon gleichzeitig bewegen. Wenn wir beispielsweise im Kino eine gehende Frau auf der Leinwand sehen, nehmen wir die Bewegung von Füßen, Armen und des ganzen Körpers wahr. Eine solche Kombination von Bewegungen ist auf der nächsten Seite an einem einfachen Beispiel dargestellt: Eine Gruppe aus drei weißen Kreisen (A) verschiebt sich nach rechts und nimmt dann die Position der drei schwarz markierten Kreise (B) ein. Für die Wahrnehmung stellt sich dann die Frage, welcher A-Kreis sich jeweils in welche B-Position bewegt hat. Man bezeichnet das als *Korrespondenzproblem*.

Nach der sinnesphysiologischen Theorie müßten wir die jeweils am nächsten beieinanderliegenden Punkte als korrespondierend betrachten und eine Bewegung zwischen ihnen wahrnehmen. Als Gruppierungsprinzip haben wir Nachbarschaft schon kennengelernt, und sie spielt auch bei Scheinbewegungen eine tragende Rolle. Damit ließe sich zum Beispiel erklären, warum sich die Räder eines vorwärts fahrenden Wagens im Film bisweilen scheinbar rückwärts drehen. Verfolgen wir dazu eine einzelne Radspeiche, wie die rote in der Abbildung auf der nächsten

Seite; in der Zeit zwischen zwei Einzelauf-
nahmen des Films dreht sie sich mit dem
Rad weiter, sagen wir um 50 Grad; im nächsten Einzelbild ist sie entsprechend verschoben; gleichzeitig ist die nächste, blaue Speiche
um denselben Winkel vorgerückt, und zwar
so weit, daß sie der ursprünglichen Position
der roten jetzt näher ist als die rote Speiche
selbst. Deshalb identifizieren wir die rote
Speiche des ersten Einzelbildes mit der blauen
des zweiten, so daß wir eine Rückwärtsdre-
hung wahrnehmen.

Wenn Nachbarschaft in allen Fällen für die
Korrespondenz ausschlaggebend wäre, müßten wir auch die Verschiebung der drei Kreise
falsch wahrnehmen. Denn der linke schwarze
Kreis ist dem mittleren weißen viel näher als
dem linken und so fort. Für den linken weißen
oder den rechten schwarzen Kreis dürfte sich
keine Korrespondenz ergeben. Jede Erklärung, die wie die sinnesphysiologische Theorie
ausschließlich auf dem Prinzip der Nachbarschaft von Reizen aufbaut, ist blind für die
eigentlichen Zusammenhänge im Netzhautbild. Dagegen legt die Deduktionshypothese
einen völlig anderen Schluß nahe: Da beide
Bilder drei Elemente enthalten, scheint die
einfachste Zuordnung, daß sich die Dreiergruppe als Ganzes von A nach B bewegt hat.
Und normalerweise nehmen wir das auch so
wahr.

Eine eindrucksvolle Korrespondenz entsteht,
wenn die scheinbare Verschiebung gerade
dem Abstand zwischen den Elementen einer
Gruppe entspricht, so daß das erste Element
zum Zeitpunkt der zweiten Aufnahme die
Stelle einnimmt, an der sich zuvor das zweite
befand, und entsprechend die Positionen des
zweiten und dritten Elements (zeitlich versetzt) zusammenfallen. Experimente dieser
Art hat Josef Ternus, ein Schüler Max Wertheimers, vor etwa 60 Jahren gemacht. Wenn
bei dem rechts unten abgebildeten Beispiel
abwechselnd der weiße und schwarze Punkt
wegfallen, kann das zwei verschiedene Wahrnehmungen auslösen: Manche Betrachter
sehen zwei der Punkte im Gegentakt blinken;
aber häufig entsteht auch der Eindruck, so
als ob sich die gesamte Gruppe verschiebt,

Scheinbewegung bei einem Bild aus mehreren
Elementen. Die weißen Kreise kennzeichnen die
Positionen zum Zeitpunkt A, die schwarzen entspre-
chen denselben Elementen zum Zeitpunkt B.

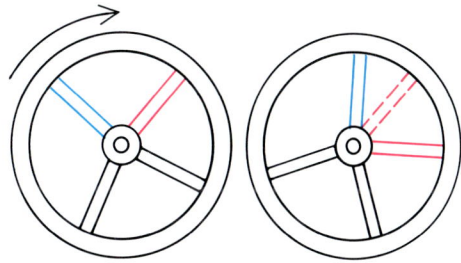

Der Wagenradeffekt. Im Film scheint sich ein Rad oft
rückwärts zu drehen, obwohl der Wagen vorwärts
fährt. Das beruht auf einer falschen Korrespondenz.
Hier wird beispielsweise die rot markierte Speiche
(in der ersten Aufnahme) fälschlich mit der blauen
(in der zweiten, späteren Aufnahme) identifiziert,
weil die vorgerückte blaue Speiche der ursprünglichen
Position der roten Speiche näher liegt als die neue
„rote" Position.

Scheinbewegung einer Gruppe. Wenn zunächst nur
die Elemente 1, 2, 3 und später die Punkte 2, 3, 4
sichtbar sind, nimmt man meist eine Bewegung der
ganzen Dreiergruppe von links nach rechts wahr.

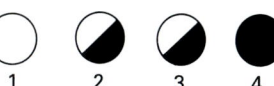

obwohl nur zwei Punkte identisch sind. Für die Wahrnehmung ist offenbar weder Nähe noch Identität für sich genommen entscheidend, sondern die Rolle, die jedes Element innerhalb der Figur übernimmt. Deshalb korrespondieren die Punkte 2 und 3, weil sie jeweils die Mittelposition in der A- und B-Gruppe einnehmen. Ternus hat dafür den Begriff *Identität der Phänomene* geprägt.

Einige Befunde schienen zunächst gegen unsere Deduktionshypothese zu sprechen, lassen sich aber letztlich doch damit in Einklang bringen. Paul Kolers und James Pomerantz haben beispielsweise festgestellt, daß Scheinbewegungen auch bei Bildern mit unterschiedlichen Formen wahrgenommen werden. Wenn A ein Kreis und B ein Dreieck ist, gewinnt der Betrachter den Eindruck, daß der Kreis während der Bewegung seine Form ändert. Hier erzeugen das Verschwinden von A und das Auftauchen von B offenbar eine starke Tendenz zur Bewegungswahrnehmung, der die Formunterschiede untergeordnet werden: Es wird als Lösung eine Formänderung unterstellt.

Abschließend sei noch ein Experiment erwähnt, das die Deduktionshypothese stützt. Ich habe es gemeinsam mit Eric Sigman auf der Basis früherer Befunde von Arnold Stoper durchgeführt. Wir zeigten den Versuchspersonen zwei Lichtpunkte, die abwechselnd verdeckt wurden, und zwar von einem verschiebbaren Rechteck. Solange das Rechteck unsichtbar blieb, entstand der übliche Eindruck einer Scheinbewegung. War es dagegen zu erkennen, nahmen die Versuchspersonen keine Bewegung, sondern wirklichkeitsgetreu die wechselweise verdeckten Punkte wahr. Nach wie vor leuchteten die Punkte jedoch in einem zeitlichen und räumlichen Abstand auf, bei dem Scheinbewegung möglich wäre. Offenbar kommt dieser Eindruck nicht unmittelbar durch den Reiz und seine sinnesphysiologischen Folgereaktionen zustande, sondern erst dann, wenn das Wahrnehmungssystem als Lösung für das Problem plötzlich verschwindender und wieder auftauchender Reize Bewegung unterstellt.

Man kann derzeit wohl begründet annehmen, daß sinnesphysiologische Erklärung und Deduktionshypothese gleichermaßen richtig sind. Oliver Braddick hat herausgefunden, daß es zwei Arten von Scheinbewegung gibt. Die eine tritt bei kleinen Abständen und geringen Zeitdifferenzen auf und entspricht genau den Befunden von Barlow und Levick. Bei größeren räumlichen und zeitlichen Intervallen scheidet ein Bewegungsdetektor als Ursache der Scheinbewegung aus. Hier dürfen wir die Deduktionshypothese anwenden. Die Befunde, auf die sie sich stützt, ergeben sich ja auch unter entsprechenden Versuchsbedingungen.

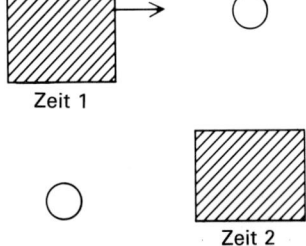

Zwei Lichtpunkte, die abwechselnd von einem Rechteck verdeckt werden, erwecken den Eindruck einer Scheinbewegung, solange man das Rechteck nicht sieht. Die Punkte wirken unbewegt, sobald man das Rechteck wahrnimmt.

Der autokinetische Effekt

Wenn wir einen einzelnen Stern am ansonsten dunklen Himmel betrachten, können wir eine auffallende Täuschung beobachten: Der Stern scheint sich in unserem Gesichtsfeld zu verschieben. Dieser *autokinetische Effekt* läßt sich genauer untersuchen, indem man Versuchspersonen einen einzelnen Lichtpunkt im dunklen Raum zeigt. Der Eindruck von Bewegung, der dann entsteht, kann durch Suggestion sehr leicht beeinflußt werden, wie sozialpsychologische Untersuchungen ergeben haben. Wenn man die Versuchspersonen jeweils zusammen mit einem eingeweihten Mitarbeiter testet, der dann vorgibt, eine bestimmte Richtung der Verschiebung zu sehen, so wird sich der unbefangene Proband diese Interpretation häufig zu eigen machen.

Die Ursachen des autokinetischen Effekts sind noch nicht sicher geklärt, aber einiges von dem, was wir in diesem Kapitel diskutiert haben, bringt doch etwas Licht in die Sache. Entscheidend für eine Bewegungswahrnehmung sind ja Verschiebungen relativ zu anderen Objekten oder zu einem Bezugssystem; umgekehrt scheint ein Objekt zu ruhen, wenn es sich nicht relativ zu einem ruhenden Bezugspunkt bewegt. Bei einem Lichtpunkt im dunklen Raum fehlt natürlich ein solcher fester Bezug.

Unter diesen Bedingungen ist die Augenstellung der einzige Hinweis auf die Position des Objektes. Wenn wir spüren, wie sich unsere Augen langsam verschieben, könnten wir den Lichtpunkt als bewegt identifizieren. Vielleicht läßt sich der Einfluß von Suggestion dann damit erklären, daß wir uns Augenbewegungen leicht einbilden können.

Einige Wahrnehmungsforscher haben argumentiert, der autokinetische Effekt beruhe darauf, daß sich die Augen tatsächlich bewegen. Dadurch verschiebe sich das Bild des Lichtpunktes auf der Netzhaut, so daß ein Eindruck von Bewegung entsteht. Dagegen ist einzuwenden, daß Augenbewegungen beim Betrachten ruhender Objekte keineswegs dazu führen, daß wir Bewegung wahrnehmen. Vielmehr verrechnet das Sehsystem Augenbewegung und Verschiebung des Netzhautbildes, so daß Ortskonstanz erreicht wird. Um die Täuschung beim autokinetischen Effekt zu erklären, müßten wir voraussetzen, daß das Gehirn nichts von einer Augenbewegung „weiß". Aber warum tritt diese Täuschung dann nur bei isolierten Punkten und nicht bei ganzen Gruppen ruhender Objekte auf? Ich bezweifle, daß wirkliche Augenbewegungen im Spiel sind, sondern vermute, daß wir sie uns nur einbilden. Der Wahrnehmungsapparat nimmt aus irgendeinem Grund – durch Suggestion oder Autosuggestion – an, daß sich der Lichtpunkt bewegt, was die Augenbewegung vortäuscht.

Nachbilder von Bewegungen

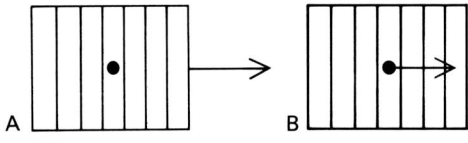

Eine Spirale, mit der man sehr leicht Bewegungsnachbilder erzeugen kann.

Wenn wir längere Zeit einen Wasserfall oder eine andere stetige Bewegung betrachtet haben, scheinen sich ruhende Konturen danach für kurze Zeit in die Gegenrichtung zu verschieben. Im Labor benutzt man häufig rotierende Spiralen, um ähnliche *Bewegungsnachbilder* hervorzurufen. Mit der links abgebildeten Spirale kann man diesen Effekt nachvollziehen, wenn man den Mittelpunkt mindestens 30 Sekunden lang betrachtet. Dabei scheint sie sich auszudehnen oder zusammenzuziehen, je nach Drehsinn. Nach dem Anhalten täuscht das Nachbild dann jeweils eine Bewegung in der entgegengesetzten Richtung vor. Dieser Effekt beschränkt sich nicht auf das Bild der Spirale, sondern tritt ebenso bei anderen Objekten im Blickfeld auf. Beispielsweise scheint sich auch ein menschliches Gesicht für kurze Zeit zusammenzuziehen beziehungsweise sich auszudehnen.

Experiment zur Entstehung von Bewegungsnachbildern. A) Ein bewegtes Streifenmuster vor einem ruhenden Punkt erzeugt Nachbilder, solange der Punkt fixiert wird; verfolgt man den Streifen mit den Augen, so bleiben die Nachbilder aus. B) Ein bewegter Punkt vor einem ruhenden Streifenmuster ruft einen Nacheffekt hervor, wenn man ihm mit den Augen folgt.

Wie kommen Wasserfall- und Spiraleneffekt zustande? Alles weist darauf hin, daß wir es hier mit einer physiologischen Adaptation an Konturen zu tun haben, die sich über einen bestimmten Netzhautbereich verschieben. Stuart Anstis und Richard Gregory haben das mit einfachen Experimenten nachgewiesen. Sie zeigten den Probanden ein bewegtes Streifenmuster, das sich hinter einen ruhenden Punkt verschob. Dabei sollten die Betrachter zunächst dem Muster mit den Augen folgen

und im zweiten Versuchsteil den Punkt fixieren. In beiden Fällen entstand der Eindruck bewegter Streifen, aber nur beim Fixieren des ruhenden Punktes wurde ein Nachbild wahrgenommen. In einem anderen Durchgang verfolgten die Versuchspersonen einen Punkt, der über ruhende Streifen wanderte; sie nahmen diesmal keine Bewegung der Streifen wahr, aber die Verschiebung des Netzhautbildes führte nach wie vor zu einem Nacheffekt. Es handelt sich hier genaugenommen also nicht um Bewegungsnachbilder, sondern um den Nacheffekt einer Verschiebung auf der Netzhaut.

Aber wie entsteht dieser Nacheffekt? Schauen wir uns das einmal beim Farbensehen an: Wenn man einige Zeit einen Punkt auf einer Farbfläche fixiert hat und anschließend auf eine graue Fläche im selben Teil des Gesichtsfeldes blickt, dann erscheint die graue Fläche in der Komplementärfarbe. Man nennt dies *sukzessiven Farbkontrast*. Dieser Effekt beschränkt sich auf diejenige Netzhautregion, in der das Bild der Farbfläche entsteht. (Auch ein Bewegungsnachbild erfaßt nur jenen Bereich, auf den die bewegte Kontur projiziert wurde.) Den Farbkontrast erklärt man mit einer Sättigung oder Ermüdung der Neuronen, die jeweils sowohl auf eine Farbe als auch auf deren Gegenfarbe reagieren, zum Beispiel Blau und Gelb. Wenn eine der Farben kontinuierlich dargeboten wurde, wird die Balance gestört, und eine graue Fläche wird schließlich in der Komplementärfarbe gesehen.

Analog können wir eine Sättigung bei den Neuronen vermuten, die auf Konturverschiebungen in einer bestimmten Richtung ansprechen. Bei andauernder Reizung könnte hier die Balance zu Nervenzellen, die auf die entgegengesetzte Bewegung reagieren, verlorengehen. Deshalb scheinen sich schließlich ruhende Konturen in Gegenrichtung zu bewegen. Beide Adaptationseffekte haben eindeutig physiologische Ursachen. Tatsächlich sind Bewegungsnachbilder auch auf paradoxe Weise auf lokale Bereiche beschränkt, denn die Bewegung scheint auf der Stelle zu treten. Offenbar weisen hier andere Informationen nach wie vor darauf hin, daß sich die Positionen nicht verändern.

Bewegungsnachbilder sind demnach etwas völlig anderes als die übrigen Phänomene, die wir in diesem Kapitel aufgeführt haben. Sie lassen sich auf bestimmte Bereiche des Sehsystems lokalisieren und sind kein Nacheffekt einer Wahrnehmung von Bewegung. Dagegen kann man die anderen Phänomene nicht mit sensorischen Mechanismen erklären, sondern sie entstehen erst auf der Ebene des Wahrnehmens. Verschiebungen eines Netzhautbildes werden zwar einbezogen, aber von der Vorstellung, daß sie allein den Eindruck von Bewegung erklären könnten, müssen wir uns lösen. Beides, Bewegungstäuschungen − wie induzierte Bewegung, Richtungstäuschungen, Scheinbewegungen und autokinetischer Effekt − und wirklichkeitsgetreues Wahrnehmen von Bewegung, beruht auf komplexen Funktionen des visuellen Systems: Konstanzmechanismen, Vergleichen mit einem Bezugssystem, unbewußtes Schließen und Problemlösen.

Im Zusammenhang mit Bewegungen haben wir einige Prinzipien kennengelernt, die bei statischen Objekten keine Rolle spielen. Insbesondere haben wir zum ersten Mal verfolgt, wie wir selbst zum Objekt unserer Wahrnehmung werden. Einige Überlegungen zur Bewegungswahrnehmung werden wir auch im nächsten Kapitel wieder aufgreifen, wenn wir untersuchen, wie wir Orientierungen sehen − seien es nun die von Objekten oder unsere eigenen.

Die aufrechte Welt

Wie kommt es, daß ein Netzhautbild, das unsere Umwelt auf den Kopf gestellt und seitenverkehrt wiedergibt, nicht auch den Eindruck einer verkehrten Welt erweckt? Diese Frage läßt sich ebenso für einen Astronauten im Weltraum stellen, wo die Schwerkraft oder andere Anhaltspunkte für „oben" und „unten" fehlen oder irrelevant sind. Ein zweiter Astronaut wird ja im Auge seines Kollegen gleichfalls umgekehrt abgebildet, scheint aber dennoch aufrecht.

In unserer gewohnten Umgebung nehmen wir Gegenstände nicht nach ihrer egozentrischen Orientierung, sondern umweltbezogen wahr: Sie erscheinen auch dann noch aufrecht, wenn der Betrachter auf dem Kopf steht.

In der Schwerelosigkeit sehen Astronauten die Orientierung einzelner Gegenstände in Relation zur eigenen Körperlage.

Was „aufrecht" und „umgekehrt" ist, entscheidet sich hier danach, wie Orientierung relativ zur eigenen Person wahrgenommen wird. Das entspricht einer *egozentrischen* Definition von Orientierung. Es gibt jedoch auch eine *umweltbezogene* Bedeutung von „aufrecht", wenn man die Richtung der Schwerkraft als Kriterium für die Orientierung eines Objektes heranzieht.

Ganz gleich, wie unser eigener Körper auch immer ausgerichtet sein mag, ob wir gerade auf dem Rücken liegen oder gar auf dem Kopf stehen, stets läßt sich die Frage stellen, ob ein Objekt in bezug auf die Umgebung senkrecht oder richtig herum wahrgenommen wird. In diesem Sinne dürfte beispielsweise ein Baum auch dann aufrecht erscheinen, wenn wir selbst auf dem Kopf stehen und sich die Welt damit nach der egozentrischen Definition umkehrt. Im Zusammenhang mit der umweltbezogenen und der egozentrischen Orientierung eines Objektes ergeben sich einige interessante Wahrnehmungsprobleme, die wir im folgenden noch etwas genauer erläutern wollen.

Die umweltbezogene Orientierungswahrnehmung

Was bestimmt eigentlich unsere Wahrnehmung, wenn ein Objekt senkrecht, schräg oder waagerecht erscheint? Man wird hier natürlich einen Zusammenhang mit der Orientierung relativ zu anderen Objekten vermuten. Beispielsweise scheint ein Bild oft schief aufgehängt, weil sein Rahmen nicht parallel zu den vertikalen und horizontalen Kanten der Wand ausgerichtet ist.

Offen bleibt dabei jedoch, wie wir die Richtungen der Wandkoordinaten wahrnehmen. Womit können wir sie vergleichen? Ungeklärt bleibt auch, warum wir die umweltbezogene Orientierung eines einzelnen Objektes auch dann noch mehr oder weniger korrekt feststellen können, wenn kein Vergleichsobjekt sichtbar ist. Es muß also noch eine weitere Informationsquelle geben.

171

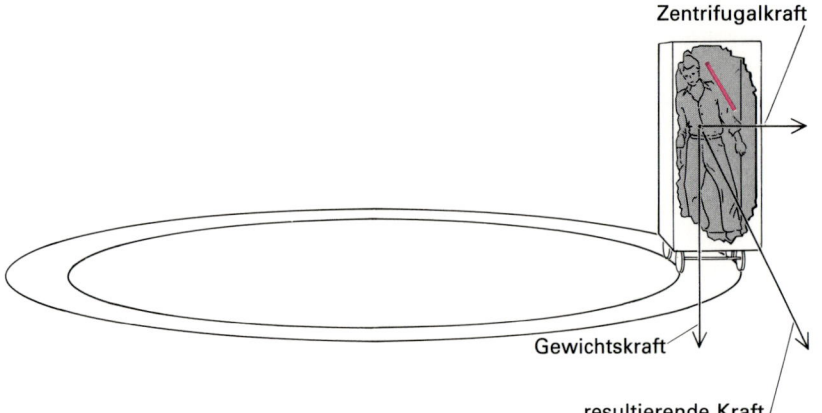
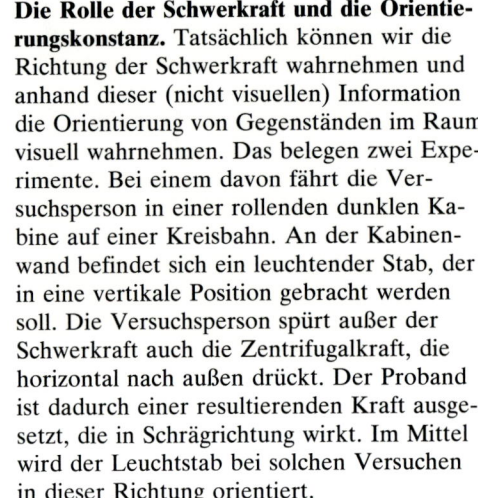

Zentrifugalkraft

Gewichtskraft

resultierende Kraft

Die Rolle der Schwerkraft und die Orientierungskonstanz. Tatsächlich können wir die Richtung der Schwerkraft wahrnehmen und anhand dieser (nicht visuellen) Information die Orientierung von Gegenständen im Raum visuell wahrnehmen. Das belegen zwei Experimente. Bei einem davon fährt die Versuchsperson in einer rollenden dunklen Kabine auf einer Kreisbahn. An der Kabinenwand befindet sich ein leuchtender Stab, der in eine vertikale Position gebracht werden soll. Die Versuchsperson spürt außer der Schwerkraft auch die Zentrifugalkraft, die horizontal nach außen drückt. Der Proband ist dadurch einer resultierenden Kraft ausgesetzt, die in Schrägrichtung wirkt. Im Mittel wird der Leuchtstab bei solchen Versuchen in dieser Richtung orientiert.

Unter den veränderten Kräfteverhältnissen in einer kreisenden, dunklen Kabine nehmen Versuchspersonen die Orientierung eines Stabes anders wahr. Um die Zentrifugalkraft auszugleichen, lehnen sie sich zur Seite, so daß die Körperachse mit der resultierenden Kraft aus Gewicht und Zentrifugalkraft übereinstimmt. Diese Richtung erscheint ihnen dann als senkrecht. In der dunklen Kabine wird daher ein Stab, der senkrecht ausgerichtet werden soll, in dieser Richtung orientiert.

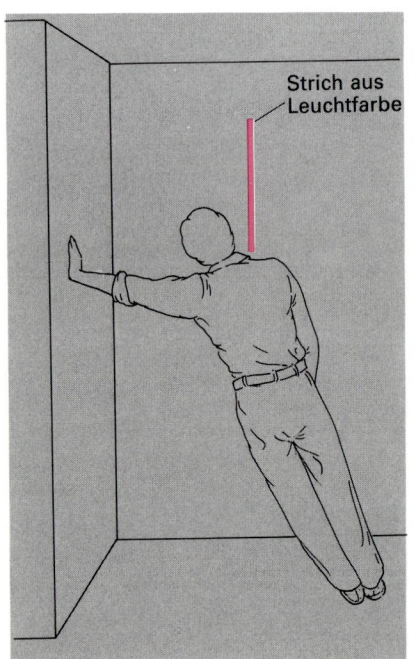

Strich aus Leuchtfarbe

Eine ähnliche Schlußfolgerung legt das zweite, einfachere Experiment nahe. Eine Versuchsperson, die sich in einem dunklen Raum schräg zur Seite lehnt, soll angeben, wann ein Leuchtstab vertikal ausgerichtet ist. In der Regel gelingt das mit einer bemerkenswerten Genauigkeit. Dabei wird der Stab auf der Netzhaut des Probanden allerdings nicht vertikal abgebildet. Offenbar sorgt das Wahrnehmungssystem gleichwohl für eine Konstanz der Orientierung.

In einem ruhenden dunklen Raum orientieren Versuchspersonen einen Leuchtstab auch dann noch exakt senkrecht (genau parallel zur Schwerkraft), wenn sie sich selbst in einer Schräglage befinden. Hier kommt es trotz des gedrehten Netzhautbildes zur Orientierungskonstanz.

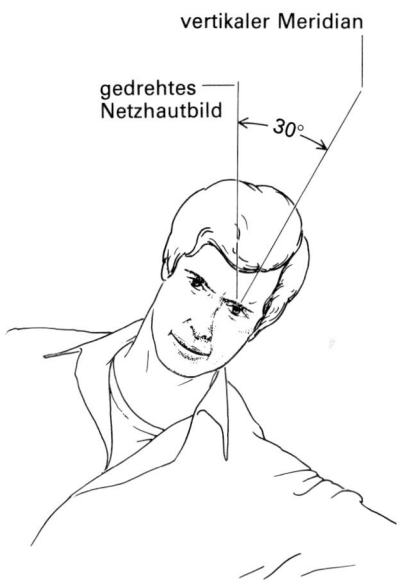

vertikaler Meridian

gedrehtes
Netzhautbild

← 30° →

Die Kopfneigung dreht das Netzhautbild, aber ein
senkrechter Stab wird nach wie vor wirklichkeitsgetreu
wahrgenommen. Die visuelle Information muß dazu
mit der über die Kopfdrehung verrechnet werden.

Ähnlich wie die Größenkonstanz durch Verrechnen von Entfernungen erreicht wird,
scheint bei der Orientierungskonstanz die
Sinnesinformation über die Lage des eigenen
Körpers verarbeitet zu werden. Betrachtet
man einen Stab aus einer Schräglage von 30
Grad im Uhrzeigersinn, so wird er nur dann
senkrecht erscheinen, wenn sein Bild auf der
Netzhaut um 30 Grad im Gegenuhrzeigersinn
gedreht ist, und zwar bezogen auf den
Vertikalmeridian der Retina. Das Wahrnehmungssystem berücksichtigt also die Raumla-
ge des eigenen Körpers, wenn es aus dem
Netzhautbild auf die umweltbezogene Orientierung der Objekte schließt. Das gleiche gilt
zweifellos auch für das Experiment mit der
kreisenden Kabine: Die Versuchspersonen
fühlen sich in einer Schräglage und nehmen
im Mittel einen schrägen Stab als senkrecht
wahr.

Die Richtung der Schwerkraft wird durch
verschiedene Sinnesreize angezeigt. Dazu
gehören etwa der Druck des Eigengewichts
auf Füße und andere Körperteile oder Mus-
kelbewegungen, mit denen wir versuchen,
das Gleichgewicht zu halten. Das wichtigste
Organ für Lage- und Drehsinn ist jedoch der
Vestibularapparat im Innenohr. Der Schwe-
rereiz wirkt dabei auf Haarzellen in den
beiden Vorhofsäckchen des häutigen Laby-
rinths, die man als Utriculus und Sacculus
bezeichnet. Diese Sinneszellen tragen Haar-
schöpfe, die in eine Gallertschicht eingebettet
sind. Je nach Lage des Kopfes verschiebt
sich diese Schicht, so daß die Härchen geschert
und die Sinneszelle erregt werden. Daraufhin
entlädt sich die ansitzende Nervenfaser, wobei
die Entladungsrate direkt vom Neigungswinkel des Kopfes abhängt. Da all dies unbewußt
geschieht, bemerken wir freilich nichts von
dieser Informationsquelle.

Natürlich kann unsere Orientierungswahrnehmung nicht genauer sein als die Information über die eigene Körperlage. Zeigen die
Signale vom Innenohr beispielsweise die
Kopfneigung von 30 Grad fehlerhaft an, so
ist keine volle Konstanzleistung zu erwarten.
Das würde auch eine merkwürdige − wenn
auch selten bewußt erlebte − Sinnestäuschung
erklären, die Hermann Aubert vor mehr als
100 Jahren entdeckt hat. Wenn man in einem
dunklen Raum einen senkrechten Stab betrachtet, während man auf der Seite liegt,
scheint er um acht oder mehr Grad aus der
Senkrechten gedreht − und zwar genau in
entgegengesetzter Richtung. Diese *Aubert-
Täuschung* (oder *A-Effekt*) verdeutlicht, daß
der Konstanzmechanismus teilweise versagt.
Die Signale des Vestibularapparats geben die
Kopfneigung in diesem Falle offenbar nur
unzureichend wieder. Das Wahrnehmungssystem entnimmt den Signalen dann vielleicht
einen Winkel von 80 Grad, während es tatsächlich 90 Grad sind, und irrt sich folglich
um zehn Grad.

Das visuelle Bezugssystem. Warum bleibt
der Aubert-Effekt aus, wenn wir im täglichen
Leben eine Szene im Liegen betrachten?
Das Innenohr übermittelt dann ja die gleiche
Fehlinformation an das Zentralnervensystem
wie beim Experiment im Dunkelraum, so
daß die gesamte Szene schräg erscheinen
müßte. Offenbar wird das durch zusätzliche

Informationen verhindert. In die gleiche Richtung weisen Eindrücke, wie man sie auf Jahrmärkten im Inneren eines gekippten Raumes, in einer Kajüte eines Schiffes mit Schlagseite oder auch in einem Flugzeug gewinnt, das gerade eine Kurve fliegt. Zweifellos wird das Gehirn nach wie vor über die Richtung der Schwerkraft informiert, aber die Umgebung sieht für uns nicht schief aus. Wir richten uns nach dem Eindruck einer vollständig aufrechten Umwelt und orientieren unsere Körperachse parallel zur Längsachse des Raumes. Dabei riskieren wir vielleicht sogar zu kippen oder nehmen doch zumindest ein eigenartiges Gefühl in Kauf.

Unter diesen Bedingungen akzeptieren wir offenbar die Koordinaten des Raumes als senkrecht und waagerecht. Der Raum wird so zum visuellen Bezugssystem, das für die Orientierungswahrnehmung ebenso wichtig ist wie für die Bewegungswahrnehmung.

Gewöhnlich fällt die Richtung der Schwerkraft mit der Hauptachse eines Raumes oder einer anderen Struktur zusammen, so daß Schweresinn und Gesichtssinn übereinstimmende Hinweise auf die Orientierung liefern. Das gilt auch in unserer Umgebung, wenn der Boden horizontal verläuft und Bäume, Gebäude und ähnliches vertikal ausgerichtet sind. Aber in einigen Fällen, etwa in gekippten Räumen, kommt es zum Konflikt zwischen Schwereizn und visueller Wahrnehmung. Die Art, wie er gelöst wird, könnte man wieder mit einer Dominanz des Gesichtssinns erklären: Dem Sehen wird alles andere untergeordnet. Es sieht für uns nicht nur so aus, als befände sich unser Körper im gekippten Raum in einer Schräglage, sondern wir fühlen es auch so. Demnach wird die wirklichkeitsgetreue Information über die Richtung der Schwerkraft nicht direkt verrechnet, sondern das Wahrnehmungssystem bestimmt die umweltbezogene Orientierung anhand der falschen Informationen über Schwere- und Körpersinn. Dadurch werden sämtliche Hinweise auf horizontale und vertikale Orientierung in Einklang gebracht.

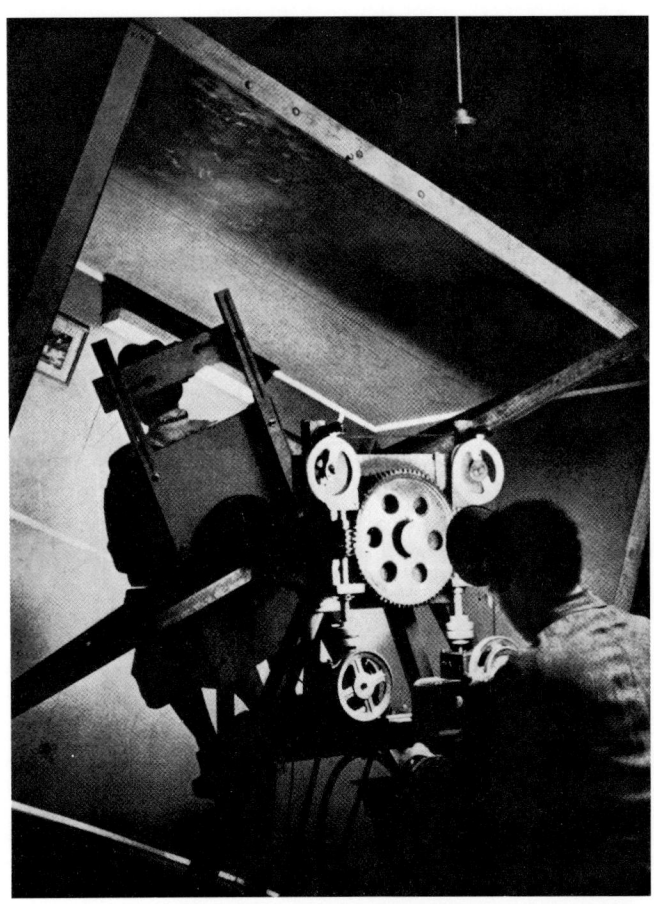

Einen verstellbaren Stuhl in einem gekippten Raum orientieren die Versuchspersonen meist parallel zur geneigten Raumachse, wenn sie sich in eine aufrechte Position bringen sollen.

Mit einem grundlegenden Experiment hat
H. A. Witkin 1949 die Dominanz der visuellen
Information nachgewiesen. Die Versuchspersonen saßen in einer gekippten Kammer auf
einem drehbaren Stuhl, den sie so in eine
aufrechte Position einstellen sollten, daß sie
sich selbst als aufrecht empfanden. Sie konnten nur den Innenraum sehen und daher
nicht feststellen, daß die Kammer relativ
zum äußeren Bezugssystem gekippt wurde.
Daher wurde der Stuhl in der Regel an die
Neigung der Kammer angepaßt. Auch bei
allen übrigen Objekten wurde die Orientierung in bezug auf die gekippten Koordinaten
dieses Raumes wahrgenommen. Ein Lot
wirkt dann schief, obwohl es mit der Richtung
der Schwerkraft übereinstimmt.

Dominiert die visuelle Information auch
dann noch, wenn sich der Betrachter nicht
innerhalb des gekippten Systems befindet,
sondern es von außen sieht? Max Wertheimer
hat entsprechende Experimente mit Hilfe
eines geneigten Spiegels durchgeführt. Er
berichtete, daß sich das gekippte Spiegelbild
des Raumes nach kurzer Zeit scheinbar aufrichtet, also nicht mehr schräg wahrgenommen wird. Diesem Ansatz folgend benutzten Solomon Asch und Witkin kleine, gekippte
Modelle von Zimmern, in die die Versuchspersonen direkt oder durch ein Guckloch
von außen hineinsehen konnten. In einem
weiteren Abstraktionsschritt gingen Asch
und Witkin dazu über, den Probanden in
einem dunklen Raum nur noch ein gekipptes
Rechteck als leuchtenden Bezugsrahmen zu
zeigen, in dem ein leuchtender Stab senkrecht
orientiert werden sollte. Die entscheidende
Neuerung bestand hier darin, daß der Winkel
zwischen Stab und Rechteck einen Meßwert
für den Einfluß des visuellen Bezugssystems
beziehungsweise der Schwerkraft auf die
Orientierungswahrnehmung liefert. Der Rahmen induziert eine Sinnestäuschung, die
Gegenstand zahlreicher Experimente war.

Wie sehen nun die typischen Reaktionen auf
diese Anordnung aus? „Typisch" ist vielleicht
nicht die richtige Bezeichnung, denn die
Eindrücke der Versuchspersonen sind individuell verschieden. Einige lassen sich durch

Wertheimers Versuch zur Orientierungswahrnehmung bei einem gekippten Spiegel.

das gekippte Rechteck kaum irritieren und orientieren den Stab nahezu in Richtung der Schwerkraft. Andere dagegen plazieren den Stab parallel oder nahezu parallel zur Rechteckseite mit der geringsten Neigung, da sie scheinbar die Vertikale definiert.

Witkin und seine Mitarbeiter stellten fest, daß die Ergebnisse, die eine Versuchsperson bei dieser Aufgabe erzielte, mit der Leistung bestimmter anderer Wahrnehmungsaufgaben korreliert waren. Diejenigen, die sich durch den rechteckigen Rahmen stark beeinflussen ließen, hatten auch Schwierigkeiten, vertraute Figuren innerhalb eines größeren Musters zu erkennen. Sie wurden als *feldabhängig* eingestuft. Dagegen löste die Gruppe der *feldunabhängigen* Beobachter, die sich von dem schiefen Rahmen in ihrer Wahrnehmung des Stabes kaum täuschen ließen, auch die anderen Aufgaben erheblich besser. Die Wissenschaftler schlossen später aus diesen Unterschieden zwischen den Betrachtergruppen auch auf abweichende Persönlichkeitsstrukturen.

Angenommen, bei diesem Experiment sei das Rechteck um 30 Grad geneigt und groß genug, um als Bezugssystem für die senkrechten und waagerechten Koordinaten der Szene zu dienen, dann drehen die Versuchspersonen den Stab im Mittel um sechs bis sieben Grad (in Kipprichtung des Rechtecks), um ihn senkrecht wahrzunehmen — eine beachtliche Abweichung. Demnach müßte ein vertikal orientierter Stab innerhalb des Rechtecks den Eindruck einer (gegensinnigen) Neigung von sechs bis sieben Grad erwecken. Aber nur wenige Versuchspersonen richteten den Stab tatsächlich nach diesem durchschnittlichen Winkel aus. Offenbar wird hier ein Wahrnehmungskonflikt individuell verschieden gelöst. Man muß wohl von einem Kompromiß zwischen den beiden widersprüchlichen Anhaltspunkten über Schwerkraft und Bezugssystem ausgehen.

Wie wird dabei der rechteckige Rahmen selbst wahrgenommen, und welchen Einfluß hat das auf die Plazierung des Stabes? Sofern er aufrecht wirkt — wie ein gekippter Raum, in dem der Betrachter sich befindet —, müßte der Stab parallel zu den Kanten des Rechtecks ausgerichtet werden. Erscheint der Rahmen dagegen wirklichkeitsgetreu in einer Schräglage, so dürfte das im Prinzip überhaupt keine Täuschung bewirken. Wenn der Betrachter also einen Kippwinkel von 30 Grad richtig wahrnimmt, müßte man schließen, daß der Schweresinn durch das visuelle Bezugssystem nicht getäuscht wird und der Stab korrekt in senkrechter Richtung orientiert werden kann.

Erstaunlicherweise gibt es nur wenige Experimente, bei denen auch die Wahrnehmung des Rechteckrahmens — und nicht nur die des Stabes — untersucht wurde. Walter Gogel und R. E. Newton sind diesem Problem nachgegangen und haben festgestellt, daß der Kippwinkel des rechteckigen Bezugsrahmens aber korrekt erkannt wurde. Da dieser Rahmen jedoch nur einen Winkel von zehn Grad im Gesichtsfeld einnahm, war er als angemessenes Bezugssystem vermutlich zu klein. Die Sinnestäuschung über die Neigung des Stabes war bei diesem Experiment auch nur gering und könnte eine geometrisch-optische Täuschung sein, bei der spitze Winkel falsch wahrgenommen werden. Anders ausgedrückt, der Winkel zwischen Stab und Rechteckkante wird überschätzt, so daß ein senkrechter Stab etwas geneigt erscheint.

Joseph Di Lorenzo und ich sind diesem Problem daher nachgegangen, indem wir einen größeren Rahmen unter einem Sehwinkel von 54 Grad präsentierten. Jetzt wurde der Kippwinkel unterschätzt. Das erklärt, warum sich die Betrachter bezüglich der Orientierung des Stabes täuschen. Wenn nämlich eine Rechteckneigung von 30 Grad nur als 20-Grad-Winkel wahrgenommen wird, muß ein senkrechter Stab, der ja gegenüber dem Rahmen um 30 Grad gedreht ist, um die Differenz von zehn Grad in entgegengesetzter Richtung gekippt erscheinen. Damit er aufrecht wahrgenommen wird, müßte der Stab also

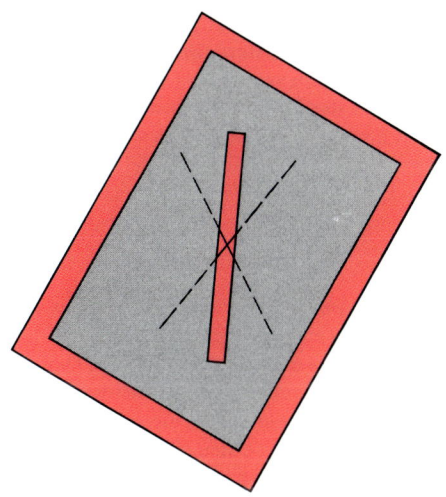

Stab-und-Rahmen-Effekt. Im dunklen Raum verändert
ein gekippter Rechteckrahmen die subjektive Verti-
kalausrichtung, in die ein Leuchtstab orientiert wird.

um zehn Grad in Kipprichtung des Rahmens
gedreht sein. Tatsächlich bestätigte das Experiment eine starke Korrelation zwischen
Unterschätzen des Kippwinkels und der
wahrgenommenen Staborientierung. Auch
andere Befunde weisen in die gleiche Richtung: Wenn die Neigung des Rahmens aus
irgendeinem Grund unterschätzt wird, ver-
fälscht sich dadurch auch die Wahrnehmung
des Stabes.

Diese Schlußfolgerung steht im Einklang mit
dem Eindruck, den ein Betrachter in einem
gekippten Raum gewinnt, denn beides läßt
sich dann auf ein gemeinsames Prinzip zurückführen: Eine ausgedehnte Struktur mit
rechtwinkeligen Koordinaten wird leicht zum
Bezugssystem, wenn sie den Probanden umgibt oder zumindest einen großen Bereich
des Gesichtsfeldes einnimmt. Sieht er nichts
anderes, so dominiert das visuelle Bezugssystem über Schwere- oder Lagesinn. Auch
wenn sich der Beobachter außerhalb des
Ersatz-Bezugssystems befindet, hält der täu-
schende Einfluß bis zu einem gewissen Grad
an: Man nimmt seine eigene Körperlage
falsch wahr. Weil aber der Gesichtssinn nicht
gänzlich über den Schweresinn dominiert,

kommt es zu einer Kompromißlösung: Der
Kippwinkel des Bezugsrahmens scheint jetzt
kleiner.

Die Wahrnehmung der egozentrischen Orientierung

Wie bringen wir es fertig, die Orientierung einzelner Objekte oder einer ganzen Szene in bezug auf unsere eigene Lage richtig wahrzunehmen? Diese Frage wird oft mit dem Hinweis gestellt, daß das Bild auf der Netzhaut ja oben und unten vertauscht und zugleich seitenverkehrt ist. Das Problem scheint auf den ersten Blick schwieriger, als es ist. Interessanter ist die Frage, wie wir die Welt wahrnehmen würden, wenn das Netzhautbild aufrecht wäre.

Aufrechtes Sehen und das umgekehrte Netzhautbild. Liegt in der Umkehrung des Bildes auf der Netzhaut wirklich ein Problem? Hier sind sich die Wahrnehmungsforscher einmal einig: Es ist keines! Angenommen, mit dem Netzhautbild schiene auch die Szene auf den Kopf gestellt, dann wäre sofort zu fragen, in bezug auf was sie umgekehrt wäre. Nach unserer Definition der egozentrischen Orientierung müßten wir sagen: die Szene in bezug auf den Betrachter. Nun wird aber auch unser eigener Körper, soweit wir ihn selbst sehen können, auf der Netzhaut umgekehrt abgebildet. Und das heißt, daß wir die Orientierung eines Objektes relativ zu anderen Objekten oder auch zu uns selbst nicht anders wahrnehmen, nur weil im Netzhautbild oben und unten sowie rechts und links vertauscht sind. Wohl keiner hat das anschaulicher beschrieben als Berkeley, als er vor nahezu drei Jahrhunderten folgendes zum umgekehrten Netzhautbild einer anderen Person anmerkte (und das gilt natürlich ebenso für die sichtbaren Teile unseres eigenen Körpers).

„Der Kopf, welcher [auf der Netzhaut] dem Erdboden am nächsten abgebildet ist, scheint am entferntesten von ihm zu sein; andererseits erscheinen die Füße, die am weitesten vom Erdboden entfernt abgebildet werden, ihm am nächsten. Hierin liegt die Schwierigkeit, die jedoch verschwindet, wenn wir die Dinge deutlicher und frei von Doppeldeutigkeit benennen . . .

Wenn wir unsere Überlegungen auf das beschränken, was eigentlich gesehen wird, erweist sich alles als klar und einfach. Der Kopf wird am weitesten vom sichtbaren Erdboden entfernt abgebildet, die Füße am nächsten; und genauso werden sie wahrgenommen. Was ist daran seltsam oder unerklärlich? Nehmen wir an, die Bilder auf dem Augenhintergrund wären selbst die Objekte, die wir betrachten. Dann folgt, daß die Dinge in der gleichen Lage erscheinen sollten, in der sie abgebildet sind. Und ist es nicht so? Der Kopf, den man sieht, scheint am weitesten vom Erdboden, den man sieht, entfernt, und die Füße, die man sieht, scheinen dem Erdboden, den man sieht, am nächsten zu sein. Und gerade so sind sie auch abgebildet.

Aber wenn Ihr sagt, das Bild des Menschen sei umgekehrt und werde dennoch aufrecht wahrgenommen, so frage ich: Was versteht Ihr unter dem Bild des Menschen oder, was dasselbe ist, unter einer Umkehr dieses Bildes? Ihr sagt mir, es sei umgekehrt, weil die Füße zuoberst und der Kopf zuunterst liegen? Erklärt mir das! Ihr sagt, Ihr meint mit zuunterst, daß der Kopf dem Erdboden am nächsten ist; und mit den Fersen zuoberst, daß sie vom Erdboden am weitesten entfernt sind. Und ich frage wieder: Von welchem Boden sprecht Ihr denn? Ihr könnt ja nicht den Erdboden meinen, der im Auge abgebildet, und das heißt: sichtbar, ist, denn das Bild des Kopfes ist am weitesten von dem Bild des Erdbodens entfernt, und das Bild der Füße ist dem Bild des Bodens am nächsten; und entsprechend gilt, daß der sichtbare Kopf am weitesten vom sichtbaren Erdboden entfernt ist, und die sichtbaren Füße dem sichtbaren Boden am nächsten sind. Ihr könnt daher nur den fühlbaren Erdboden meinen und daher die Situation der sichtbaren Dinge in bezug auf fühlbare Dinge beurteilen: im Gegensatz zu dem, was [früher] gezeigt wurde. Die beiden verschiedenen Bereiche des Sehens und des Fühlens sollten getrennt behandelt werden, so als hätten ihre Objekte nichts miteinander zu tun, weder im Hinblick auf die Entfernung noch im Hinblick auf die jeweilige Lage."

Man kann das Problem auch anders aufrollen und darauf hinweisen, daß wir ja nicht unsere eigenen Netzhautbilder sehen, sondern unsere Umwelt aufgrund der Information im Netzhautbild wahrnehmen. Insbesondere wird die Information über die Orientierung einzelner Objekte nicht dadurch verzerrt, daß alles umgekehrt abgebildet ist, genausowenig wie die Verkleinerung des Gesamtbildes die Größenverhältnisse verzerrt. Wir wundern uns ja auch nicht darüber, warum ein Gegenstand groß aussieht, obwohl sein Netzhautbild um vieles kleiner ist.

Die Verwirrung, die das umgekehrte Netzhautbild ausgelöst hat, mag zum Teil auf der Kamera-Analogie beruhen. So wie wir das Bild in einer Camera obscura sehen, scheint dann auch das Netzhautbild für einen „inneren Beobachter" auf den Kopf gestellt. Die Signale freilich, die durch das Netzhautbild entstehen, sind weniger als Kopie der auf die Retina projizierten Welt zu verstehen, sondern sie codieren die Information über die jeweilige Szene. Damit erweist sich die Frage, warum wir unsere Umgebung aufrecht wahrnehmen, obwohl das Netzhautbild umgekehrt ist, als Scheinproblem.

Sehen mit aufrechtem Netzhautbild. Wenn wir das Netzhautbild um 180 Grad drehen und die Seiten verkehren, so daß es aufrecht und seitenrichtig ist, werden wir dann unsere Umgebung nach wie vor aufrecht sehen? Schließlich müßten wir ja dieselbe Information über die relativen Orientierungen einzelner Gegenstände erhalten. Genau das war George Strattons Frage, als er um die Jahrhundertwende mit einer entsprechenden Umkehroptik (siehe Seite 152) daranging, Berkeleys Überlegungen experimentell zu prüfen — übrigens in jenem kalifornischen Berkeley, das den Namen dieses Philosophen trägt. Stratton wollte zugleich gewisse Theorien widerlegen, denen zufolge ein umgekehrtes Netzhautbild eine notwendige Voraussetzung für aufrechtes Sehen ist. Danach beruht Aufrecht-Sehen darauf, daß wir die Objekte mit den Augen in einer bestimmten Richtung abtasten. Zum Beispiel müßten wir unsere Augen nach oben bewegen, um ein Objekt zu fixieren, das auf dem unteren Teil der Netzhaut abgebildet wird. Mit anderen Worten: Maßgeblich für die Orientierungswahrnehmung wäre, durch welche Augenbewegung das Netzhautbild eines Objektes auf die Stelle des schärfsten Sehens (Fovea) verschoben werden kann.

Stratton trug in seinem ersten Selbstversuch drei Tage lang und später noch einmal acht Tage seine „Umkehrbrille", einen Tubus mit Linsensystem, den er vor ein Auge setzte, während das andere verdeckt war. Er protokollierte sorgfältig seine Wahrnehmungen und seine Reaktionen darauf. Während des Versuchs schien ihm die Umgebung in zunehmendem Maße normal — sprich: aufrecht —, und er schloß daraus, daß sie im Laufe der Zeit völlig aufrecht gesehen wird, sofern man die „Umkehrbrille" lange genug trägt. Seine Befunde sind jedoch umstritten, zumal sie in vielen Lehrbüchern mißverständlich wiedergegeben wurden. Zur allgemeinen Verwirrung hat insbesondere beigetragen, wie Stratton die täglichen Veränderungen seiner Wahrnehmungen beschrieb. Außerdem bezieht er sich manchmal auf die egozentrische und dann wieder auf die umweltbezogene Orientierung, ohne exakt zwischen beiden zu

Umkehrbrillen irritieren zunächst so stark, daß Objekte oft falsch lokalisiert werden. Später können die Versuchspersonen die Diskrepanzen zwischen den gefühlten Eigenbewegungen und dem Anblick der Umgebung weitgehend ignorieren.

Eine vollständige Anpassung an die optische Umkehrung müßte unmittelbar nach dem Versuch dazu führen, daß die Buchstabenkombination *MW* auf dem Kopf gesehen wird — wie *WM*.

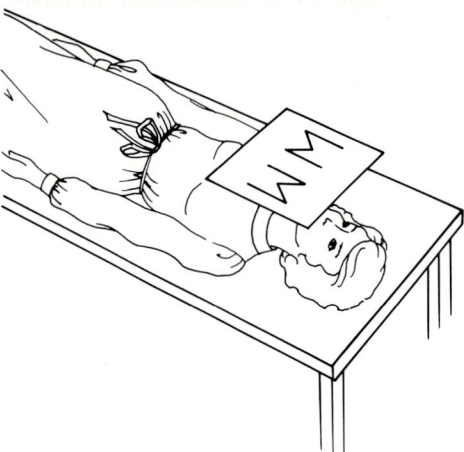

unterscheiden. Man stelle sich nun vor, irgendein Gegenstand wurde zu Beginn des Versuchs auf den Kopf gestellt wahrgenommen — etwa ein Stuhl, der relativ zur Schwerkraft oder zum Fußboden invertiert erschien, weil der Fußboden als Decke gesehen wurde. Später normalisierte sich der Eindruck insofern, als der Stuhl relativ zum Fußboden aufrecht stand. Dann bleibt immer noch zu fragen, ob Stratton ihn auch relativ zu sich selbst richtig orientiert wahrnahm. Tatsächlich war das nicht der Fall, wie folgendes Protokoll zeigt:

„Wenn ich mich ganz auf äußere Objekte konzentrierte, sah ich sie häufig in einer normalen Position, und wo immer Anomalien auftauchten, schienen sie in mir selbst zu liegen, so als ob Kopf und Schultern umgekehrt wären und ich die Welt so betrachten würde, wie es Jungen tun, wenn sie den Kopf zwischen die Beine stecken, um sich die ‚verkehrte Welt‘ anzusehen. Zu anderen Zeiten schien sich die Umkehrung nur auf Gesicht und Augen zu beschränken."

Ein weiterer Grund zur Verwirrung war bei Strattons Befunden die Tatsache, daß er seine Bewegungen erfolgreich an die experimentellen Bedingungen angepaßt hat. Man darf vermuten, daß er sich anfangs nicht gezielt auf das gesehene Objekt zubewegen konnte. Aber schon bald lernte er, solche Irrtümer zu korrigieren, und schließlich tat er das ganz automatisch, auch wenn ihm gelegentlich Fehler unterliefen. Andere brachten es bei solchen Versuchen nach längerer Zeit sogar fertig, sich in der „verkehrten" Umwelt so gut zurechtzufinden, daß sie Fahrrad oder Ski fahren konnten.

Zu Unklarheiten hat darüber hinaus auch Strattons Beschreibung beigetragen, daß ihm die Dinge zunehmend „normal" erschienen seien. Anders ausgedrückt: Er gewöhnte sich an die optische Umkehrung und beachtete die Merkwürdigkeiten seiner Eindrücke einfach nicht mehr. Dieses Gewöhnen sollte man nicht mit einer veränderten Wahrnehmung verwechseln. Man kann diesem Problem zweifellos mit aussagekräftigen Tests nachgehen, aber Stratton beschäftigte sich zunächst mit anderen Dingen. Eine Möglichkeit wäre beispielsweise, Figuren für kurze Zeit auf einen Bildschirm zu projizieren und zu prüfen, inwieweit ein Betrachter mit Umkehrbrille sie identifizieren kann. Was wäre wohl die spontane Antwort auf ein *W*? Anfangs wird es wohl als *M* gedeutet, aber wie wird es nach einer längeren „Gewöhnungsphase" wahrgenommen? Falls es zu einer echten egozentrischen Anpassung kommt, müßte der Beobachter ein *W* wahrnehmen. Um sicher zu gehen, daß man tatsächlich auch die egozentrische Orientierung testet, müßte man zusätzlich die Lage des Betrachters variieren, so daß er die Buchstaben vielleicht auf dem Rücken liegend sieht. Man kann dann auch einen Lichtpunkt zeigen, der sich in einer horizontalen Ebene über dem Kopf der liegenden Versuchsperson verschiebt, um damit einen Konflikt zwischen schwerkraft- und umweltbezogener Orientierung zu vermeiden. So könnte man prüfen, ob ein Lichtfleck, der vom Fuß zum Kopf des Betrachters wandert und zu Beginn des Experiments umgekehrt wahrgenommen wird, nach einiger Zeit wirklichkeitsgetreu gesehen wird.

Schließlich hat auch Strattons eigene Theorie für Unklarheiten gesorgt. Entscheidend für das Aufrecht-Sehen ist seiner Meinung nach eine Übereinstimmung zwischen Sehwelt und Tastwelt. Als erfahrener Experimentator begann er die Selbstversuche damit, Tastempfindungen zu prüfen, die mit visuellen Eindrücken gekoppelt waren. Zunächst ertastete er Objekte, bevor er sie gesehen hatte, um festzustellen, inwieweit danach der visuelle Eindruck mit den „gefühlten" Eigenschaften übereinstimmt. Dabei ergaben sich deutliche Abweichungen. Bei Objekten, die er zuerst gesehen hatte, entsprach dagegen der Tastbefund den Erwartungen. Während des Experiments entstanden neue Assoziationen zwischen Sehen und Tasten, die die alten nach und nach verdrängten. Stratton machte diese wiedergewonnene Harmonie beider Sinneseindrücke dafür verantwortlich, daß er die Umgebung in zunehmendem Maße aufrecht wahrnahm. Das wäre zugleich eine Antwort auf Berkeleys Frage, in bezug auf

was eine Szene umgekehrt erscheint. Strattons Antwort lautet: in bezug auf andere Sinne, beispielsweise Tasten. Allerdings gibt es keinen direkten Hinweis darauf, wie eine sensorische Harmonie beim Tragen von Umkehrprismen den Eindruck einer egozentrisch oder umweltbezogen aufrechten Welt wiederherstellen könnte.

Obwohl Strattons Experiment inzwischen mehrfach wiederholt wurde, blieben viele Fragen offen. Zum Teil liegt das an der unterschiedlichen Zielsetzung der einzelnen

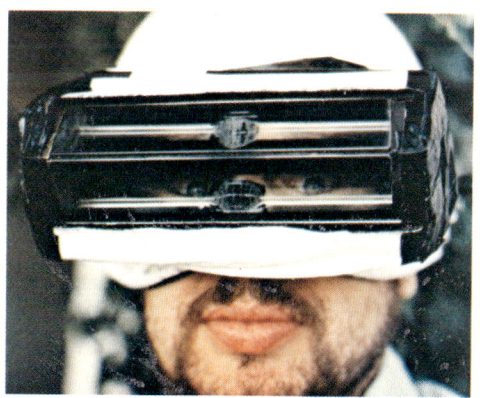

Gestell mit Prismen zum Umkehren des Netzhautbildes.

Wissenschaftler. Einige untersuchten dabei nicht primär die visuellen Wahrnehmungen, sondern die sensomotorischen Leistungen. Manche benutzten andere Methoden zur optischen Umkehrung des Bildes, so daß sich die Ergebnisse nur schwer vergleichen lassen. Beispielsweise arbeiteten Theodor Erisman und Ivo Kohler mit einem Spiegel am Visier eines Helms. Der Betrachter sah seine Umgebung im Spiegel dann nicht nur auf den Kopf gestellt, sondern auch seitenverkehrt (weil nur oben und unten, nicht aber rechts und links vertauscht waren). Erisman und Kohler werteten die Ergebnisse dieses Versuchs als egozentrische Anpassung. Meines Erachtens reichen ihre Befunde jedoch nicht aus, um diese Behauptung hinreichend zu untermauern, wenngleich man dem Experiment zugute halten muß, daß erstmals Figuren mit zweideutiger Orientierung unter solchen Umkehrbedingungen gezeigt wurden, etwa Buchstaben wie *M*.

Auch einige Selbstbeobachtungen der Probanden, von denen Kohler berichtet, sind schwer nachzuvollziehen. Beispielsweise beschrieb eine Versuchsperson, die 18 Tage lang Prismen getragen und alles seitenverkehrt (aber aufrecht) gesehen hatte, ihre Wahrnehmungsänderungen wie folgt: „Inschriften an Gebäuden oder Werbesprüche erschienen weiterhin in Spiegelschrift, aber die Gebäude selbst wirkten richtig orientiert. Autos, die rechts fuhren und auch dort wahrgenommen wurden, . . . trugen Zulassungsnummern in Spiegelschrift." Kohler notierte: „Die Versuchsperson ist in der Lage, beide Seiten etwa einer *3* korrekt zu lokalisieren (offen nach links, gerundet nach rechts), sieht sie aber weiterhin spiegelbildlich." Es ist schwer vorstellbar, wie solche widersprüchlichen Wahrnehmungen zustande kommen sollen.

Neuere Untersuchungen könnten jedoch mehr Klarheit über eine Anpassung an optische Umkehrungen schaffen. Dann erscheinen auch Strattons und Kohlers Berichte in einem anderen Licht. Experimente von Charles S. Harris bestätigten Strattons Aussage, daß die Diskrepanz zwischen der visuell umgekehrt wahrgenommenen Lage von Körperteilen und der nicht-visuellen (propriozeptiven) Information über die Orientierung tatsächlich eine neue „Eichung" des Lagesinns bewirkt, so daß die propriozeptive Wahrnehmung nach einiger Zeit an die „visuelle Umkehrung" angeglichen wird. Nur zu Beginn etwa einer spiegelbildlichen Umkehr des Netzhautbildes ist dem Betrachter bewußt, daß zum Beispiel die Bewegungsrichtung der Hand anders aussieht, als man sie fühlt. Die Angleichung von Tast- und Lagesinn an den Gesichtssinn bleibt auch dann noch bestehen, wenn man wieder unter normalen Bedingungen sieht.

Harris vermutet, daß eine solche Angleichung die Beobachtungen von Stratton und Kohler verständlich macht. Das gilt beispielsweise für die Wirkung, die die Umkehrlinsen beim ersten Tragen auf Stratton hatten: „. . . ich *empfand* die Glieder meines Körpers da, wo sie gewesen wären, wenn ich die Umkehrlinsen entfernt hätte; ich *sah* sie jedoch in einer anderen Position. Die ursprüngliche taktile Zuordnung war also noch wirksam." Mit dem Fortgang des Experiments stellte er jedoch fest, daß er die Beine tatsächlich in der Position *fühlte*, in der sie die veränderte visuelle Wahrnehmung angab.

Diese sensorische Harmonie beruhte nach Meinung von Harris entscheidend darauf, daß die Füße sichtbar waren: Die empfundene Position wurde mit der gesehenen in Einklang gebracht, ohne daß sich dadurch die visuelle Wahrnehmung selbst geändert hätte. Stratton beschrieb das so: „Ich konnte schließlich fühlen, wie meine Füße den Boden berührten, den ich sah, wenngleich er jetzt nicht mehr auf derjenigen Seite des Gesichtsfeldes lag, auf die ich diese Tastempfindungen zu Beginn des Experiments bezogen hatte."

Andererseits bemerkte Stratton, daß „Schulter und Kopf, die unter diesen Bedingungen ja nicht direkt sichtbar waren, weiterhin so zugeordnet wurden wie beim normalen Sehen". Wenn nun die Orientierung von Rumpf und Beinen dem Anblick der Szene entspricht, aber die Lage von Kopf und Schulter nicht angeglichen empfunden wird, dann müßte nach Harris' Überlegung die Orientierung von Kopf und Schulter falsch wahrgenommen werden. Das würde erklären, warum Stratton häufig den Eindruck hatte, eine aufrechte Szene aus einer Position zu betrachten, bei der Kopf und Schulter um 180 Grad gekippt waren.

Ähnlich argumentiert Harris bei den Reaktionen der Versuchspersonen in Kohlers Experiment. Wenn die Anpassung an die visuelle Umkehr bewirkt, daß man die Hände tatsächlich in der Lage empfindet, in der man sie sieht, dann erscheinen die Rundungen der *3* näher bei der rechten Hand; folgerichtig gaben die Versuchspersonen auch rechts an, obwohl sie die *3* natürlich weiterhin in Spiegelschrift sahen.

Fassen wir zusammen, was Strattons Experiment beweist. Zweifellos zeigt es, daß die Koordination der eigenen Bewegungen auf umgekehrte Bilder abgestimmt werden kann. Weiterhin wird die Diskrepanz zwischen den widersprüchlichen Sinneseindrücken durch Unterordnen gegenüber der visuellen Wahrnehmung behoben. Die Szene scheint trotz Umkehrprismen zunehmend „normal" und in bezug auf die Schwerkraft aufrecht. Das beweist aber nicht, daß sich auch die Wahrnehmung der egozentrischen Orientierung geändert haben muß! Ich interpretiere Strattons Bericht dahingehend, daß er die Szene während des gesamten Experiments relativ zu sich selbst oder zumindest zu seinem Kopf umgekehrt empfand. Schauen wir uns dazu seine Aufzeichnungen vom letzten Versuchstag an:

„Solange die neue Zuordnung meines Körpers in mir lebendig war, hatte ich einen harmonischen Gesamteindruck, und alles war mit der richtigen Seite nach oben orientiert. Wenn aber die ursprüngliche Zuordnung meines Körpers aus einem der genannten Gründen in mir die Oberhand gewann – etwa weil ältere Gedächtnisinhalte unwillkürlich oder durch bewußtes Erinnern in mir wach wurden –, nahm ich die betrachtete Szene als Richtungsnorm und empfand meinen Körper in einer Lage, die mit dem Umfeld nicht in Einklang stand. Ich hatte den Eindruck, die Szene aus einem umgekehrten Körper zu betrachten."

Dieser Bericht läßt zwar verschiedene Interpretationen zu, aber meines Erachtens zeigt er, daß sich die Szene zu diesem Zeitpunkt „aufgerichtet" hatte. Da ihr Bild auf der Netzhaut nach wie vor aufrecht und nicht, wie im Normalfall, umgekehrt war, schien die egozentrische Orientierung weiterhin invertiert. In bezug auf Stratton selbst sah die Welt einfach nicht aufrecht aus. Als Lösung dieses Wahrnehmungskonflikts bietet sich dann an, die Umgebung als aufrecht zu interpretieren und zu schließen, daß man sie von einer umgekehrten Eigenposition aus betrachtet. Hier weicht meine Interpretation von der Harrisschen These ab, daß der Tastsinn an den Gesichtssinn angeglichen wird.

Anblick einer Szene, wie er durch eine Umkehrbrille bei leicht geneigtem Kopf entsteht.

Der entscheidende Prüfstein für beide Theorien ist die Frage, was nach dem Entfernen der Umkehrlinsen passierte. Wenn die Szene mit Strattons Tubus aufrecht wahrgenommen wird, müßte sie danach mit bloßem Auge verkehrt erscheinen. Ein solcher negativer Nacheffekt trat jedoch nicht auf, wenngleich Stratton diverse anders gelagerte Nacheffekte feststellte: So erweckten Kopfbewegungen jetzt den Eindruck, als würde sich die Szene rasch verschieben. Stratton hatte sich ja an Scheinbewegungen gewöhnt, die durch Eigenbewegung beim Tragen der Umkehrlinsen entstehen. Entsprechend zeigte sich nach dem Entfernen der Linsen ein negativer Nacheffekt.

Warum scheint die Umgebung nach dem Absetzen der Umkehrlinsen oder entsprechender optischer Vorrichtungen nicht auf dem Kopf zu stehen? Anders gefragt: Warum tritt keine Anpassung bei der egozentrischen Orientierung auf? Nach Berkeleys Logik haben ja nun alle sichtbaren Objekte wieder ihre richtige Orientierung relativ zu uns selbst. Zum Beispiel liegt die Baumkrone genauso über dem Baumstamm wie der Kopf über den Füßen. Warum sollte dann überhaupt eine Anpassung notwendig sein? Warum erweckt das erneut richtig orientierte Bild sofort wieder den gleichen Eindruck einer aufrechten Welt, wie es das normale Netzhautbild tut?

Am ehesten ließe sich dieser Fragenkomplex mit einer Koppelung zwischen dem umgekehrten Netzhautbild und dem aufrechten Sehen erklären – ob sie nun angeboren ist oder während des Lebens erworben wurde. Vielleicht ist aufrechtes Sehen ja *nur* bei einem umgekehrten Netzhautbild möglich und dessen Oben-Unten-Richtung ein angeborener oder ein irreversibel erworbener Indikator für die Richtung Kinn-Stirn. Entsprechend wäre dann die Links-Rechts-Achse der Netzhaut mit der egozentrischen Rechts-Links-Richtung verbunden. Aber wie eine solche Koppelung zustande kommen könnte, ist bislang rätselhaft.

Dieses Problem läßt sich auch untersuchen, indem man das Netzhautbild um kleinere Winkel als 180 Grad dreht und den jeweiligen Einfluß auf die Orientierungswahrnehmung testet. Mit einer Kombination aus zwei Prismen kann das Netzhautbild beliebig gedreht werden, was im Vergleich zu einer vollständigen Umkehr verschiedene Vorteile bietet. Erstens sind die Veränderungen weniger gravierend, so daß eine erfolgreiche Anpassung wahrscheinlicher wird. Zweitens läßt sich der Effekt quantitativ messen. Da man die Prismen in eine Brille einbauen kann, läßt sich das Experiment im Prinzip beliebig lange fortsetzen.

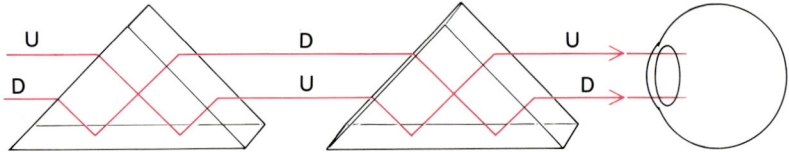

Mit zwei rechtwinkeligen Prismen läßt sich das Netzhautbild nicht nur um 180 Grad umkehren. Wird eines davon um eine waagerechte Achse (senkrecht zur Papierebene) gedreht, so kippt das Netzhautbild um das Doppelte dieses Winkels.

Von Zeit zu Zeit wird dann die Wahrnehmung der Versuchspersonen getestet: Man bringt sie in einen dunklen Raum und entfernt die Prismen. Anschließend wird eine Leuchtlinie gezeigt, die in eine vertikale Orientierung gebracht werden soll. Angenommen, ein Proband hat sich vollständig an ein Prismensystem gewöhnt, das die Szene um 30 Grad im Uhrzeigersinn dreht, so wird er diese Richtung als senkrecht empfinden; umgekehrt müßte eine tatsächlich vertikale Linie im 30-Grad-Winkel gegen den Uhrzeigersinn erscheinen. Auch wenn es nur zu einer partiellen Anpassung kommt, wird die Szene durch die 30-Grad-Prismen gedreht wahrgenommen, allerdings weniger stark als zu Beginn des Experiments. Tatsächlich hat sich bei solchen Versuchen herausgestellt, daß mit der Zeit eine zunehmende Anpassung auftritt, die bei

einigen Experimenten von Richard Held und
seinen Mitarbeitern bereits innerhalb weniger
Stunden ihr volles Ausmaß erreichte.

Man mag in diesen Befunden eine Antwort
auf Strattons Frage vermuten. Dann müßte
das Netzhautbild für das aufrechte Sehen
nicht notwendigerweise umgekehrt sein. Es
gibt jedoch einen wichtigen Grund, bei dieser
Schlußfolgerung vorsichtig zu sein. Zu fragen
wäre doch, inwieweit hier eine Anpassung
der egozentrischen Orientierung an das geneigte Netzhautbild vorliegt. Betrachten wir
dazu noch einmal die folgende Beobachtung.
Eine Szene erscheint nach einiger Zeit trotz
der Umkehrprismen aufrecht, also parallel
zur Schwerkraft. Nehmen wir nun an, es
käme zu keiner anderen Anpassung. Wenn
das Netzhautbild um 30 Grad gedreht ist,
müßten die Versuchspersonen also den Eindruck gewinnen, daß sie selbst oder ihre
Köpfe sich in einer Schräglage befinden,
wenn sie ihre eigene Orientierung nach der
gesehenen Vertikalen empfinden. Auf diese
Weise könnte eine Anpassung zustande kommen, bei der die Orientierung der Szene und
die Richtung der Schwerkraft angeglichen
werden, die aber nicht unmittelbar die Lage
des eigenen Körpers betrifft. Eine egozentrische Anpassung wäre also nicht zu erwarten,
was man ja auch aus Strattons Bericht her-
auslesen kann. Allerdings sind die bisherigen
Befunde noch nicht eindeutig.

Wir haben umweltbezogene und egozentrische
Orientierung bei unserer Diskussion getrennt
betrachtet, aber im täglichen Leben und
auch in den beschriebenen Experimenten
sind sie beide gleichzeitig im Spiel. Wenn
etwa aufrecht orientierte Versuchspersonen
einen gekippten Raum als aufrecht wahrnehmen, müssen sie ihre eigene Lage in bezug
auf diesen Raum als schräg empfinden. Das
beruht einfach auf der Tatsache, daß sie
sofort die egozentrische Orientierung des
Raumes und eine Diskrepanz zur Lage ihres
eigenen Körpers feststellen. Das gedrehte
Netzhautbild und die Information über Lage
verrechnet das Wahrnehmungssystem gemeinsam zu der Lösung: Raum aufrecht,
Körper gegen die Raumvertikale gekippt.

Konturentäuschung. Ein roter Ring, der gar nicht existiert, könnte eine intelligente Lösung eines Wahrnehmungsproblems sein, das dieses Muster hervorruft.

Intelligenz der Wahrnehmung

Nach unserem Überblick über die wichtigsten Aspekte der visuellen Wahrnehmung können wir uns nun überlegen, was an den drei theoretischen Grundkonzepten Gültigkeit behalten hat. Was wird heute diskutiert? Und wie beantworten Wahrnehmungstheoretiker heute die berühmte Frage von Kurt Koffka, warum die Dinge so aussehen, wie sie aussehen.

Das Aussehen der Dinge

Die drei traditionellen Theorien. Für Koffkas Frage ergeben sich je nach Grundkonzept folgende Antworten: Nach der *Deduktionstheorie* beruht das Aussehen der Dinge darauf, daß die Wahrnehmung bei einem Reiz erschließt, welches Objekt er am ehesten repräsentieren könnte. Für die *Gestalttheorie* ist ein Zusammenwirken im Sinne einer spontanen Interaktion ausschlaggebend, die von den Reizkomponenten im Gehirn ausgelöst wird. Und schließlich erklärt die − *psychophysische* − *Reiztheorie* das Aussehen der Dinge allein mit dem Reiz beziehungsweise mit Reizrelationen.

Heute findet man in der psychologischen Debatte kaum noch Verfechter dieser Theorien, die die historischen Standpunkte in ihrem ursprünglichen Anspruch vertreten. Vielfach werden die Theorien eklektizistisch zu einem keineswegs immer stimmigen Meinungsbild vereinigt. So wird bisweilen etwa ein Einfluß der Erfahrung zugestanden, andererseits aber bestritten, daß sie sich in Form von unbewußten Schlüssen auswirkt oder daß sie durch andere Sinne wie den Tastsinn vermittelt sein könnte. Viele akzeptieren die Organisationsprinzipien und die Annahme, daß das Ganze mehr ist als die Summe seiner Teile, sehen darin aber noch keine zufriedenstellende Erklärung. Und natürlich herrscht Einigkeit über die Notwendigkeit des Reizes, wenngleich diese Information nicht als alleinige und hinreichende Begründung für das wahrgenommene Erscheinungsbild anerkannt wird.

Die meisten Wahrnehmungsforscher glauben heute, daß die Organisation eines Musters

durch einen angeborenen Verarbeitungsprozeß erreicht wird, der von unten nach oben verläuft. Von der Vermutung, daß Sehen vollständig erlernt werden müsse, ist man inzwischen gänzlich abgekommen. Allerdings unterstellen viele nach wie vor einen Einfluß der Erfahrung. Sie beginnt ganz einfach schon damit, daß wir unsere Umgebung von klein

Figur-Grund-Organisation. In dem linken Muster erscheinen meist die roten Flächen als Figur, im rechten sind es dagegen die weißen. Vermutlich wird hier eine symmetrische Figur bevorzugt. Warum diese Muster so wahrgenommen werden, erklären die verschiedenen Theorien auf unterschiedliche Weise. Die Gestaltpsychologen, die diesen Effekt entdeckt haben, führen ihn auf eine Präferenz für einfache, regelmäßige und symmetrische Wahrnehmungen zurück. Die Deduktionstheorie besagt dagegen, daß symmetrische Objekte wahrscheinlicher sind als ein symmetrischer Grund. Schließlich ist die Reiztheorie mit ihren Erklärungsmöglichkeiten überfordert, weil der Reiz mehrdeutig ist und andere Einflußfaktoren im Spiel sein müssen. Die Anhänger dieser Theorie könnten vielleicht sagen, daß solche Muster für die alltäglichen Wahrnehmungssituationen mit eindeutigen Reizen nicht typisch sind.

auf sehen, was eine normale Entwicklung des Sehsystems erst möglich macht. Allmählich können wir mehr Objekte unterscheiden, und unsere Wahrnehmung umfaßt im Laufe der Zeit immer komplexere Assoziationen. Viele Wahrnehmungsforscher gehen schließlich auch davon aus, daß ein Reiz vielschichtig ist, wobei Strukturgradienten oder auch Bewegungsperspektive als Reizinformation eine Rolle spielen.

Dieser Eklektizismus wird auch in den Schlußfolgerungen deutlich, die wir bei einzelnen Phänomenen betrachtet haben. Hier spielt das jeweilige Problem eine entscheidende Rolle. Heute neigt man dazu, die unterschiedlichen Arten visueller Wahrnehmung getrennt zu untersuchen und Hinweise ausfindig zu machen und zu prüfen, die eine theoretische Schlußfolgerung bestätigen oder widerlegen könnten.

Periphere und zentrale Mechanismen. Neben der Auseinandersetzung um theoretische Konzepte steht vor allem die Frage zur Debatte, ob ein bestimmtes Phänomen der Wahrnehmung mit peripheren oder zentralen Verarbeitungsmechanismen zu erklären ist. *Peripher* meint in diesem Falle Vorgänge im Auge oder auch Augenbewegungen; *zentral* sind dagegen die Verarbeitungsprozesse im Gehirn, die man weniger gut anhand physiologischer „Hardware" ausmachen kann und die im einzelnen kaum bekannt sind.

Am Beispiel der Helligkeitskonstanz läßt sich das Problem verdeutlichen. Ewald Hering, ein Zeitgenosse und Kritiker von Helmholtz, gab verschiedene Gründe dafür an, warum wechselnde Leuchtdichten bei Flächen gleich hell wahrgenommen werden können. Einer davon stützt sich auf die Reaktion der Pupillen auf die Beleuchtungsverhältnisse. Wird eine Fläche intensiv angestrahlt, dann verengen sich die Pupillen, so daß ein geringerer Anteil des reflektierten Lichtes auf die Netzhaut fällt. Dadurch könnte die im Auge einfallende Lichtintensität konstant gehalten werden, was die Helligkeitskonstanz erklären würde. Dieser periphere Mechanismus ist aber keine akzeptable Begründung, denn die Pupille kann sich (flächenmäßig) nur um das 17fache verändern, während die Beleuchtung höchstens um einen Faktor 100 000 variieren kann. Helmholtz ging, wie schon erwähnt, davon aus, daß die Beleuchtungsverhältnisse bei einem zentralen Verarbeitungsprozeß in Rechnung gestellt werden, was jedoch vermutlich ebenso falsch ist.

Häufig wird zunächst in solchen peripheren Mechanismen eine Erklärung vermutet, was sich dann meiner Meinung nach in der Regel als unrichtig erweist, aber gleichwohl lange aufrecht erhalten wird. Da periphere Prozesse im allgemeinen einfacher sind als zentrale, entspricht es einer guten wissenschaftlichen Regel, sie als erste zu testen. Aber es ist schlechter Stil, noch daran festzuhalten, wenn es handfeste Beweise für das Gegenteil gibt. So waren Augenbewegungen immer eine beliebte Erklärung, insbesondere für Scheinbewegungen und den autokinetischen Effekt.

Max Wertheimer fand es der Mühe wert, diesen Irrtum in seinem berühmten Experiment zur Scheinbewegung zu widerlegen, die dann zugleich auch seinen gestalttheoretischen Ansatz begründete. Er ließ zwei Objekte im Blickfeld des Betrachters in entgegengesetzte Richtungen wandern − das eine nach rechts, das andere nach links. Zweifellos können die Augen nicht gleichzeitig beiden Objekten folgen. Augenbewegungen hat man auch herangezogen, um zu erklären, wie Form, Tiefe und Richtung im Gesichtsfeld wahrgenommen werden, wobei das allerdings nur für Tiefenwahrnehmung durch Disparität und Orientierungswahrnehmung bei aufrechtem Sehen gilt.

Ein neueres Beispiel für solche Kontroversen liefert ein Wahrnehmungsphänomen, das noch nicht aufgeführt wurde: Wenn man eine stetige Kurve oder eine einfache Figur hinter einer ruhenden Spaltblende verschiebt, dann werden die wechselnden Ausschnitte im Spalt gleichwohl in ihrer Gesamtheit wahrgenommen. Helmholtz und andere haben das bereits erwähnt, und Theodore Parks hat diesen Effekt jetzt wiederentdeckt. Wie ist solch eine Wahrnehmung, die man heute als *anorthoskopisch* bezeichnet, überhaupt möglich, obwohl die Figur im Netzhautbild nie vollständig erscheint?

Augenbewegungen könnten hier bewirken, daß die Kurvenausschnitte auf verschiedene Netzhautstellen projiziert werden (wobei sich dann freilich auch der Spalt mit verschiebt). Dadurch würde ein zusammenhängendes Netzhautbild der Figur entstehen, auch wenn die einzelnen Abschnitte nicht *simultan* erscheinen. Bei einer schnellen Bewegung der Figur könnte allerdings die Persistenz einen nahezu simultanen Eindruck bewirken − ähnlich wie ja auch die Bewegungen einer glimmenden Zigarette bei Dunkelheit bisweilen wie eine leuchtende Bahn wirken. Damit wäre die anorthoskopische Wahrnehmung auf eine periphere Ursache zurückgeführt.

Diese Erklärung bereitet freilich Schwierigkeiten, auch wenn sie durch einige Befunde gestützt wird. Warum sollten sich die Augen

bewegen, bevor die Figur wahrgenommen werden kann und klar ist, daß sie einem bewegten Objekt folgen könnten? Hier wäre die Augenbewegung nicht Ursache, sondern Konsequenz des Wahrnehmens einer Figur.

Wie dem auch sei, inzwischen gelang (auch in unserem Labor) der Nachweis, daß der anorthoskopische Effekt auch zustande kommt, wenn die Augen den ruhenden Spalt fixieren. Demnach haben wir es hier mit einer echten Anomalie zu tun. Denn bei wechselnden Abschnitten im Spalt würde man eigentlich erwarten, daß eine Auf- und Abbewegung wahrgenommen wird, ähnlich wie bei den Spiralen der rotierenden Leuchtsäulen auf Seite 161. Die anorthoskopische Wahrnehmung erfordert offenbar eine zentrale Erklärung. Zunächst muß das Seh-

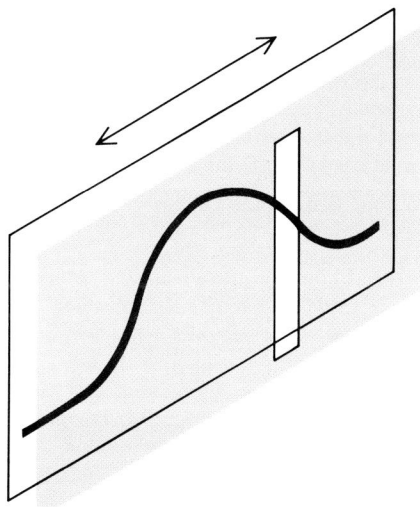

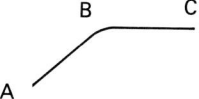

Zur anorthoskopischen Formwahrnehmung: Abschnitt A einer Kurve konnte als „schräg aufsteigend" beschrieben werden und B beziehungsweise C als „waagerecht anschließend" (an A beziehungsweise B), so daß eine zusammenhängende Figur wahrgenommen wird.

Anorthoskopische Wahrnehmung. Eine stetige Kurve, die sich hinter einer ruhenden Spaltblende verschiebt, wird als zusammenhängende Figur erkannt. Im Spalt ist aber immer nur ein kleiner Abschnitt zu sehen, dessen Höhe sich ständig ändert.

system feststellen oder zur Annahme neigen, daß sich eine Figur im rechten Winkel zu dem Spalt verschiebt. Das ist natürlich nur bei geeigneten Kurven möglich und würde etwa bei einer geraden Linie schon scheitern. Wird die Bewegung jedoch einmal richtig interpretiert, kann die Figur anhand der nacheinander sichtbaren Abschnitte im Spalt rekonstruiert werden. Das kann dann wie folgt ablaufen: Wenn zunächst ein schräg ansteigender Abschnitt A und anschließend zwei waagerechte Abschnitte B und C sichtbar

189

sind, beschreibt das Wahrnehmungssystem B vielleicht als rechts oberhalb von A, während es C die gleiche Höhe von B zuordnet. Auf diese Weise könnte in einem zentralen Verarbeitungsprozeß die gesamte Kurve rekonstruiert werden.

Mechanistische und nicht-mechanistische Erklärungen. Wenn man überhaupt von einer Grundsatzdiskussion zur visuellen Wahrnehmung sprechen kann, dann betrifft sie weniger einen Streit zwischen Verfechtern verschiedener Theorien, als vielmehr methodische und philosophische Grundlagen der Erklärungen. Einige Forscher glauben, wir seien an einem Punkt angekommen, an dem die Phänomene mit neuronalen Mechanismen erklärt werden können. Insbesondere sei hier an die Aktivität von Nervenzellen der Netzhaut oder des Gehirns erinnert, die auf bestimmte Reizmerkmale wie etwa Orientierung oder Bewegung ansprechen und spezielle Detektormechanismen ermöglichen (Theorie der Merkmalsdetektoren). Ein weiteres Beispiel wäre die laterale Inhibition. All diese Ansätze lassen sich von der Vorstellung leiten, daß der Reiz auf der Netzhaut letztlich auf korrespondierende Bereiche der Sehrinde projiziert wird und bei den dortigen Neuronen spezifische Entladungsmuster auslöst. Man kann diese Erklärungen als mechanischen Automatismus betrachten, der nicht von den Besonderheiten der jeweiligen Wahrnehmungssituation abhängt. Es handelt sich dann im allgemeinen um einen Prozeß, der von unten nach oben abläuft und weder Erfahrungen noch „Hypothesen", „Entscheidungen", „Schlüsse" oder gar „Problemlösungen" beinhaltet. Mit einem solchen Ansatz sind Bevorzugung bei Wahrnehmungsalternativen, eine ganzheitliche Organisation oder auch der Einfluß der Aufmerksamkeit kaum zu erfassen. Sie stehen dagegen bei Theorien im Mittelpunkt, die nicht nur mechanistisch physiologische Ursachen als Erklärung annehmen. Dann sind flexiblere Prozesse denkbar, die teilweise von oben nach unten verlaufen.

Die Theorie der Merkmalsdetektoren besagt, daß die Wahrnehmung bestimmter Objekt-

eigenschaften oder auch von Ereignissen in der betrachteten Szene mit Entladungen von Neuronen zu erklären ist, die auf bestimmte Reizstrukturen abgestimmt sind und darauf spezifisch ansprechen. Wir haben solche Detektoren für Kanten, Bewegung und Disparität beziehungsweise Tiefe bereits angesprochen. Nach dieser Theorie stammt die entscheidende sensorische Information aus der Peripherie; sie ist in der Orientierung oder auch der Verschiebung des Netzhautbildes enthalten. Die Gehirnzellen antworten ausschließlich auf die periphere Netzhautinformation, wenn sie als Detektor fungieren. Aber gleichwohl handelt es sich nicht um einen peripheren Prozeß, denn schließlich sind es Zellen des *Gehirns*, die hier aktiviert werden.

Schauen wir uns das bei der Poggendorff-Täuschung an, für die wir ja unter anderem als mögliche Erklärung einen Kontrast angeführt haben: Die spitzen Winkel der schrägen Testlinien mit der Vertikalen werden dabei überschätzt, weil die Orientierungsdetektoren für die Testlinien nicht mehr die größte Aktivität zeigen — es kommt laterale Inhibition ins Spiel. Damit haben wir wieder eine mechanistische Erklärung, die auf einem Verarbeitungsprozeß von unten nach oben beruht.

In diesem Muster kann man ein Dreieck mit scheinbaren Konturen sehen, die dem unvoreingenommenen Betrachter allerdings meist nicht auffallen.

Denn obwohl Gehirnzellen als Detektoren fungieren, die physiologische Reaktion wird letztlich durch die Vorgänge in der Netzhaut angestoßen.

Eine andere Erklärung der Poggendorff-Täuschung führt eine räumliche Verarbeitung der Konturen ins Feld. Hier haben wir es offenbar mit einer zentralen Theorie zu tun, denn ein Abbildungsfaktor (Perspektive) und frühere Erfahrungen werden zu einer Tiefenwahrnehmung verarbeitet. In den Prozeß geht also in jedem Falle etwas ein, das im Gedächtnis gespeichert ist.

Als weiteres Beispiel seien noch die scheinbaren Konturen angeführt. Eine Theorie erklärt sie mit einem Helligkeitskontrast, durch den weiße Flächen neben schwarzen sozusagen noch weißer wirken. Dieser Kontrast käme danach als Folge einer lateralen Hemmung zustande. Offensichtlich ist diese Interpretation unangemessen, denn sie erklärt ja nur für einige Konturenabschnitte, warum die Figur heller erscheint. Man braucht dann spezielle Erklärungen für diesen *selektiven* Kontrast. Wenn die Theorie stichhaltig begründen könnte, warum das weiße Dreieck heller erscheint als das weiße Papier, wäre auch das Problem der scheinbaren Kontur

Bei diesem scheinbar zufälligen Muster ist das weiße Dreieck nur noch zu erkennen, wenn man danach sucht.

gelöst: Sie ergäbe sich einfach als Rand der hellen Dreiecksfläche. Nach unserer Klassifikation der Theorien wäre das eine mechanistische Erklärung.

Man kann die Begründung umkehren und annehmen, daß zuerst die scheinbare Kontur erzeugt und dadurch der Helligkeitskontrast erst möglich wird. Dann erweckt das Reizmuster zunächst den Eindruck von schwarzen Figuren auf weißem Grund – genau wie man es wegen der Prinzipien der Figur-Grund-Organisation erwartet, die zu einem Verarbeitungsprozeß von unten nach oben führt. Dieser Eindruck läßt sich mit drei schwarzen Teilkreisen sehr leicht hervorrufen, also sogar mit weniger induzierenden Elementen als bei der Täuschungsfigur auf Seite 112. Damit das weiße Dreieck erscheint, müssen Figur und Grund umgekehrt werden, und das ist beim unvoreingenommenen Betrachter im allgemeinen nicht der Fall. Kommt diese Umkehr jedoch zustande, dann vermutlich zum Teil deshalb, weil die schwarzen Elemente als unvollständige Kreisscheiben interpretiert werden und die fehlenden Bereiche wie Teile einer verdeckenden Figur orientiert sind. Was auch immer die Umkehr von Figur und Hintergrund auslöst, es läßt ein weißes Dreieck hervortreten, das bis auf die Ecken keine Konturen hat. Die Helligkeit der Dreiecksfläche könnte dann vielleicht sogar vom Sehsystem „eingeführt" werden, um zu „erklären", warum auch dort Konturen erscheinen, wo gar keine sind. Ein solcher Reorganisationsprozeß wäre nach unserer Definition nicht-mechanistisch. Das Ergebnis ließe sich dann als die bevorzugte Lösung der Frage deuten, was dem Reizmuster am ehesten entsprechen könnte. Hat man die Figur einmal wahrgenommen, ist es schwierig, das Muster danach wieder anders zu interpretieren.

Ein wichtiger Hinweis auf solch eine Problemlösung ist die bereits erwähnte Tatsache, daß ein unvoreingenommener Betrachter die scheinbaren Konturen bei der Täuschungsfigur mit drei unvollständigen Kreisen gar nicht wahrnimmt. Ein Kontrast müßte dagegen unmittelbar zur Konturentäuschung führen. Wenn man die gleiche Figur in ein unregelmäßiges Muster aus ähnlichen Kreiselementen integriert, so bleibt das Dreieck unbemerkt, sofern der Betrachter nicht eigens danach sucht. Und schließlich scheint die Figur rechts auf dieser Seite einen Gegenbeweis zu liefern: Zwischen den vier grünen Kreuzen nimmt man keine scheinbaren Konturen wahr, weil sie als Figuren vollständig sind. Dieser Eindruck ist mit der mechanistischen Erklärung — aufgrund eines Kontrastes — kaum zu vereinbaren.

Soviel zum Rückblick auf die bereits in früheren Kapiteln beschriebenen Wahrnehmungsphänomene. Im folgenden sollen noch einige komplizierte Probleme zur Sprache kommen, die bislang allenfalls am Rande erwähnt wurden, weil sie eine ausführlichere Diskussion erfordern. Dabei werde ich auch meinen eigenen Standpunkt zu den beiden Grundfragen dieses Kapitels erläutern: Warum sehen die Dinge so aus, wie sie aussehen? Und: Was berechtigt uns, Wahrnehmung als intelligent zu betrachten?

Scheinbare Konturen werden durch unvollständige Bildelemente induziert. Die Kreuze im rechten Muster erzeugen nicht den Eindruck eines hellen Rechtecks, weil uns ihre Form vertraut ist und nichts „fehlt", was verdeckt sein könnte.

Eine schwarze Fläche wirkt hell, wenn sie in einem dunklen Raum angestrahlt wird. Und das bleibt so, auch wenn wir die tatsächliche Farbe kennen. Zusammen mit einem weißen Rahmen wird sie unter denselben Bedingungen als dunkel erkannt.

Wahrnehmung, Wissen und Erfahrung

Wenn man sich mit der Wahrnehmung beschäftigt, stellt man als erstes fest, daß unser Wissen keinen unmittelbaren Einfluß hat: Täuschungen verschwinden nicht dadurch, daß wir sie kennen. Und wenn wir umgekehrt etwas wirklichkeitsgetreu wahrnehmen, so erreichen wir das sicher nicht aufgrund unseres Wissens. Denn ein Flugzeug erscheint am Himmel klein, obwohl wir mit seiner wahren Größe vertraut sind, und unbekannte Figuren sehen wir aus der Nähe in Originalgröße, obwohl wir nichts darüber wissen. Eine schwarze Fläche, die in einem dunklen Raum angestrahlt wird, wirkt hell, selbst wenn wir ihre tatsächliche Farbe kennen. Auch der Mond sieht bei Nacht hell aus, ganz gleich ob wir uns darüber klar sind, wie hoch die Reflexion des grauen Mondgesteins tatsächlich ist.

Praktisch alle Phänomene, die wir bislang in diesem Buch behandelt haben, bestätigen diese Autonomie der Wahrnehmung gegenüber kognitiven Prozessen auf einer sprachlich-begrifflichen Ebene. Über die Ursachen können wir nur Spekulationen anstellen. Sicherlich ist die Wahrnehmung *reizgebunden*. Schließlich beruht sie per Definition auf einem Reiz, auch wenn sie dadurch nicht vollständig bestimmt (oder determiniert) ist. Daher sollte der Eindruck, den ein Netzhautbild hervorruft, in gewissem Sinne konform mit dem zugehörigen Reiz sein. Zum Beispiel stimmen das Netzhautbild eines Dreiecks und das wahrgenommene Dreieck in dieser Hinsicht auch dann überein, wenn wir schließlich feststellen, daß die drei Konturen durch unterschiedliche Objekte in verschiedenen Ebenen zustande kommen oder tatsächlich gekrümmte Linien wiedergeben, die wir zufällig in einer seitlichen Projektion sehen. Ebensowenig wirkt sich unser Wissen auf die Wahrnehmung aus, wenn das Reizmuster Anhaltspunkte auf Verdeckung enthält und wir ein Objekt daher vor einem anderen wahrnehmen, obwohl es tatsächlich dahinter steht.

Als weiteren Grund für die Autonomie der Wahrnehmung kann man die evolutionäre Entwicklung betrachten, durch die sich die Fähigkeit zum wirklichkeitsgetreuen Sehen herausgebildet hat. Bei einem Tier wird man ja kaum erwarten, daß es lange bei anderen danach fragt oder aus Büchern entnimmt, was in seiner Umgebung alles vorhanden ist oder gerade geschieht. Es kann sich in der Regel auch nicht damit aufhalten, die Situation genauer zu erforschen. Hier muß die Wahrnehmung der verschiedenen Sinnesor-

Erfahrung könnte beim Wahrnehmen dieses Musters eine Rolle spielen. Wenn der Betrachter weiß, daß die verschiedenen Grauwerte des gedrehten Quadrats durch Transparenz zustande kommen können, wird er fünf Quadrate und nicht acht unregelmäßige Flächen wahrnehmen.

Bevor man ein transparentes Rechteck wahrnimmt, mag flüchtig ein Eindruck von vier Flächen unterschiedlicher Helligkeit entstehen.

gane unmittelbar die richtigen Informationen liefern. Daß solche grundlegenden Gesetze der Wahrnehmung in Einzelfällen auch zu Täuschungen führen, ist nicht verwunderlich, denn man wird kaum erwarten, daß verläßliche und vorteilhafte Verarbeitungsprozesse nur deshalb aufgegeben werden, weil sie etwa zur Mondtäuschung oder zu einer geometrisch-optischen Täuschung führen.

Man könnte die Unabhängigkeit der Wahrnehmung weiterhin damit erklären, daß sie bisweilen auf Schlüssen beruht, die offenbar ganz bestimmten, unbewußt eingesetzten Regeln folgen. Vermutlich „weiß" das Wahrnehmungssystem, daß der Sehwinkel proportional zum Abstand eines Objektes abnimmt, und nutzt dieses Gesetz unbewußt aus, um dessen Größe zu bestimmen. Solche Prozesse beruhen ausschließlich auf unbewußten „Kenntnissen"; Informationen, die dem Bewußtsein zugänglich sind, haben dagegen keinen Einfluß auf die Wahrnehmung. Wenn man also etwa ein Nachbild sieht, das auf Flächen in verschiedener Entfernung projiziert wird, so ändert sich unser Eindruck nicht dadurch, daß wir über die konstante Größe Bescheid wissen. Unbewußt werden der Zusammenhang zwischen Sehwinkel und Entfernung und das Emmertsche Gesetz für die wahrgenommene Größe bei wachsender wahrgenommener Entfernung angewandt, so daß die Größe des Nachbildes je nach Projektionsfläche variiert.

In einigen Kapiteln sind wir aber auch auf Beispiele gestoßen, bei denen bewußte Kenntnisse die Wahrnehmung sehr wohl beeinflussen können. Bei Vexierbildern springt sie schneller um, wenn man weiß, daß sich der Eindruck umkehren läßt. Eine Figur in einem Schwarzweiß-Muster wird leichter erkannt, sobald sich der Betrachter darüber im klaren ist, daß Teile fehlen; eine Figur kann in einer ungewohnten Orientierung völlig anders aussehen, solange man die Drehung nicht bewußt durchschaut; und scheinbare Konturen nimmt man manchmal erst wahr, nachdem man darauf aufmerksam gemacht wurde. Ein weiteres Beispiel ist die Wirkung des grauen Quadrats in der Abbildung auf der vorangehenden Seite, das transparent erscheint. Bisweilen spielt das Bewußtsein eine so große Rolle, daß ein reflektierender Betrachter etwas anderes wahrnimmt als der unvoreingenommene. Deshalb versucht man bei Experimenten häufig, eine homogene Gruppe desselben Betrachtertypus herauszufiltern.

Beweisen nicht all diese Beispiele, daß die Wahrnehmung keineswegs autonom ist? Ich glaube nicht. Denn sie beruhen auf mehrdeutigen Reizen, die zu zwei oder mehr Wahrnehmungsalternativen passen könnten. Gewöhnlich wird zunächst eine davon in einem Verarbeitungsprozeß von unten nach oben als zufriedenstellende „Lösung" erreicht, die beibehalten wird, bis andere Informationen in die Rechnung eingehen. Sobald die alternative Lösung gefunden ist, kann sie ebenfalls oder sogar bevorzugt gewählt werden.

Aber auch dann hebt das Wissen um die Alternativen nicht die Tatsache auf, daß Reiz und Wahrnehmung einander entsprechen, und auch die Grundregeln der visuellen Verarbeitung werden keineswegs verletzt. Die Rolle unseres Bewußtseins beschränkt sich vielmehr wohl einfach darauf, uns für eine Wahrnehmung empfänglich zu machen, die auch unabhängig von irgendwelchem Wissen allein aufgrund des Reizes entstehen kann. Und in der Tat kommt sie oft spontan zustande.

Bislang habe ich unter Wissen ausschließlich bewußte Kenntnisse über die gerade betrachtete Szene verstanden. Dieses Wissen hat nur unter ganz speziellen Bedingungen Einfluß auf die Wahrnehmung. Völlig anders gelagert ist die Frage, wie sich Erfahrungswissen auswirkt. Wir haben viele Beispiele kennengelernt, bei denen Gedächtnisinhalte einen entscheidenden Einfluß haben — etwa bei den Mustern, in denen man einen Dalmatiner, ein Gesicht oder den Schriftzug *Word* erkennen kann. Auch gezeichnete Figuren, bei denen ein räumlicher Eindruck möglich ist, belegen, daß Erfahrung die Wahrnehmung in manchen Fällen bereichert.

Dabei muß die Erfahrung meines Erachtens auf *visuellen Wahrnehmungen* beruhen, die visuelle Gedächtnisspuren hinterlassen haben. Andere Sinneseindrücke wirken sich dagegen ebensowenig aus wie Erfahrungen, die nicht unmittelbar eine Wahrnehmung betreffen.

Aber die visuelle Gedächtnisspur eines Würfels bleibt wirksam, weil eine partielle Ähnlichkeit mit dem Eindruck besteht, den eine Würfelzeichnung später auf den ersten Blick hervorruft. Diese Ähnlichkeit ist das entscheidende Kriterium für den Zugriff auf den richtigen Speicher. Sie ergibt sich nicht unmittelbar zwischen Gedächtnisspuren der visuellen Wahrnehmung und denen anderer Sinne oder auch irgendwelchem sonstigen abgespeicherten Wissen. Der Einfluß visueller Gedächtnisinhalte darf hier freilich nicht mit einem Einfluß von bewußtem Wissen verwechselt werden. Auch Erfahrung kann über die visuellen Speicher ins Spiel kommen, ohne daß dadurch die zentrale Rolle des Reizes oder die Gesetze der Wahrnehmung verletzt würden. Solche Einwirkungen betreffen nämlich nur Wahrnehmungsalternativen, die sich aus einem nicht völlig eindeutigen Reiz ergeben können.

Abriß und Ausblick zur Wahrnehmungstheorie

Welche allgemeinen Merkmale der Wahrnehmung müßte eine heutige Theorie berücksichtigen? Zu erklären sind hier sicher Konstanz und Wirklichkeitsnähe, aber auch Bevorzugung (bei mehrdeutigen Reizen), der Einfluß von Kontext und Bezugssystem und schließlich die Wirkung von Verfeinerung und Vervollständigung. Die bisherigen Theorien werden jeweils nur einigen dieser Faktoren gerecht.

So hat die Reiztheorie ihre Schwierigkeiten mit den mehrdeutigen Reizen, die häufig zu verschiedenen Eindrücken führen. Auch die Notwendigkeit einer Organisation läßt sich mit diesem Ansatz kaum erklären. Die Gestalttheorie gerät in Beweisnot, wenn Konstanzmechanismen anscheinend durch unbewußte Schlüsse zustande kommen — jedenfalls im Sinne eines Verrechnens.

Beide Theorien scheitern mit ihren Erklärungen darüber hinaus an einem wichtigen Punkt: Oft scheint eine Wahrnehmung von einer anderen abzuhängen. So habe ich im Zusammenhang mit dem stereokinetischen Effekt behauptet, daß er bei den exzentrischen Kreisen nur auftritt, solange man sie als Ganzes in einer Orientierung wahrnimmt, die sich nicht verändert, und insofern keine Rotation wahrnimmt. Nur dann werden die relativen Verschiebungen der benachbarten Kreise als Tiefe empfunden. Wird die Rotation sichtbar, bleibt dieser Eindruck aus. Demnach reicht die Transformation des Reizes nicht, um die Tiefenwirkung zu erzielen, sondern es muß eine frühere Wahrnehmung hinzukommen. Wir sehen also, daß Wahrnehmung mehr ist als eine Folge des Reizes und der Organisation einzelner Reizkomponenten.

Die Grenzen dieser klassischen Theorien und auch der peripheren oder mechanistischen Erklärungen haben mich zu einem kognitiven Ansatz geführt. Er knüpft an die Helmholtzsche Theorie des unbewußten Schlusses an,

195

wenngleich es in wichtigen Punkten natürlich Abweichungen gibt.

Wahrnehmung habe ich in diesem Buch als Ergebnis einer Reihe von Verarbeitungsschritten zwischen Reiz und dem hervorgerufenen Eindruck aufgefaßt. Demnach muß meine Antwort auf Koffkas Frage wie folgt lauten: Die Dinge sehen deshalb so aus, wie sie aussehen, weil die Information des Reizes durch kognitive Operationen verarbeitet wird.

Gegenstände reflektieren Licht in alle möglichen Richtungen, insbesondere auch in Richtung Auge, wo es ein Bild auf die Netzhaut projiziert – ganz analog wie bei einer Kamera. Aber diese Projektion entspricht insofern keineswegs dem geschwärzten Film, als der Reiz in nichts anderem als wechselnden Leuchtdichten und Frequenzen des auf verschiedene Netzhautbereiche fallenden Lichts besteht und keineswegs ein eindeutiges Abbild der Umgebung darstellt. Dieses Mosaik von Informationen muß in einzelne Einheiten gegliedert – eben organisiert – werden. Bis zu einem gewissen Grade geschieht das bereits auf der Ebene der Netzhaut, deren lichtempfindliche Zellen als Gruppen einzelne rezeptive Felder bilden, wobei die übergeordneten Neuronen des visuellen Systems auf die Signale eines ganzen Feldes reagieren. Wir wissen nicht, wie eine kompliziertere Organisation, etwa die Unterscheidung von Figur und Grund, im einzelnen erreicht wird, aber die Organisation der Netzhaut könnte durchaus zu einigen Organisations- und Gruppierungsprinzipien passen, die die Gestaltpsychologen und zum Teil auch ihre Vorgänger entdeckt haben. Danach wird der Reiz organisiert, indem das Sehsystem die Geometrie, die Orientierung und andere Merkmale beschreibt.

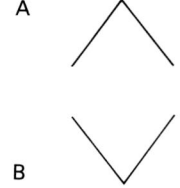

A

B

Scheinbewegung. Ein Winkel, der abwechselnd in den Positionen A und B gezeigt wird, scheint sich wie bei einer 180-Grad-Drehung (senkrecht zur Frontalebene) umzukehren.

Die Wahrnehmungen scheinen auf dieser Ebene stark mit dem Reiz im Sinne der zweidimensionalen Projektion korreliert zu sein. Die Muster auf Seite 193 entsprechen Flächen unterschiedlicher Helligkeit, die überlagerten Rechtecke auf Seite 72 lassen sich als L-förmige Kontur neben einer rechteckigen auffassen, ein fernes Objekt sieht bisweilen auch klein und ein kreisförmiges elliptisch aus. Aber solche bildnahen Wahrnehmungen des Zusatzmodus, die den Reiz gleichsam buchstabengetreu wiedergeben, treten meist flüchtig auf und werden uns nur selten bewußt.

Fast immer schieben sich sofort andere Wahrnehmungen des Hauptmodus in den Vordergrund, die die Umgebung wirklichkeitsnah wiedergeben. Sie orientieren sich an einem konstanten Bezugssystem. Allerdings bleibt der Zusatzmodus im Hintergrund unseres Bewußtseins präsent, auch wenn wir unsere Aufmerksamkeit nicht ohne weiteres darauf lenken können. Der wirklichkeitsnahe Modus beruht unter anderem auf einer weiteren Organisation. So führt bei dem Rechteck mit angelagertem L die Figur-Grund-Organisation innerhalb dieses Konturenmusters zum Eindruck einer Verdeckung. Die untere Figur auf Seite 193 könnte man durchaus als vier Quadrate mit unterschiedlicher Helligkeit wahrnehmen, wenngleich man sie im allgemeinen bevorzugt als transparentes Rechteck vor zwei Quadraten sieht. Beide Wahrnehmungen beziehen sich auf eine räumliche Anordnung. Außerdem spielt es eine Rolle, welchem Objekt innerhalb des Musters wir besondere Aufmerksamkeit schenken, denn nur dessen Form wird anhand einer unbewußten Beschreibung weiterverarbeitet und prägnant wahrgenommen.

Da im allgemeinen anscheinend der wirklichkeitsnahe Modus bevorzugt wird, ist zu vermuten, daß die Organisation auf dieser Wahrnehmungsebene durch weitere Prinzipien bestimmt wird. In Betracht kämen hier etwa Einfachheit, der stabilisierende Einfluß des Erkennens und die Auswahl von solchen Lösungen, die bestimmte Regelmäßigkeiten oder Wiederholungen im Reizmuster erklären. Damit meine ich, daß eine Wahrnehmung bevorzugt wird, wenn sie Merkmale im Reiz koppelt und strukturell erklärt, während die jeweilige Alternative nur ein zufälliges Zusammentreffen voraussetzt. Beim kinetischen Tiefeneffekt zum Beispiel ändern sich im Netzhautbild eines rotierenden Stabes gleichzeitig Länge und Orientierung. Eine bildnahe Wahrnehmung würde das als Zufall auffassen und keinerlei Zusammenhang herstellen; eine räumliche Verarbeitung führt dagegen beide Veränderungen auf eine gemeinsame Ursache zurück – sie werden gekoppelt.

Auch die Wahrnehmung einer Transparenz der grauen Flächen in den beiden Abbildungen auf Seite 193 baut auf einer Merkmalskoppelung auf: Sie erklärt, warum die senkrechten Grenzen zwischen verschiedenen Grauwerten in der Mitte bei allen Flächen zusammenfallen. Ich vermute, daß die Wahrnehmung ganz allgemein solche „Lösungen" bevorzugt, die Regelmäßigkeiten und Merkmalskoppelung in Rechnung stellen.

Sobald ein Reiz nach getrennten Einheiten mit charakteristischen Formen organisiert ist, kommen visuelle Gedächtnisspuren ins Spiel. In der Regel kann man diesen weiteren Schritt als Fortsetzung eines Prozesses betrachten, der von unten nach oben abläuft, wobei die Wahrnehmung einfach verfeinert wird. Ein wahrgenommenes Objekt läßt sich so wiedererkennen und identifizieren, falls seine visuelle Struktur gespeichert ist. In einigen Fällen kann ein Gedächtnisinhalt aber auch Formwahrnehmung und Organisation von oben nach unten beeinflussen. Solche Prozesse haben wir im Zusammenhang mit unvollständigen Figuren wie etwa dem „Dalmatiner-Muster" kennengelernt. Aber auch hier hängt der Einfluß letztlich von einem Verarbeitungsprozeß von unten nach oben ab, denn Erfahrung kann ja nur wirksam werden, wenn eine einigermaßen organisierte Formwahrnehmung erreicht ist.

Solche Formwahrnehmungen müssen nun mit relevanten Informationen verknüpft werden. Beispielsweise kann man eine Dreiecksform wahrnehmen (und auch erkennen), unabhängig davon, ob die Größe aufgrund der Anhaltspunkte für die Entfernung feststeht. Zunächst bleibt die Größe also mehrdeutig. Damit hängen Größenwahrnehmung und -konstanz von einer Art Schluß oder Verrechnung ab, bei der unbewußt die Entfernung berücksichtigt wird. Einen ähnlichen Verrechnungsprozeß könnte man auch bei der Formwahrnehmung unterstellen, wenn ein Objekt trotz unterschiedlicher Neigung zur Frontalebene für den Betrachter gleich erscheint. Etwas anders verläuft dagegen ein ähnlicher Prozeß, bei dem Reizrelationen verarbeitet werden, etwa wenn wir Bewegungen oder Orientierungen wahrnehmen. Hier kommen offenbar Organisationsprinzipien zum Tragen, die ein Bezugssystem definieren. So können äußere Strukturen des Netzhautbildes als ruhender oder aufrechter Bezugspunkt ausgezeichnet werden. Auch Helligkeit und Beleuchtungsverhältnisse rekonstruiert die Wahrnehmung aus Reizrelationen.

Nach alldem scheint der Geist, zumindest was die Wahrnehmung betrifft, keine Tabula rasa zu sein. Er bringt Organisation in den Reiz, folgt bestimmten Schlußregeln und spricht unmittelbar auf Reizrelationen an. Er rechnet und macht „Annahmen", um sensorische Informationen und auch andere Aspekte zu berücksichtigen. Aber natürlich wird die Wahrnehmung durch Erfahrung verändert, selbst wenn hier der Tastsinn *keinen* Einfluß auf den Gesichtssinn hat.

Die unbewußte Intelligenz der Wahrnehmung

Trotz der Autonomie der Wahrnehmung gegenüber dem Bewußtsein würde ich sie als intelligent betrachten. *Intelligent* drückt dabei Fähigkeiten aus, wie sie in ähnlicher Form für Denkprozesse typisch sind: Beschreibung, Schluß und Problemlösung. Freilich sind Wahrnehmungsprozesse unbewußt, und statt in sprachlichen Begriffen drücken sie sich in neuronaler Aktivität aus. Aber *Beschreibung* zum Beispiel ist doch so etwas wie eine abstrakte Analyse der Geometrie und Orientierung eines Objektes. Ein Quadrat könnte averbal als Figur charakterisiert werden, deren Seiten gleich und paarweise parallel sind, im rechten Winkel zueinander stehen und senkrecht oder waagerecht im Raum orientiert sind. Unter *Schluß* ist zu verstehen, daß aus der sensorischen Information nach unbewußt beherrschten Regeln bestimmte Eigenschaften abgeleitet werden. So läßt sich die Größe eines Objektes aus dem Sehwinkel und der wahrgenommenen Entfernung nach dem Gesetz der geometrischen Optik erschließen. *Problemlösung* setzt einen kreativeren Prozeß des Hypothesen-Aufstellens voraus. Zunächst wird „überlegt", welchen Gegenstand oder Vorgang in der Umwelt ein Reizmuster darstellen könnte, um anschließend die verschiedenen Hypothesen auf Übereinstimmung mit dem Reiz zu prüfen. Das verdeutlichen Scheinbewegungen, die man aufgrund der wechselnden Einzelbilder desselben oder eines ähnlichen Objektes wahrnimmt. Im Falle eines Winkels, der abwechselnd in zwei Orientierungen A und B gezeigt wird, sieht man ein Umspringen wie bei einer Drehung um 180 Grad senkrecht zur Frontalebene.

Natürlich kann man auch den Standpunkt vertreten, daß die Wahrnehmung keineswegs intelligent sei, weil sie ja auch dann noch an ihren „Schlußfolgerungen" festhält, wenn längst das Gegenteil erwiesen ist. Aber wir haben bereits erwähnt, daß diese „Ignoranz" gegenüber bewußten Einsichten gute Gründe hat. Wahrnehmung ist meines Erachtens

intelligent, weil sie mit analogen Operationen arbeitet wie unser Denken – und nicht etwa deshalb, weil sie mit bewußten Schlüssen verwoben wäre. Ihre „Schlüsse" sind nur innerhalb ihrer eigenen Domäne logisch und richtig.

Intelligenz der Wahrnehmung hat auch nichts damit zu tun, wie visuelle Erfahrungen umgesetzt werden. Zwar hat Erfahrung einen Einfluß, aber das gilt nicht immer und in jedem Fall nur eingeschränkt. Die denkähnlichen Operationen der Wahrnehmung sind etwas völlig anderes als die korrespondierenden Denk*inhalte*. Die Fähigkeit zu „schließen" bedeutet nicht, daß die Wahrnehmung aus dem Erfahrungswissen folgert, das wir bewußt erlangen oder im Gedächtnis haben.

Vielleicht ist es genau umgekehrt. Wahrnehmung ging dem Denken in der Evolution voraus. Sie entwickelte sich aus der Notwendigkeit, aus einem mehrdeutigen Reiz wirklichkeitsnahe Rückschlüsse auf die Umgebung abzuleiten. Dann wäre „Schluß", wie ich ihn, auf die Wahrnehmung bezogen, definiert habe, das Ursprünglichere. Vielleicht hat sich daraus durch vielfältige Veränderungen und Modifikationen die Fähigkeit zum Schließen und Denken entwickelt. So gesehen wäre Denken wahrnehmungsähnlich.

Literatur

Sinnesphysiologie

Cornsweet, T. N. *Visual Perception*. New York (Academic Press) 1970.

Harris, Ch. S. (Hrsg.). *Visual Coding and Adaptability*. Hillsdale (Erlbaum) 1980.

Held, R.; W. Richards (Hrsg.). *Perception: Mechanisms and Models*. San Francisco (Freeman) 1972.

Kaufman, L. *Sight and Mind: an Introduction to Visual Perception*. New York (Oxford University Press) 1974.

Levine, M. W.; J. M. Shefner. *Fundamentals of Sensation and Perception*. Reading (Addison-Wesley) 1981.

Neurophysiologie der Wahrnehmung

Blakemore, C. *Mechanics of the Mind*. New York (Cambridge University Press) 1977.

Frisby, J. P. *Seeing*. New York (Oxford University Press) 1979.

Held, R.; W. Richards (Hrsg.). *Perception: Mechanisms and Models*. San Francisco (Freeman) 1972.

Hubel, D. H.; T. N. Wiesel. *Die Verarbeitung visueller Information*. In: *Gehirn und Nervensystem*, Verständliche Forschung. Heidelberg (Spektrum der Wissenschaft) 1985, Seiten 122–133.

Kuffler, S. W.; J. G. Nicholls. *From Neuron to Brain*. Sunderland (Sinauer) 1976.

Levine, M. W.; J. M. Shefner. *Fundamentals of Sensation and Perception*. Reading (Addison-Wesley) 1981.

Hören

Moore, B. C. J. *Introduction to Psychology of Hearing*. New York (Academic Press) 1982.

Pierce, J. R. *Klang – Musik mit den Ohren der Physik*. Heidelberg (Spektrum der Wissenschaft) 1985.

Plomp, R. *Aspects of Tone Sensation*. New York (Academic Press) 1976.

Yost, W. A.; D. W. Nielson. *Fundamentals of Hearing*. New York (Holt, Rinehart & Winston) 1977.

Zum Forschungsgebiet Wahrnehmung

Davidoff, J. B. *Differences in Visual Perception: the Individual Eye*. New York (Academic Press) 1975.

Gregory, R. L. *Auge und Gehirn*. Frankfurt (Fischer) 1972.

Haber, R. (Hrsg.). *Contemporary Theory and Research in Visual Perception*. New York (Holt, Rinehart & Winston) 1968.

Held, R. (Hrsg.). *Image, Object and Illusion*. San Francisco (Freeman) 1974.

Held, R. (Hrsg.). *Recent Progress in Perception*. San Francisco (Freeman) 1976.

Rock, I. *An Introduction to Perception*. New York (Macmillan) 1975.

Wallach, H. *On Perception*. New York (Quadrangle Books) 1976.

Die Welt der Wahrnehmung

Berkeley, G. *Versuch einer neuen Theorie der Gesichtswahrnehmung*. Leipzig (Meiner) 1912.

Boring, E. G. *Sensation and Perception in the History of Experimental Psychology*. New York (Appleton-Century-Crofts) 1942.

Gibson, J. J. *The Perception of the Visual World*. Boston (Houghton Mifflin) 1950.

Helmholtz, H. von. *Handbuch der physiologischen Optik*. Bd. 3. Hamburg (Voss) 1911.

Köhler, W. *Gestalt Psychology*. New York (Liveright) 1929.

Konstanz

Bower, T. G. R. *The Visual World of Infants*. In: *Scientific American*. Bd. 215 (1966) Seiten 80–92.

Epstein, W. (Hrsg.). *Constancy and Stability in Visual Perception: Mechanics and Processes*. New York (Wiley) 1977.

Kaufman, L.; I. Rock. *The Moon Illusion*. In: *Scientific American*. Bd. 207 (1962) Seiten 120–130.

Rock, I. *An Introduction to Perception*. New York (Macmillan) 1975.

Wallach, H. *The Perception of Neutral Colors*. In: *Scientific American*. Bd. 208 (1963) Seiten 107–116.

Die dritte Dimension

Braunstein, M. L. *Depth Perception through Motion*. New York (Academic Press) 1976.

Gibson, E. J.; R. D. Walk. *The „Visual Cliff"*. In: *Scientific American*. Bd. 202 (1960) Seiten 64–71.

Hochberg, J. *Perception II: Space and Movement*. In: Kling, J. W.; L. A. Riggs (Hrsg.). *Woodworth and Schlossberg's Experimental Psychology*. New York (Holt, Rinehart & Winston) 1971.

Julesz, B. *Foundations of Cyclopean Perception*. Chicago (University of Chicago Press) 1971.

Wheatstone, Ch. *Contributions to the Physiology of Vision. On Some Remarkable and Hitherto Unobserved Phenomena of Binocular Vision*. Part I. In: *Philosophical Transactions* (1838) Seiten 371–394.
Abgedruckt in: Dember, W. N. (Hrsg.). *Visual Perception: the 19th Century*. New York (Wiley) 1964.

Wheatstone, Ch. *Contributions to the Physiology of Vision*. Part II. In: *Philosophical Transactions* (1858) Seiten 1–17.

Wahrnehmung und Kunst

Arnheim, R. *Kunst und Sehen: Eine Psychologie des schöpferischen Auges*. Berlin (de Gruyter) 1978.

Gombrich, E. H. *Kunst und Illusion*. Köln (Phaidon) 1967.

Pirenne, M. H. *Optics, Painting, and Photography*. Cambridge (Cambridge University Press) 1970.

Form und Organisation

Ellis, W. D. (Hrsg.). *A Source Book of Gestalt Psychology*. New York (Humanities Press) 1950.

Hochberg, J. *Nativism and Empiricism in Perception*. In: Postman, L. (Hrsg.). *Psychology in the Making*. New York (Knopf) 1964.

Kanizsa, G. *Organization in Vision*. New York (Praeger) 1979.

Köhler, W. *Gestalt Psychology*. New York (Liveright) 1929.

Kubovy, M.; J. T. Pomerantz. *Perceptual Organization*. Hillsdale (Erlbaum) 1981.

Rock, I. *Orientation and Form*. New York (Academic Press) 1974.

Rock, I.; Ch. S. Harris. *Vision and Touch*. In: *Scientific American*. Bd. 267 (1967) Seiten 96–104.

Senden, M. von. *Raum- und Gestaltauffassung bei operierten Blindgeborenen vor und nach der Operation*. Leipzig (Barth) 1932.

Geometrisch-optische Täuschungen

Coren, S.; J. Girgus. *Seeing is Deceiving: the Psychology of Visual Illusions*. Hillsdale (Erlbaum) 1978.

Gillam, B. *Optische Täuschungen*. In: *Spektrum der Wissenschaft*. Heft 3 (März 1980) Seiten 100–110.

Ittelson, W. H. *The Ames Demonstration in Perception*. Princeton (Princeton University Press) 1952.

Minnaert, M. *The Nature of Light and Color in the Open Air*. New York (Dover Publications) 1954.

Robinson, J. O. *The Psychology of Visual Illusion*. London (Hutchinson) 1972.

Wade, N. *The Art and Science of Visual Illusions*. Boston (Routledge & Kegan Paul) 1982.

Bewegung

Duncker, K. *Über induzierte Bewegung. Ein Beitrag zur Theorie optisch wahrgenommener*

Bewegung. In: *Psychologische Forschung.* Bd. 12 (1929) Seiten 180−259.

Johannsson, G. *Configurations in Event Perception.* Uppsala (Almquist & Wiksell) 1950.

Kolers, P. *Aspects of Motion Perception.* Elmsford (Pergamon Press) 1972.

Michotte, A. *The Perception of Causality.* New York (Basic Books) 1963.

Rock, I. *An Introduction to Perception.* New York (Macmillan) 1975.

Ternus, J. *The Problem of Phenomenal Identity.* In: Ellis, W. D. (Hrsg.). *A Source Book of Gestalt Psychology.* New York (Humanities Press) 1950.

Wallach, H. *The Perception of Motion.* In: *Scientific American.* Bd. 201 (1959) Seiten 56−60.

Die aufrechte Welt

Dolezal, H. *Living in a World Transformed: Perceptual and Performatory Adaptation to Visual Distortion.* New York (Academic Press) 1982.

Harris, Ch. S. *Perceptual Adaptation to Inverted, Reversed, and Displaced Vision.* In: *Psychological Review.* Bd. 72 (1965) Seiten 419−444.

Howard, I. *Human Visual Orientation.* New York (Wiley) 1982.

Rock, I. *The Nature of Perceptual Adaptation.* New York (Basic Books) 1966.

Stratton, G. *Some Preliminary Experiments on Vision Without Inversion of the Retinal Image.* In: *Psychological Review.* Bd. 3 (1896) Seiten 611−617.

Stratton, G. *Upright Vision and the Retinal Image.* In: Psychological Review. Bd. 4 (1897) Seiten 182−187.

Stratton, G. *Vision Without Inversion of the Retinal Image.* In: *Psychological Review.* Bd. 4 (1897) Seiten 341−360; 463−481. Abgedruckt in: Dember, W. N. (Hrsg.). *Visual Perception: the 19th Century.* New York (Wiley) 1964.

Welch, R. E. *Perceptual Modification: Adapting to Altered Sensory Environments.* New York (Academic Press) 1978.

Witkin, H. A. *The Perception of the Upright.* In: *Scientific American.* Bd. 200 (1959) Seiten 50−56.

Intelligenz der Wahrnehmung

Gregory, R. L. *The Intelligent Eye.* New York (McGraw-Hill) 1970.

Haber, R. (Hrsg.). *Contemporary Theory and Research in Visual Perception.* New York (Holt, Rinehart & Winston) 1968.

Rock, I. *Figuren, die man wahrnimmt, ohne sie zu sehen.* In: *Spektrum der Wissenschaft.* Heft 5 (Mai 1981) Seiten 122−131.

Rock, I. *The Logic of Perception.* Cambridge (M.I.T. Press) 1983.

Zusätzliche deutschsprachige Literatur

Campenhausen, Ch. von. *Die Sinne des Menschen. Bd. I: Einführung in die Psychophysik der Wahrnehmung. Bd. II: Anleitungen zu Beobachtungen und Experimenten.* Stuttgart (Thieme) 1981.

Ebbecke, U. *Wirklichkeit und Täuschung.* Göttingen (Vandenhoeck & Ruprecht) 1956.

Holst, E. von. *Aktive Leistungen der menschlichen Gesichtswahrnehmung.* In: *Zur Verhaltensphysiologie bei Tieren und Menschen. Gesammelte Abhandlungen.* Bd. I. München (Piper) 1969.

Jung, R.; H. H. Kornhuber (Hrsg.). *Neurophysiologie und Psychophysik des visuellen Systems.* Berlin (Springer) 1961.

Schober, H. *Das Sehen.* 2 Bde. Leipzig (Fachbuchverlag Leipzig) 1957.

Schober, H.; I. Rentschler. *Das Bild als Schein der Wirklichkeit. Optische Täuschungen in Wissenschaft und Kunst.* München (Moos) 1972.

Trendelenburg, W. *Der Gesichtssinn. Grundzüge der physiologischen Optik.* 2. Aufl., überarbeitet von M. Monnier, I. Schmidt, E. Schütz. Berlin (Springer) 1961.

Vernon, D. *Wahrnehmung und Erfahrung.* Köln (Kiepenheuer & Witsch) 1974.

Bildnachweise

Links von Seite 1
Edward Hopper, *Cafeteria im Sonnenlicht*, Yale University Art Gallery; gestiftet von Stephen Carlton Clark.

Seite 1 (oben)
Photo: Andrew Brilliant; Copyright © 1983.

Seite 2
Photo: Kaiser Porcelain.

Seite 5 (oben)
Mit Erlaubnis der Hale Observatories.

Seite 5 (unten)
Aus *Optical Illusions and the Visual Arts* von Ronald G. Carraher und Jacqueline B. Thurston; Copyright © Litton Educational Publishing; mit Erlaubnis von Van Nostrand Reinhold.

Seite 9 (oben)
Photo: Joel Meyerowitz.

Seite 9 (unten)
Mit Erlaubnis des Asahi Shimbun's Museum (Ausstellung der Jin-ichi Suzuki-Sammlung, 1979).

Seite 10
Photo: Hans Wallach.

Seite 12
Mit Erlaubnis der Burndy Library.

Seite 13
Bibliothek Boston Athenaeum.

Seite 15 (oben)
Photo: Joel Meyerowitz.

Seite 15 (unten)
Photo: John Zoiner/Peter Arnold.

Seite 17
Übernommen aus *The Processes of Vision* von Ulric Neisser; Copyright © 1968 bei Scientific American.

Seite 19
Photo: Andrew Brilliant; Copyright © 1983.

Seite 22
Photo: David Hiser/The Image Bank.

Seite 23
Übernommen aus *An Introduction to Perception* von Irvin Rock, Macmillan Publishing Company; Copyright © 1975 bei Irvin Rock.

Seite 24 (oben)
Übernommen aus *The Moon Illusion* von Lloyd Kaufman und Irvin Rock; Copyright © 1962 bei Scientific American.

Seite 26
Photo: Harry Callahan; Copyright © 1983 bei Zabriski Gallery.

Seite 28 (oben)
Übernommen aus *An Introduction to Perception* von Irvin Rock, Macmillan Publishing Company; Copyright © 1975 bei Irvin Rock.

Seite 28 (unten)
Übernommen aus *The Effect of Inattention on Form Perception* von I. Rock und D. Gutman, *Journal of Experimental Psychology: Human Perception and Performance 7* (1981) 275−285.

Seite 31
Bettmann Archive.

Seite 37
Metropolitan Museum of Art, aus der Sammlung Isaac D. Fletcher.

Seite 41
Privatsammlung.

Seite 42
Photo: Andrew Brilliant; Copyright © 1983.

Seite 44
Mondaufgang (1941). Ansel Adams Publishing Rights Trust.

Seite 49
Mit Erlaubnis der Burndy Library.

Seite 50
Mit Erlaubnis der Boston Public Library, Print Department.

Seite 51 (oben)
Asahi Shimbun's Museum, 1979; mit Erlaubnis von Vlajimir Tamari.

Seite 51 (Mitte)
Photo: Paul M. Churchland, University of Manitoba.

Seite 51 (unten)
Mit Erlaubnis von Bela Julesz.

Seite 60
Milwaukee Art Museum Collection; Geschenk von Mrs. Harry Lynde Bradley.

Seite 61 (oben)
Übernommen aus *An Introduction to Perception* von Irvin Rock, Macmillan Publishing Company; Copyright © 1975 bei Irvin Rock.

Seite 62 (oben)
Photo und Copyright ©: Peter Arnold; übernommen aus *Figure Organization and Binocular Interaction* von M. Zanforlin, in: J. Beck (Hrsg.), *Organization and Representation in Perception*, Erlbaum, 1982.

Seite 62 (unten rechts)
Mit Erlaubnis des Museums der University of Pennsylvania.

Seite 64
Photo: Eric Simmons/Stock, Boston.

Seite 65
Canaletto, *Blick auf Venedig*, National Gallery of Art, Washington; Widener-Sammlung.

Seite 66 (Meeresbild)
Aus *The Construction of a Plane from Pictorial Information* von I. Rock, D. Wheeler, J.

Shallow und J. Rotunda, *Perception 11* (1982) 463−475.

Seite 71
Photo: William Vandivert und Scientific American.

Seite 72 (oben)
Übernommen aus *Psychologische Untersuchungen über die Wirkung zweidimensionaler körperlicher Gebilde* von H. Kopfermann, *Psychologische Forschung 13* (1939) 293−364.

Seite 73
Übernommen aus *Contours without Gradients or Cognitive Contours* von G. Kanizsa, *Italian Journal of Psychology 1* (1974) 93−122, und *The Role of Regularity in Perceptual Organization* von G. Kanizsa, in: F. d'Arcais (Hrsg.), *Studies in Perception: Festschrift for Fabio Metelli*, Martello-Gianti, 1975.

Seite 76
Scala/Art Resource.

Seite 77
Photo: Madeline Grimoldi.

Seite 78
Kunstwerke der Bayerischen Staatlichen Gemäldesammlungen, Neue Pinakothek (München).

Seite 79
Henri Fantin-Latour, *Stilleben*, National Gallery of Art, Washington; Chester Dale-Sammlung.

Seite 80
World Wide Photos.

Seite 81 (links)
Camille Pissarro, Portrait seiner Tochter Jeanne, Yale University Art Gallery; John Hay Whitney-Sammlung.

Seite 81 (rechts)
FPG International.

Seite 82
Aus *A Psychology of Picture Perception* von John M. Kennedy, Jossey-Bass, 1974.

Seite 83 (Mitte)
Madonna mit Kind aus dem *Leben des Heiligen Johannes des Täufers*, National Gallery of Art, Washington; Samuel H. Kress-Sammlung.

Seite 83 (rechts)
Photo: Farrfli Grehan/FPG International.

Seite 84
Aus *Im Reich des schwarzen Goldes*; Bild von Herge. Art Copyright bei Casterman. Text Copyright bei Carlsen/Hamburg.

Seite 85 (oben Mitte)
Photo: Andrew Brilliant; Copyright © 1983. Entnommen aus *Speed of Perception as a Function of Mode of Representation* von T. A. Ryan und C. B. Schwartz, *American Journal of Psychology 96* (1956) 66−69.

Seite 85 (oben rechts)
Mit Erlaubnis von Carol Palmer.

Seite 86
Aus *Pictorial Perception and Culture* von Jan B. Dregowski; Copyright © 1972 bei Scientific American.

Seite 87 (oben)
Aus *Closure Test* von C. M. Mooney, McGill University.

Seite 87 (unten)
Scala.

Seite 88
Mit Erlaubnis der Boston Public Library, Print Department.

Seite 89
Art Resource.

Seite 92
Mit Erlaubnis von Alyssa Cobb.

Seite 96
Entnommen aus *Anorthoscopic Perception* von Irvin Rock; Copyright © 1981 bei Scientific American.

Seiten 98 (oben), 99, 101 (oben rechts)
Aus *An Introduction to Perception* von Irvin Rock, Macmillan Publishing Company; Copyright © 1975 bei Irvin Rock.

Seite 101 (oben links)
Kanehara und Co., Tokio.

Seite 101 (Mitte)
Photo: Bob Evans/Peter Arnold.

Seite 101 (unten)
Aus *Asking the „What-For" Question in Auditory Perception* von A. S. Bregman, in: M. Kubovy, J. Pomerantz (Hrsg.), *Perceptual Organization*, Erlbaum, 1981.

Seite 103 (Mitte, Vexierbilder)
Aus *The Logic of Perception* von Irvin Rock. Mit Erlaubnis von MIT Press/Bradford Books; Copyright © 1983 beim Massachusetts Institute of Technology.

Seite 103 (Alberssche Treppe)
Mit Erlaubnis von Anni Albers und der Josef Albers-Stiftung. Übernommen aus *Satiation in a Reversible Figure* von V. R. Carlson, *Journal of Experimental Psychology 45* (1953) 442−448.

Seite 104 (oben)
Aus *Psychology* von Henry Gleitman; Copyright © 1981 bei W. W. Norton & Co.

Seite 109
Mit Erlaubnis der Cleveland Plain Dealer und Joseph Farris; Copyright © 1982.

Seite 110
Peter Thompson, University of York.

Seite 111 (oben links)
Photo: Ron James.

Seite 111 (oben rechts)
Aus *Another Picture Puzzle* von P. B. Porter, *American Journal of Psychology 67* (1954) 550–551; Copyright © University of Illinois Press.

Seite 111 (Mitte)
Aus *Closure Test* von C. M. Mooney, McGill University.

Seite 111 (unten)
Aus *An Introduction to Perception* von Irvin Rock, Macmillan Publishing Company; Copyright © 1975 bei Irvin Rock.

Seiten 112 (links) und 113
Photo: Betsy Cole/The Picture Cube.

Seite 112 (Mitte)
Übernommen aus *Margini quasi-percettivi in campi con stimolazione omogenea* von G. Kanizsa, *Rivista di Psicologia 49* (1955) 7–30.

Seiten 116, 117 und 120
Aus *An Introduction to Perception* von Irvin Rock, Macmillan Publishing Company; Copyright © 1975 bei Irvin Rock.

Seite 121
Aus *The Origin of Form Perception* von Robert L. Fantz. Copyright © 1961 bei Scientific American.

Seite 128
Photo: John Lewis Stage/ Image Bank.

Seite 129
Aus *Progetto e percezione* von Roberto de Rubertis, Officina Edizione, 1971.

Seite 130
Barbara Gillam.

Seite 131 (oben rechts)
Aus *On Classifying the Visual Illusions* von C. B. Pitblado

und L. Kaufman in *Visual Shape*, Sperry-Rand Research Center Reports 67–43 (1967).

Seite 133
Aus *An Introduction to Color* von Ralph M. Evans, John Wiley & Sons, 1948.

Seite 135
Aus *An Introduction to Perception* von Irvin Rock, Macmillan Publishing Company; Copyright © 1975 bei Irvin Rock.

Seite 136 (oben)
Aus *On Classifying the Visual Illusions* von C. B. Pitblado und L. Kaufman, in *Visual Shape*, Sperry-Rand Research Center Reports 67–43 (1967) 32–53.

Seiten 136 (unten) und 137
Aus *Geometrical Illusions* von Barbara Gillam; Copyright © 1980 bei Scientific American.

Seite 139 (oben)
Aus *Visual Illusions* von R. L. Gregory; Copyright © 1968 bei Scientific American.

Seite 139 (unten)
Aus *Progetto e percezione* von Roberto de Rubertis, Officina Edizione, 1971.

Seite 141
Aus An Introduction to Perception von Irvin Rock, Macmillan Publishing Company; Copyright © 1975 bei Irvin Rock.

Seite 142
Übernommen aus *The Perception of the Visual World* von James J. Gibson, Houghton Mifflin, Copyright © 1950.

Seite 144
Aus *Geometrical Illusions* von Barbara Gillam; Copyright © 1980 bei Scientific American.

Seite 145
Aus *Psychological Complementarity* von Roger Shepard,

in: M. Kubovy, J. Pomerantz (Hrsg.), *Perceptual Organization*, Erlbaum, 1981.

Seite 148
Photo: Harold Edgerton.

Seite 149
Mit Erlaubnis des Science Museum, London.

Seite 152
Aus *An Introduction to Perception* von Irvin Rock, Macmillan Publishing Company; Copyright © 1975 bei Irvin Rock.

Seiten 159 (oben) und 161
Photo: Andrew Brilliant; Copyright © 1983.

Seite 159 (Mitte links)
Aus *An Introduction to Perception* von Irvin Rock, Macmillan Publishing Company; Copyright © 1975 bei Irvin Rock.

Seite 162
International Museum of Photography, George Eastman House (New York).

Seite 170
National Aeronautics and Space Administration.

Seite 172
Aus *An Introduction to Perception* von Irvin Rock, Macmillan Publishing Company; Copyright © 1975 bei Irvin Rock.

Seite 174
Aus *The Perception of the Upright* von Herman A. Witkin; Copyright © 1959 bei Scientific American.

Seite 175
Photo: Andrew Brilliant; Copyright © 1983.

Seiten 180, 181 und 183
Photos: Hubert Dolezal; aus *Living in a World Transformed* von Hubert Dolezal, Academic Press; Copyright © 1982.

Seite 184
Aus *Perceptual Modification: adapting to Altered Sensory Environments* von Robert Welch, Academic Press; Copyright © 1978.

Seite 186
Übernommen aus *Margini quasi-percettivi in campi con stimolazione omogenea* von G. Kanizsa, *Rivista di Psicologia 49* (1955) 7–30.

Seiten 190 und 191
Aus *Illusory Contours as the Solution to a Problem* von I. Rock und R. Anson, *Perception 8* (1979) 665–681.

Seite 192 (Mitte)
Übernommen aus *Margini quasi-percettivi in campi con stimolazione omogenea* von G. Kanizsa, *Rivista di Psicologia 49* (1955) 7–30.

Seite 192 (unten)
Photo: Andrew Brilliant; Copyright © 1983.

Seite 193
Aus *The Perception of Transparency* von Fabio Metelli; Copyright © 1974 bei Scientific American.

207

Index

WAHRNEHMUNG
Vom visuellen Reiz zum Sehen und
Erkennen
von Irvin Rock

ist der sechste Band der
Spektrum-Bibliothek.

Bereits erschienen:

ZEHN^{HOCH}

ZEHN^HOCH
Dimensionen zwischen Quarks und Galaxien
von Philip und Phylis Morrison
in Zusammenarbeit mit dem Studio von
Charles und Ray Eames

TEILE DES UNTEILBAREN
Entdeckungen im Atom
von Steven Weinberg

FOSSILIEN
Mosaiksteine zur Geschichte des Lebens
von George Gaylord Simpson

DAS SONNENSYSTEM
Ein G2V-Stern und neun Planeten
von Roman Smoluchowski

FORM UND LEBEN
Konstruktionen vom Reißbrett der Natur
von Thomas A. McMahon
und John Tyler Bonner

In Vorbereitung:

KLANG
Musik mit den Ohren der Physik
von John R. Pierce

WÄRME UND BEWEGUNG
Die Welt zwischen Ordnung und Chaos
von Peter William Atkins

DIE ZELLE
Expedition in die Grundstruktur des Lebens
von Christian de Duve

MENSCHEN
Genetische, kulturelle und soziale
Gemeinsamkeiten
von Richard Lewontin

DAS UNIVERSUM
Aufbau, Entdeckungen, Theorien
von David Layzer

Die Buchreihe
ist als Subskription oder in
Einzelexemplaren zu beziehen
im Buchhandel oder bei
Spektrum der Wissenschaft,
Mönchhofstraße 15,
D-6900 Heidelberg.

Anmerkung zum Stereoskop

In diesem Buch findet der Leser immer wieder Stereogramme, ähnlich denen auf Seite 51, die die räumliche Verarbeitung der Netzhautbilder beim Stereosehen verdeutlichen. Mit dem aufklappbaren Stereoskop, das im hinteren Buchdeckel eingesteckt ist, kann man das leicht beobachten. Dazu muß das aufgeklappte Stereoskop so auf die Buchseite mit dem Stereogramm gesetzt werden, daß die Bilder gut beleuchtet bleiben, also möglichst keine Schatten auf das Stereoskop fallen. Außerdem muß die Stütze genau zwischen den Einzelbildern des Stereogramms stehen und die Rückkante parallel zu den unteren Bildkanten orientiert sein. Schließlich ist wichtig, daß die Buchseite eben ist.

Wer eine Brille trägt, muß sie auch beim Sehen mit dem Stereoskop aufbehalten, denn sonst stimmt der Abstand zur Papierseite nicht mehr. Auch individuelle Unterschiede oder leichte Sehfehler können dazu beitragen, daß man die Linsen in einen etwas anderen Abstand zur Papierebene halten muß.

Wenn alle genannten Voraussetzungen erfüllt sind, sollte man nach einer kurzen Einstellungsphase der Augen ein räumliches Bild wahrnehmen – sofern man nicht zur monokular sehenden (stereoblinden) Minderheit von acht Prozent der Bevölkerung gehört.

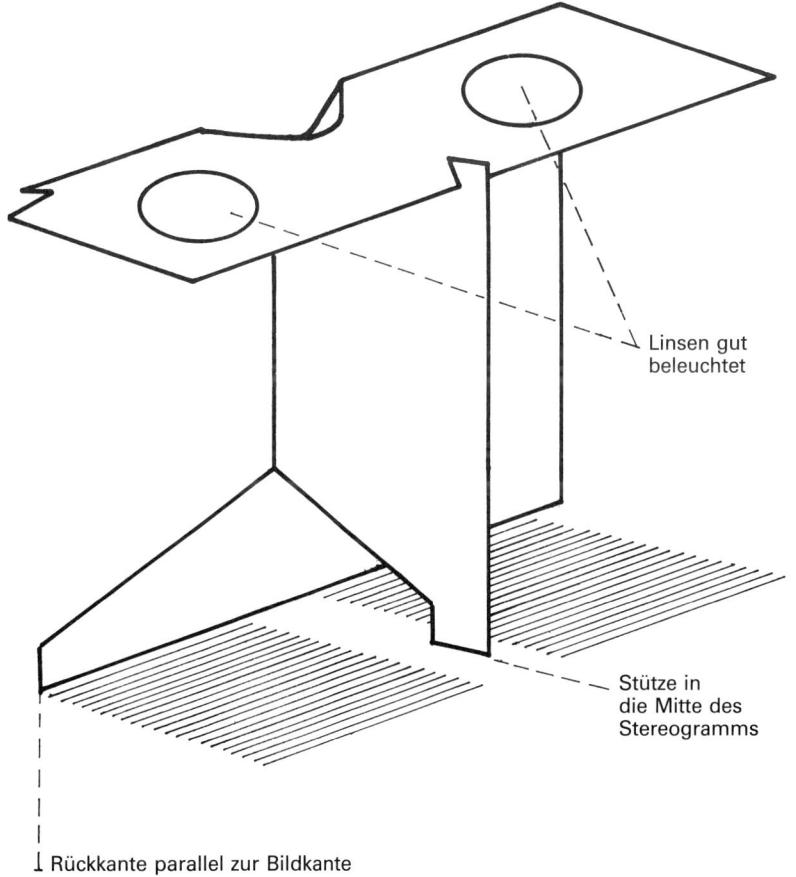

Linsen gut beleuchtet

Stütze in die Mitte des Stereogramms

⊥ Rückkante parallel zur Bildkante

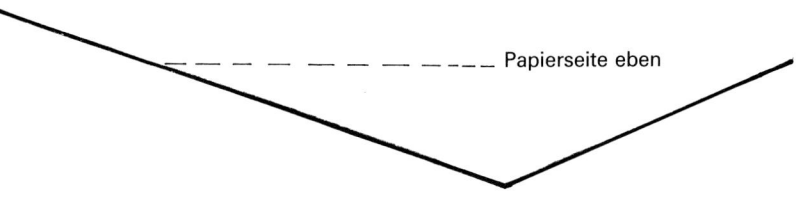

Papierseite eben

Originaltitel:
Perception
Aus dem Amerikanischen übersetzt von Jürgen Martin und
Ingrid Horn (Kapitel 8 und 9)

CIP-Kurztitel der Deutschen Bibliothek

Rock, Irvin:
Wahrnehmung : vom visuellen Reiz zum Sehen u.
Erkennen / Irvin Rock. [Aus d. Amerikan. übers. von
Jürgen Martin u. Ingrid Horn]. —
Heidelberg : Spektrum-der-Wissenschaft-Verlags-
gesellschaft, 1985.
    Einheitssacht.: Perception [dt.]
    ISBN 3-922508-71-5

Amerikanische Erstausgabe bei
Scientific American Books, Inc., New York
© 1984 Scientific American Books, Inc.

© der deutschen Ausgabe 1985
Spektrum der Wissenschaft mbH & Co.,
6900 Heidelberg

Lektorat: Katharina Neuser-von Oettingen

Produktion: Karin Schneider

Buchgestaltung: Henri Wirthner

Gesamtherstellung: Klambt-Druck GmbH, Speyer